特低渗透油藏空气泡沫驱提高采收率技术与应用

——以靖安油田五里湾长6油藏为例

段文标　高春宁　张永强　贾军红　王靖华　等编著

石油工業出版社

内容提要

本书在简述空气泡沫驱基本原理的基础上，系统介绍长庆油田特低渗透油藏中高含水阶段空气泡沫驱相关的低温氧化实验、空气与原油相态实验、泡沫体系评价、泡沫驱物理模拟等实验和数值模拟方案优化技术，并分析靖安油田五里湾一区的矿场试验效果和配套空气泡沫驱特殊动态监测方法。

本书可供从事油田开发、气驱提高采收率的研究人员、工程技术人员使用，也可供相关的专业院校师生或科技公司的技术人员参考。

图书在版编目（CIP）数据

特低渗透油藏空气泡沫驱提高采收率技术与应用：以靖安油田五里湾长 6 油藏为例 / 段文标等编著 .—北京：石油工业出版社，2023.9

ISBN 978-7-5183-6115-1

Ⅰ. ①特… Ⅱ. ①段… Ⅲ. ①低渗透油气藏 – 空气泡沫 – 泡沫驱油 – 提高采收率 – 研究 Ⅳ. ① TE357.4

中国国家版本馆 CIP 数据核字（2023）第 126222 号

出版发行：石油工业出版社
（北京安定门外安华里 2 区 1 号　100011）
网　址：www.petropub.com
编辑部：（010）64523561　　图书营销中心：（010）64523633
经　　销：全国新华书店
印　　刷：北京九州迅驰传媒文化有限公司

2023 年 9 月第 1 版　2023 年 9 月第 1 次印刷
787×1092 毫米　开本：1/16　印张：14.75
字数：380 千字

定价：150.00 元
（如出现印装质量问题，我社图书营销中心负责调换）

前 言

我国低渗透油藏分布广泛，尤其在鄂尔多斯盆地，是长庆油田主要勘探和开发的对象。长庆油田目前开发主要以侏罗系的低渗透油藏和三叠系的特低渗—致密油藏，与中高渗透油藏相比，低渗透油藏孔喉尺度更小，多孔介质中不同注入流体—地层流体—岩石相互作用机理更加复杂。

特别是以安塞、靖安油田为代表的较早投入开发的特低渗透油藏主要采用注水开发方式，目前已进入中高含水开发阶段，产量逐年下降。因此，降低综合含水率，稳定或提高原油产量，有效增加石油可采储量的需求迫切。在现有一次井网条件下，常规注采调控措施已很难进一步提高水驱波及体积和驱油效率，亟须寻求适合特低渗透油藏的提高采收率技术手段。

为改善油藏开发效果，长庆油田相继开展了常规水驱油藏治理（注采调整、调剖、加密）和以化学驱、空气泡沫驱、二氧化碳驱、微生物驱等三次采油提高采收率先导性试验。试验均取得了一定效果，初步探索出提高采收率的路径。针对中高含水阶段的特低渗透油藏，长庆油田重点开展了空气泡沫驱提高采收率技术的室内研究和矿场试验，先与中国石油勘探开发研究院、中国石油大学（华东）、西南石油大学、重庆科技学院等单位的部分教授、学者相联合，在特低渗透油藏泡沫驱机理研究、泡沫体系评价、数值模拟和现场试验效果评价等方面进行了合作研究，并在靖安油田五里湾一区开展了矿场应用。为系统总结近年来相关研究成果，并在此基础上推广应用这些成果，促进提高采收率技术人员相互交流、提升科研能力和相关技术，特编写此书。

全书共分七章，由段文标、高春宁、张永强、贾军红、王靖华等编著，张庆洲负责对附录部分进行整理和编写。周晋、曾山、庞岁社、赵向宏、李爱琴等负责部分章节初稿的编写和录入，武平仓、熊维亮提出了修改建议。参与科研联合攻关单位及研究人员有中国石油勘探开发研究院蒋有伟、王伯军；中国石油大学（华东）王杰祥、孟令君；西南石油大学蒲万芬、孔琳、肖文联、任吉田；西北大学朱玉双、孔令荣、汪洋；重庆科技学院严文德、袁迎中、罗陶涛。

长庆油田第三采油厂的孟令为、沈焕文、饶天利对现场动态分析资料收集和应用提供了帮助和支持，在此一并表示感谢。

本书的出版获得中国石油天然气股份有限公司油气和新能源分公司科技项目资金的资助。

由于著者水平有限，书中定有不当之处，恳请各位读者给予宝贵意见。

编者

2023 年 7 月

目 录

第一章　概　　述

空气泡沫驱油是将空气驱与泡沫驱结合起来，综合了空气驱与泡沫驱的优点，既能提高波及系数又能提高采收率，增油效果明显，适用的油藏种类、深度、范围较为广泛，尤其适用于高含水、非均质性强或存在大孔道的油藏，是目前挖掘油藏剩余储量技术中有发展前景的三次采油方式之一。本章简要介绍空气驱油和空气泡沫驱油的基本机理，并对国内外空气驱类现场试验概况进行简要的总结和回顾。

第一节　空气驱油综述

空气驱具有成本低、气源丰富和经济效益好的优点，最早用于地层能量的补充，后来多被用于火烧采油。20 世纪 90 年代以来，空气驱逐渐推广到轻质油藏中，越来越受到重视。空气驱具有原油低温氧化作用，在油藏中消耗大量的氧气，同时产生了一氧化碳（CO）、二氧化碳（CO_2）和氮气（N_2）等组成烟道气，具有多种驱油机理。

一、空气驱油机理

空气驱不仅具有一般气驱中注入气溶解到地层油中引起地层原油黏度降低、膨胀地层油、补充开发过程中损失地层能量的作用，而且空气中的氧气（O_2）和地层油接触后能够发生一系列的低温氧化反应。低温氧化反应与常规氧化反应相同，为放热反应。

我国目前主要是通过室内实验结合数值模拟方法研究氧化反应和驱油机理。空气和水交替注入、空气泡沫等技术在国内油田进行了现场试验，已取得了明显的增油降水效果。但对于地层中的氧化前缘状态界限没有明确的判定，而且注空气低温氧化反应生热来提高采收率并不适合所有的油藏，在油藏选择上目前尚无统一标准。目前油藏注空气筛选的标准是能保证注空气技术安全、高效实施。

综合来看，注空气采油是一个复杂且不断变化的过程，该过程包含了烟道气驱、原油低温氧化反应产生表面活性剂及放热、高温氧化放热膨胀等多种提高采收率机理。

1. 补充地层能量

在低渗透油藏注水开发中，压降曲线呈极端趋势，注水开发中的油藏压力曲线在注入井和生产井均快速下降，在油藏中部呈水平直线，油藏内部大部分区域不存在压降，导致油藏内部无法产生有效生产压差，油藏内部原油无法有效地开发。在高渗透储层中，常规注水开发压降曲线呈线性趋势，可以在油藏内部形成稳定的生产压差，使油藏内部原油可以被有效开发，而注气尽管在低渗透油藏中存在注入井附近压降曲线快速下降（这是由于气体本身溶解和流动性较好导致的），但在近井地带之后的油藏内部可以形成稳定压降，达到驱油效果。这是注气驱适合应用在低渗透油藏的一个重要原因。

2. 烟道气驱

空气中的氧气能够与地层油发生低温氧化反应，低温氧化反应产物包括 CO、CO_2 等气体，注入地层中的氮气和由低温氧化反应放热而导致地层原油中蒸发的轻烃共同组成烟道气，烟道气与原油形成混相、近混相或者部分混相。烟道气中由于存在 CO_2、轻质烃类等气体，通过蒸发作用抽提地层原油中的碳数较低的烃组分，使烟道气组分逐渐富化，性质逐渐接近地层油，达到近混相或者部分混相的效果，提高驱油效率；同时，由于注入气的溶解，导致地层油黏度降低，地层油贫化，接近注入气性质，通过这两种方式降低了油气界面张力，改善油气流度比。空气与原油发生低温氧化反应后会产生胶质沥青质沉积，封堵油层内部的大孔道，防止气窜，提高空气波及效率，同时低温氧化生成类表面活性剂等物质，可能使油层润湿性发生转变，为地层原油在多孔介质内流动建立了良好的通道。

3. 重力驱替

如果油藏地层存在一定倾角，空气能在重力差异作用下形成重力驱，采用顶部注气的方式，通过重力驱提高波及效率，抑制气窜的发生。但只有当油层渗透性好，原油黏度低，且油层倾斜较陡时，重力驱才能起到明显作用。

4. 氧化热效应

空气驱过程中可能存在两种氧化反应，即 HTO 和 LTO。HTO 为高温氧化反应，类似于燃烧反应，即火烧油层。目前主要应用于稠油开采，驱油机理在于高温氧化产生的热量使地层油温度升高，引起原油黏度大幅度降低，改善原油流动性，提高驱油效果。对轻质油来说，主要发生 LTO。LTO 为低温氧化反应，在一定油藏温度下（一般为 90～100℃），自发的低温氧化反应通过热效应的方式，不断升高地层温度，加剧氧化反应的进行，形成氧化反应的正向循环，能够将空气中的氧气通过低温氧化全部反应掉，同时低温氧化反应过程中会产生热量，使油层温度升高，进一步降低地层油黏度，改善流度比，升温促使轻质烃组分蒸发。在地层中，油藏处于一个相对密封的环境中，低温氧化产生的热量难以通过岩石散失，进而导致油藏温度升高。随着注入气不断在油藏中推进和氧化反应的发生，会形成一个比较长的高温带，氧化前缘带的温度高达 180～350℃，是氧化反应发生的主要区域。

5. 推土效应

空气驱与常规烟道气驱最大的不同在于空气驱在发生氧化反应前缘地带会形成一个高温前缘反应带。这个高温反应前缘带会推动着反应前缘之前的地层油向前推进，被称为推土效应。但该机理在某些方面依然存在着许多争论和不完善的地方。轻质原油与氧气反应不仅仅是生成烟道气，而且热效应会使原油从低温氧化反应逐步向高温氧化（燃烧反应）过度，当高温区域开始发生高温氧化反应后，燃烧前缘所产生的高压的驱替作用会越来越显著。

二、空气驱油主导因素

在不存在重力驱时，注空气主要的提高采收率机理为补充开发过程中损失的地层能量、烟道气驱、氧化反应热效应和推土作用。刘召（2018）通过建立注空气驱油模型，通过控制变量的方法研究了稀油注空气驱油方式的主导因素。4 个模型具体如下：模型 1 综合考虑了气体补充地层能量、烟道气驱和热力采油效应；模型 2 为相同条件下烟道气驱模型，假设注入空气与原油能够在地层中发生低温氧化反应并且产生烟道气转为烟道气驱，假设反应过程中不产生热量，油藏温度不变；模型 3 只考虑氧化热效应驱油机理，假设低温氧化反应产生的烟道气为刚性气体，在驱替过程中不发生溶解作用，低温氧化反应释放热量，且释放热量能够对地层温度产生影响；模型 4 为只考虑气驱补充地层能量的模型，将注入气设为 N_2，驱替过程中不存在烟道气驱溶解降黏作用，也不存在反应放热影响地层温度的作用。模型 1 驱油效率为 62.79%，模型 2 为 58.15%，模型 3 为 38.51%，模型 4 为 33.03%。可见，驱油机理同时存在时，模型 1 的驱油效率最高，可以达到 63% 左右，而烟道气模型和模型 1 相比采收率降低幅度不大，不到 5 个百分点，说明烟道气驱在注空气提高采收率中起到了相当一部分的作用，热效应模型与纯刚性气体对采收率提高幅度不大，说明热效应在本模型中提高采收率贡献不大。在稀油油藏空气驱机理中，烟道气驱所提升的驱油效率与原油低温氧化放热所提升的驱油效率相比，烟道气提高采收率幅度远远高于热效应，所以注空气油藏主要机理是低温氧化产生烟道气驱。当地层温度低于 150℃时，此时反应速率极低，氧气很少被消耗，作用机理近似于氮气驱。对于长庆油田三叠系油藏，温度普遍低于 80℃，再加上空气经过减氧处理后，低温氧化作用就更为有限。

三、空气驱适用性

国外在稀油油藏注空气驱油开采方面做了很多的现场试验和数值模拟研究。在美国，注空气驱油的应用大都以高压注空气为主，很早就被认为是一项很有效果的提高采收率技术，特别是对于高压低渗透的稀油油藏。由于低渗透油藏开采难度较大，空气驱技术的发展为这类油藏的二次开采提供了有效的技术支撑。特别是在注水开发后期，油井减产，注空气提高采收率技术可作为一项战略性技术储备。金亚杰等（2013）总结了注空气项目的地质影响因素及油藏筛选标准，包括室内筛选标准和矿场筛选标准。对国内外注空气油藏筛选进行了概括：加拿大注空气项目高温氧化油藏温度大于 80℃，低温氧化油藏温度小于 80℃，埋深一般大于 2000m，油层厚度大于 3m，孔隙度大于 15%，渗透率大于 10mD，含油饱和度大于 30%，原油黏度小于 10mPa·s，原油密度为小于 0.85g/cm^3；澳大利亚注空气项目油藏温度大于 75℃，埋深一般大于 1000m，油层厚度 1～20m，渗透率大于 0.1～1000mD，原油黏度小于 10mPa·s，原油密度为 0.7587～0.934g/cm^3；我国注空气项目常规油藏温度大于 80℃，低黏油藏小于 60℃，油层厚度大于 3m，渗透率大于 5mD，原油密度为 0.83～0.9g/cm^3。但由于这些筛选标准只是对注空气项目进行简单的分析，没有做深入的研究，建立的标准对现场没有直接的指导作用，还需要进行深入讨论。

蒋有伟等（2014）分析了国内空气泡沫驱采油技术的 9 个应用实例并进行分析，提出了空气泡沫驱油藏的应用条件，进行了初步总结：有一定剩余可采储量；油层连通性好，最好有一定倾角较好；油藏埋深大于 1500m，油层厚度大于 3.0m，渗透率变异系数大于 0.7，油层温度高于 60℃，原油相对密度小于 0.934，地层水矿化度小于 25g/L。

曲占庆等（2016）总结了国内外高压注空气和空气泡沫驱低渗透油藏的开发的矿场实例及油藏参数。通过对国内外矿场实验的总结，对比分析了不同注入方式的空气驱适用性并指出：国外的高压注空气更适用于砂岩和碳酸盐岩储层；油层的平均厚度范围为 3～24m，驱油效果随着油层厚度的增加而增加；油藏埋深范围为 1706～3658m；油藏温度范围为 85～104℃；地层压力范围一般为 15.7～35.0MPa，通常属于高压油藏；油藏渗透率范围为 5～1000mD，大多数的油藏为低渗透油藏；平均孔隙度范围为 14%～27%；原油地面相对密度范围为 0.831～0.946；地层原油黏度范围为 0.5～6.0mPa·s；空气驱油大多适用于二次采油和注水后期油藏三次采油的低渗透、特低渗透油藏。提出了针对开发不同储层参数及流体参数等条件的注空气参考方案。

特别是近几年来，国内各油田把注空气和注空气泡沫相结合，更扩大了注空气开发技术的应用范围，可适用各种类型的轻质油藏，为高温高盐、高含水、严重非均质低渗透油田有效动用和提高采收率进行了新的探索。

第二节　空气泡沫驱油机理

一、多孔介质中泡沫特征

1. 泡沫的形成

泡沫是由大量的气泡所形成的聚集体，其外观形状如蜂窝，是由不溶性气体分散在液体之中所形成的粗分散体系，气体是分散相，液体是分散介质。在多孔介质中的泡沫结构是最重要的参数，控制气体在多孔介质中的流动。Mast（1972），Owete 和 Brigham（1987），Ransohoff 和 Radke（1988）在微观模型研究中发现泡沫在孔隙结构中有三种不同的泡沫生成机理：泡沫滞后分离、泡沫颈缩突变、泡沫薄膜分断。

（1）滞后分离：流动滞后产生在气相侵入到两个相邻的孔隙，同时孔道中间存在液膜时，一般形成于平行流动方向处。液膜滞后会导致气体流动能力下降。液膜滞后是低速产生泡沫的主要机理。气体前缘从不同方向上进入孔隙，挤压孔隙中的液体形成液膜（图 1-1）。多孔介质中孔隙通道高度连通，液膜滞后生成的液膜现象是非常普遍的，此时产生的泡沫有两个特征：其一，没有生成分离气泡，气体仍保持为连续相；其二，一旦滞后产生的液膜破裂或流走了，那么除非液体重新侵入，否则不会在原处再次产生液膜。

（2）颈缩突变：缩颈分离现象是一个机械的过程且不需要表面活性剂的存在即可以发生。Mast（1972）解释了气相通过到亲水毛细管产生泡沫过程也受到缩颈分离现象的控制。Falls et al.（1988）假设在气相侵入的过程中的气相的压力梯度较小，则水相在孔隙中的压力梯度必将高于孔喉处。气泡从一个孔隙穿过狭窄的喉道进入另一个孔隙时，随着气泡的扩张，毛细管压力递减，液体产生的压力梯度使液体从周围进入到喉道中，当毛细管压力降低足够低时，液体便回流而充满喉道，气泡则被液体断开，形成两个气泡，从而产生了泡沫的颈缩突变（图 1-2）。

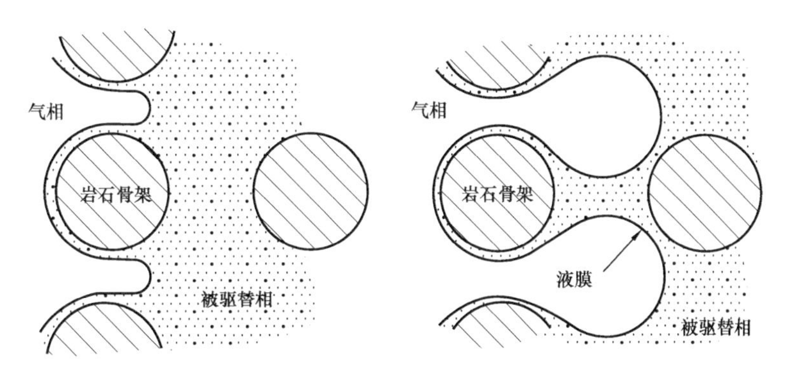

图 1-1 泡沫滞后现象原理图（Ransohoff 和 Radke，1988）

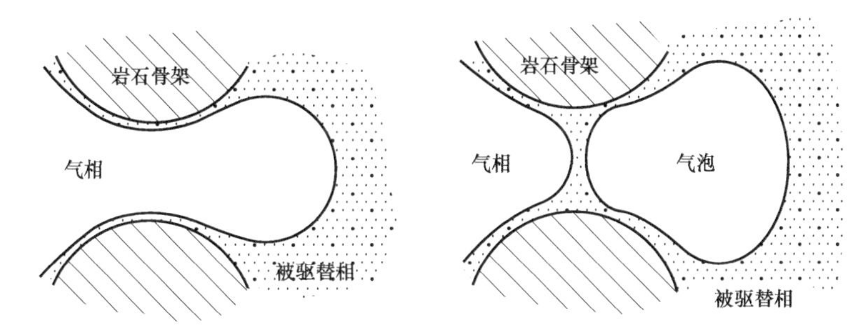

图 1-2 泡沫颈缩分离现象原理图（Ransohoff 和 Radke，1988）

形成颈缩突变要具备两个条件：一是气泡进入的孔隙和喉道半径相差足够大，从而能够促使液体通过岩石颗粒与气泡之间的狭缝进入到细喉道中；二是两个气泡横跨两个孔隙的时间要足够长，能使液体有足够的时间回流至岩石与气泡中间的狭缝而产生颈部收缩。

（3）薄膜分段：薄膜分断现象是第三种泡沫形成的原因，通常在缩颈分离和液膜滞后之前形成。当移动液膜接触到岩石的一个接触点时，薄膜将被阻碍在两个或两个以上的孔隙通道内。这种机理产生后将减少气体的流动能力，因为它们是出现于垂直于流动方向的，类似缩颈分离现象。薄膜分断现象只是泡沫形状的改变或泡沫的再生成机理。薄膜分断现象发生的前提条件是已存在可流动的液膜，即多孔介质中已由液膜滞后和（或）缩颈分离产生了气泡。流动的气泡在分支点试图进入两个或多个通道，气泡的后液膜与前液膜在分支点相接，原气泡就分断为两个小气泡（图 1-3）。

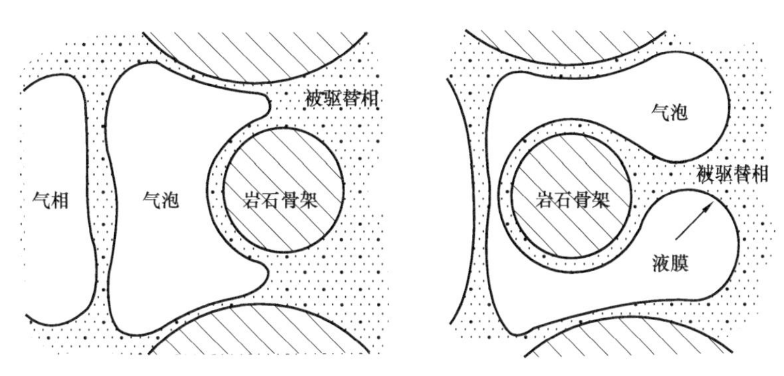

图 1-3 泡沫薄膜分断现象原理图（Ransohoff 和 Radke）

薄膜分断产生泡沫的速度与流动气泡的密度和气流速度成正比，并且与气缩颈分离产生的泡沫特征相似，都为分散的小气泡，它既可以流动，也可能堵塞通道，同一处由该机理可多次生成泡沫。因此，如果不根据微观观察，很难区分泡沫的缩颈分离和薄膜分断机理。

2. 泡沫的运移和破灭

泡沫在多孔介质中的运移主要以变形通过和破裂再生为主，即泡沫的产生、聚并及气体的扩散。小泡沫可以发生聚并，形成大泡沫；气泡运移时，由于气体扩散、遇油或孔隙大小变化等，使得大泡沫破裂。泡沫的破灭是由油敏、气体扩散所致。泡沫的破灭可以分为有油和无油两种情况。在两种情况下，泡沫以不同的方式破灭。

（1）有油情况下泡沫的破灭：当两个气泡接近到油滴时，油滴与气泡的液膜接触，随着两个气泡对油滴的挤压，油滴逐渐被膜铺展到气泡的液膜上，导致气泡液膜破裂，两个气泡合并为一个气泡。

（2）无油情况下泡沫的破灭：无油时，进入的泡沫是以气体扩散的形式破灭的，当不同曲率的气泡接触时，在弯液面附加压力的作用下，气体由高压的小气泡透过液膜扩散到相对低压的大气泡中，从而使小气泡变小，大气泡变大，最后小气泡消失。

二、空气泡沫驱油宏观机理

空气泡沫驱以空气为主泡沫为辅，其兼具空气驱和泡沫驱的优点，可以边调边驱，以空气作为驱油剂，泡沫作为调驱剂，其主要驱油机理是扩大波及体积和提高驱油效率（图1-4和图1-5）。

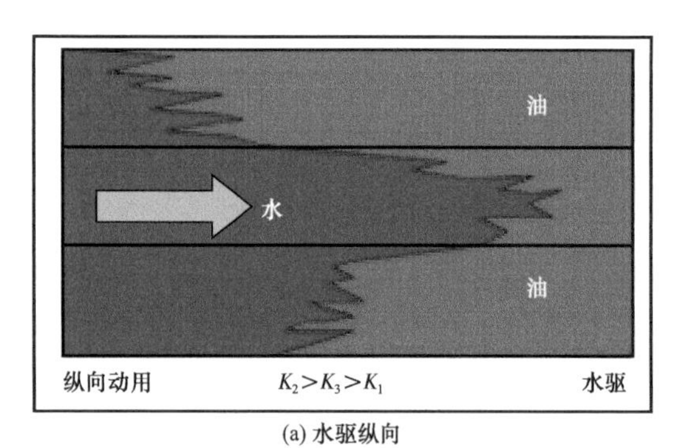

(a) 水驱纵向

(b) 空气泡沫驱纵向

(c) 水驱平面波及

(d) 空气泡沫驱平面波及

图1-4　水驱与空气泡沫驱波及系数对比示意图

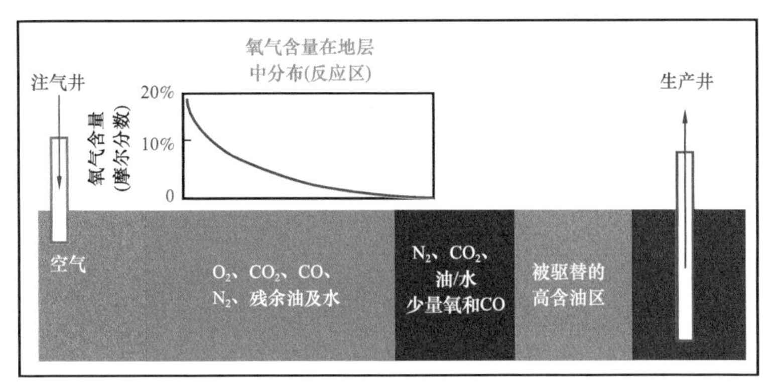

图 1-5 注空气泡沫低温氧化原理示意图

1. 扩大波及体积

扩大波及体积机理主要包括：

（1）补充地层能量：气体能够快速补充地层能量，保持和提高油藏压力。特别对于低渗透油藏可以快速补充地层能量，建立有效驱替压力系统，改善开发效果。

（2）调剖作用：油藏中储层层内与层间渗透率变异系数高，渗透率差异大，地层原油黏度比较大，因此注水或注气开发过程中驱替前缘容易发生黏性指进、水窜、气窜等现象。泡沫“堵大不堵小”的特性可以增加高渗透层流体的流动阻力，改善驱替前缘。

（3）空气超覆作用：空气泡沫破裂后，泡沫中的气体会向上渗透到渗透率较低的油层上部，可以置换出水驱开采未被波及的孔隙中的原油。

（4）泡沫选择性封堵作用：泡沫最明显的特性是油敏性，油藏中注入空气泡沫后，在高渗通道中由于含水饱和度比较高，泡沫能够保持稳定流动，从而增加高渗通道的流动阻力；在低渗通道中，前期水驱效果较差，剩余油饱和度比较高，泡沫难以保持而发生消泡作用，产生的气体和水会使低渗透层流动阻力减小，改善低渗透层驱替效果。

（5）改善流度比作用：泡沫产生会增加驱替流体的黏度，降低与原油之间的流速差，可以有效抑制指进现象的出现，提高地层波及系数。

（6）大气泡封堵大孔道作用：泡沫在地层运移过程中会由于黏滞力而发生变形，同时不规则的孔隙同样会使气泡两端曲率存在差异，双重影响导致容易发生贾敏效应，最终使大气泡变大，流动阻力同样增大，而小气泡变小，其流动阻力同样减小，所以大气泡在运移过程中流动速率相对较小，进而对大孔道产生封堵作用，而对于小气泡，油水等则从小孔道向前渗流，改变了微观波及面积，有利于启动小孔隙中残余的原油。

2. 提高驱油效率

提高驱油效率机理主要包括：

（1）洗油作用：起泡剂是一种表面活性剂，能降低油水界面张力，有利于提高驱油效率。泡沫具有“遇油消泡，遇水稳定”的性能，泡沫的黏度在消泡后会降低，因此泡沫还有“堵水不堵油”的特性，从而实现封堵与洗油的协同作用，提高富集油地带的动用程度。

（2）改变岩石润湿性：起泡剂分子是极性分子，具有亲油端和亲水端，吸附在岩石上可以让岩石由亲油性转为亲水性，让驱替液更容易驱替岩石表面的残余油。

（3）乳化作用：起泡剂作为一种表面活性剂可以有效降低原油与孔隙壁之间的黏着力，而油滴流动过程中需要克服这些黏着力才能够被驱替出来。黏着力降低更有利于泡沫将油滴剥离形成乳状液，并在通过吼道时聚集成大油滴向前推进。

（4）空气泡沫与原油多次接触：注气过程中，随着油藏能量的补给，地层压力不断增大，注入的气体可以部分溶解于原油中，使原油体积膨胀，溶解量越多，膨胀体积越大，随接触次数的增加，原油的体积系数不断增大，平衡气中的气体不断溶于原油，从而导致原油体积系数的不断增加，增大降黏和抽提作用，提高驱油效率。

三、空气泡沫驱油微观机理

泡沫的微观驱油作用主要包括泡沫的挤压与占据作用、选择性堵塞作用、封堵气窜等作用，扩大微观波及体积和提高驱油效率，抑制黏性指进等。

（1）泡沫挤压与占据作用：对一般较规则的连通孔道而言，泡沫首先被挤压并剪切油滴，将油推走，然后占据孔道。对于盲端孔隙而言，小泡沫先被快速移动的大泡沫挤入盲端入口，接着被后来的泡沫顶入盲端深部，并占据油滴的空间，盲端里的油相则沿泡沫液膜的边缘排出。

（2）泡沫的选择性堵塞作用：泡沫驱油的另一个特性是选择性堵塞作用。泡沫在运移到一定的位置后即驻留，引起流度下降，从而大幅度地降低泡沫的渗透率，对油水混合物渗透率影响不大。在驱替速度不变的情况下，孔隙中的一大一小两个气泡并不动，只有乳化油和表面活性剂体系在后续液流的驱替下，沿着泡沫的液膜边缘，绕过泡沫的阻挡，不断向前运移。另外，如果表层孔隙被泡沫封堵，则小气泡会进入内层孔隙中。

（3）泡沫堵塞大孔道的作用：泡沫在多孔介质中运移时，大泡沫运移速度要比小泡沫的运移速度慢。这是因为在流动状态下，黏滞力使液体进入管壁和膜内边界之间的滑动层，结果气泡被拉伸变形。此外，由于孔隙的不规则性，造成气泡两端曲率不同，于是产生叠加的气液界面阻力效应——贾敏效应。这些因素造成大气泡变形大，流动阻力也大，而小气泡因变形小，流动阻力也相对较小。

在大泡沫和大气柱选择性地堵塞大孔隙的同时，小泡沫、水相、油相和因表面活性剂存在而生成的乳状液则从小孔隙向前渗流，最大限度地提高了波及体积。从生产角度考虑，这种选择性堵塞作用有利于更多地驱赶、剥落小孔隙内及残余在孔隙岩壁的原油，有利于提高采收率。

1. 气阻效应

水驱油主要是驱替大孔道中的原油，而泡沫则能驱替小孔道中的原油，这是因为起泡液气体首先进入流动阻力较小的高渗透大孔道，并形成泡沫，产生气阻效应，大孔道中流动阻力随泡沫量的增加而增大，当流动阻力增加到超过小孔道中流动阻力后，泡沫便越来越多地流入中低渗透小孔道，改变了微观波及面积，具有一定的微观调剖作用。在流动过程中，泡沫相互聚并、分裂。

2. 剥离油膜

孔隙表面润湿性的非均质性和原油中的重组分的作用，造成了部分油滴或油段残留在孔壁上。经过泡沫的作用，大量的油滴和油段开始启动，在显微镜下可观察到泡沫使油膜被剥离变薄，剥离下的油呈分散的细粉状或丝状，随水流动，被驱出孔隙。

3. 乳化、携带

在表面活性剂的作用下，部分油滴被增溶进入胶束中，发生了不同程度的乳化现象，形成水包油型乳化液，在压差的作用下，乳化液携带增溶的油滴向压降方向运移。在水驱程度较高的孔隙中，可以明显地看见表面活性剂将油乳化、分散形成水包油型的乳状液，携带油珠渗流的现象。形成的乳液在多孔介质中流动的阻力相对较低，导致流动阻力相对下降（图 1−6）。

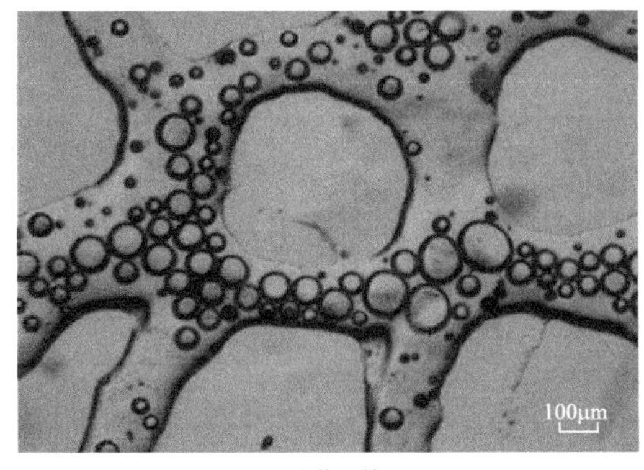

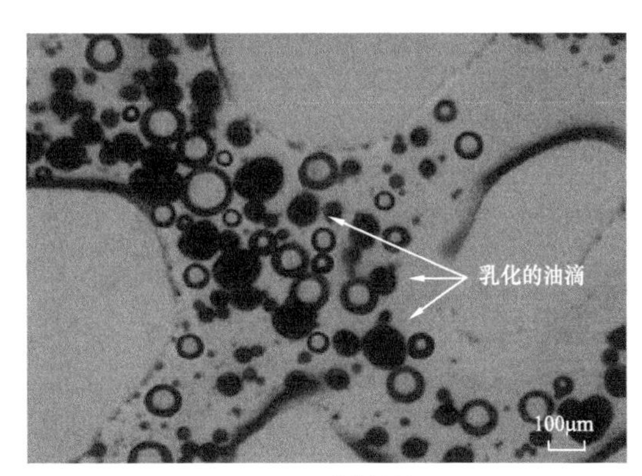

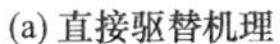

(a) 直接驱替机理　　(b) 乳化机理

图 1−6　微观泡沫驱油机理

4. 膨胀作用

小泡沫钻进油滴中由于膨胀作用，使油滴变成油膜。这些油膜在泡沫聚并、分散过程中容易变成小油滴。小油滴沿着压降方向运移，使得一些水驱后未被驱替的原油被采出，提高了驱油效率。

5. 降低毛细管阻力

消泡后的泡沫体系本身就是表面活性剂溶液，在地层中可降低油水界面张力，减小油滴通过狭窄孔喉的阻力，残余油滴容易被驱动并在油层中逐渐聚集形成油墙，油水界面张力越低，油层孔隙中的残余油滴越容易被驱动。

第三节　空气泡沫驱技术应用情况

近十几年来，国内外在注空气采油的室内研究和现场应用方面取得了一定的研究成果和经验。实验室研究主要包括针对具体油藏的注空气驱替实验、注空气过程中氧化反应实验、注气相渗规律实验、注气速度对采收率影响及混相条件实验和加速热度计的氧化机理实验研究等。国内已开发低渗透油藏、特低渗透油藏储层孔喉细小，注水开发存在注不进、采不出等突出问题，而气体比较容易注入该类储层，是驱油和补充地层能量的良好驱替介质，以空气为介质的空气驱技术具有易注入、气源充足、低成本、环保等明显优势，国外空气驱技术现场应用取得了较大成功，且经济效益较高。国外油藏储集层物性相对均质，气窜风险很低，因而采取直接注空气的方式。

第一个高压注空气矿场试验始于1963年，由美国石油公司（Amoco）在美国内布拉斯加州的Sloss油田实施。采用“正向燃烧与注水相结合（COFCAW）”的方式，用于薄深层水淹轻质油藏三次采油。该先导试验的累计产量相当于水驱后剩余油的43%。

自1967年起，美国先后在Sloss油田、West Heidelberg油田以及Williston盆地的Buffalo油田、MPHU油田、HorseCreek油田以及W.Hackberry等油田进行注空气二次和三次采油现场应用，取得了显著的经济效果。其中，Williston盆地诸多高压注空气项目的成功实施是高压注空气技术的一个重要里程碑。

在中国，继华北雁翎油田1992年率先开展氮气驱研究和现场试验，广西百色（1996年）、中原油田胡12块（2007年）、大庆油田海塔盆地贝中次凹希11−72块（2011年）、辽河油田兴古7潜山（2012年）、浙江油田YJ油藏（2016年）、吉林油田M613油藏（2017年）等先后都进行了注减氧空气先导试验，胜利、大港、吐哈、新疆、江苏、中原、延长等油田、油矿也先后开展了（减氧）空气驱、泡沫驱物模、数模研究。

相比注水开发技术而言，注气开发作为提高采收率的重要技术越来越受重视。空气作为一种来源广且廉价的注入剂，可以满足各种类型油藏应用需求。

一、低渗透碳酸盐岩油藏

1. MPHU油田低渗透白云岩油藏

MPHU油田主力产层为低渗透储层，以白云岩为主，夹杂灰岩，储集空间为裂缝—孔隙双重介质，油藏平均埋深为2850m。储层平均孔隙度为17%，平均渗透率为5mD，油藏温度为110℃，地层油黏度为0.5mPa·s。

一次采收率仅为15%，从1987年10月采用高压注空气，到1994年12月累计注空气$422000\times10^4m^3$，二次采收率从15%提高到28.2%。

2. HorseCreek油田

储层泥粒状灰岩和泥岩，油藏平均厚度为6.1m。一次采油阶段采出程度低、压力下降快，而且油相渗透率低，难以形成集油带。排除了注水方案后，由于天然气或CO_2驱成本又太高，最后决定采用高压注空气进行二次采油。

该油藏红河D储层注空气项目始于1996年，6个月的时间共向油藏注入空气$15.89\times10^8ft^3$[1]，调研到该油田2001年左右注气速率在$890\times10^4ft^3/d$。最终油藏压力回升，

[1] $1ft^3=0.0283m^3$。

生产井平均气油比 GOR 下降，平均日产油量增加 10% 以上。

3. BRRU 油藏低渗碳酸盐岩油藏

BRRU 油藏位于南达科他州 Willston 贫地西南角，属于深层、高压、低渗、碳酸岩轻质油藏，主要产油层位为红河 B，油藏顶部深度为 2576m，油层厚度为 3m，油藏温度为 102℃，渗透率为 10mD，原油密度为 0.8753g/cm^3，油藏压力为 24.8MPa。

初期采用面积井网开发，初采油主要依靠液体和岩石膨胀，一次采收率为 6%，产量递减快，注水困难。1979 年开始全面注空气，注气压力为 30.3MPa，6～12 个月后产量显著增加，使采收率增加 15.6%，经济效益明显。

4. CoralCreek 油田低渗透多孔碳酸盐岩储层

CoralCreek 油藏为低渗透多孔碳酸盐岩储层，生产层中深 2700m。常年注水开发使其采收率不断下降。

1967 年开始注水开发，多年注水开发其采收率逐年下降，在室内研究和矿场测试注入井吸水能力的基础上，认为该油田可实施高压注空气项目，并且可多采出原始地层储量的 7%～15%。该油田采出程度为 25%，实施注空气后，提高采收率 7.29%，油田总采出程度可达 32.29%。空气压缩设备及其运转、维护采用向空气压缩公司租赁方式，以节省成本。

5. Gbeibe 油田裂缝性碳酸盐岩储层

Gbeibe 油田处于叙利亚东北部，构造位置隶属阿拉伯地台北端，属多旋回内克拉通盆地。油田主要生产层位是古近系 Chilou 组碳酸盐岩地层。工区面积 202km^2，地质储量 168.39×10^6m^3，当前衰竭式开采采出程度为 6.7%，为提高油田采收率，进行了驱替室内评价。

岩心孔隙度和渗透率都非常低，孔隙度为 8.16%～19.60%，气测渗透率为 0.239～168mD，分别进行地层温度压力下的水驱、伴生气驱、CO_2 驱、空气驱实验，记录下驱替时间、岩心入口压力，采出气油比、分离出的油量、气量和水量等。

实验结果表明，四组驱替实验的驱油效率分别是：水驱 55.83%，CO_2 驱 66.24%，伴生气驱 61.85%，空气驱 35.02%，即注 CO_2 的驱油效率最高，空气驱的驱油效率最低。

俄罗斯赫列布尼科夫等选择 5 个不同油田的油样开展氧化动力学研究，发现所选的原油均易发生氧化，所以高压注空气工艺（HPAI）适用于任一地层温度高于 60～70℃的油田进行驱油作业。

二、高渗透砂岩油藏

1. W.Hackberry 油藏

该油田北部油藏具有低压、大气顶和薄油环特征，岩性为渐新统砂岩、高渗透、轻质油藏，油藏深度为 2286～2743m，构造倾斜角度大，油藏压力为 2.1～6.2MPa。

1996年7月开始注空气，总注气量达 $11.3\times10^4m^3/d$，初始注气速度为 $0.11\times10^6m^3/d$，16个月后6口注气井已增油 $1.13\times10^4m^3$。同时在油田西部对水驱过的高压油藏（17.4～22.9MPa）进行注空气试验，未能见到明显效果。

2. 大港油田

二区5断块馆陶组和明化镇油组，简称明馆油组，平均孔隙度为31%，平均空气渗透率为1052.8mD，属于高孔隙度、高渗透率砂岩储层。2013年开始以组合段塞方式（泡沫段塞0.35PV+水气交替段塞0.3PV）开始空气泡沫驱的实施，空气泡沫段塞气液比为1∶1，注入速度为0.125PV/a，注入时间为1.8a，气水段塞气液比为1∶1，注入时间为1.2a。

截至2016年，现场实施了4注8采井网，累计注入空气约 $966\times10^4m^3$，注入起泡剂950t、稳泡剂80t。实验前平均日产油8.5t，综合含水率为97.8%，属于后期高含水率油藏。通过开展空气泡沫驱，注入井井口油压平均上升11.3MPa，日产油最高增加至28t，含水率降至92%，最终预测平均提高采收率10.85%。

2019年12月26日，两口注气井投注仅一个月时间，女K51-28井就受益见效，日产油由0.4t增加到2.13t，且产量呈上升趋势。

舍女寺59区块属低渗油藏类型，女K51-28井是该区块一口低效井。2015年6月该井投产，初期日产油3.5t，因注水开发效果不佳，不到两年时间，日产油量下降到0.4t。技术人员介绍，注气井对应这口受益井，效果超过预期，产液量已恢复到开发初期水平，有力佐证了减氧空气驱是治理低渗油藏的一剂“良药”。

三、低渗透碎屑岩油藏

1. 辽河油田

辽河油田科尔康强1块地质条件复杂，属低渗透油藏。天然能量不足，储层裂缝发育，地层压力、油井产量下降快，油井年自然递减率高达29%，注水开发效果不理想。开发多年，强1块采出程度仅为4.38%。

2016年4月开始，辽河油田对强1块进行了减氧空气驱现场应用试验。截至2017年6月，已经在9个区块实施了44个井组减氧空气驱矿场试验，覆盖石油地质储量 6257×10^4t，阶段增油 11×10^4t。

应用减氧空气驱开发强1块后，共计采出 131.2×10^4t 剩余可采储量，提高采收率11.5%，取得了良好的经济开发效果。

2. 延长油田

（1）唐80区块。

2007年9月，延长甘谷驿油田唐80油区对长6储层进行注空气泡沫开发。该油区长6层属特低渗透油藏，其渗透率为0.87mD，孔隙度为8.85%，油层埋深在500m左右，平均温度为24.8℃，地层压力为4.06～5.81MPa。

该油区开发初期主要采取不规则反九点注采井网，共有两个井组16口油井进行注采开发，空气泡沫试验区设计气液比为 3.6：1，注气压力为 11～14MPa，施工十个月累计注入空气（地下）3397m^3，泡沫液 1091.8m^3。试验平均见气周期为 90d 左右，生产井中 13 口含水率下降，有 2 口油井上升，1 口保持稳定。实验前平均单井日注水量为 4.7m^3，平均井口压力为 7.61MPa，年综合含水率为 24.47%，年综合含水上升率为 2.02%，产液量前后对比增长 11.6%，累计注采比为 0.57，增产效果明显。

（2）唐 114 区块。

该油田为浅层特低渗透低温油藏，油层埋深为 400～500m，长 6 油层组温度为 24.6～27.5℃，平均渗透率为 0.85mD，平均孔隙度为 8.3%，平均地面原油密度为 0.826g/cm^3，50℃下平均原油黏度为 3.26mPa·s，凝固点平均为 2.8℃，平均含硫量为 0.104%，初馏点平均为 72.5℃，原油体积系数为 1.036，含盐量为 11.1～202.5mg/L，变化较大，原始地层压力为 4.02～5.81MPa，饱和压力为 1.12MPa。

该区采用超前注水方式开发，开发井网为矩形反九点井网，随着水驱开发时间延长，油井含水率升高，产油量下降，部分油井已高含水，亟需合适的调驱方式，以有效地封堵微裂缝以及高渗透通道。

该试验区共有注水井 8 口，17 口油井，3 口因高含水关井。水井共 8 口，其中注入压力为 7.8MPa，平均单井注入量为 1.93m^3/d，累计注入量为 7839m^3，平均单井产液量为 0.68m^3/d，单井产油量为 0.208t/d，综合含水率为 37%（其中 7 口井含水率大于 70%）。

2011 年对该试验区进行了空气泡沫调驱现场试验。方案设计先注入前置液段塞 82.9m^3，再采用地面泡沫液段塞和空气段塞交替注入方式。现场施工中注 1d 泡沫液，注 1d 空气的段塞，泡沫液累计注入量为 281.58m^3，空气累计注入量为 37817.8m^3（折合地下体积为 1037.94m^3），累计气液比为 2.69：1。

通过空气泡沫调剖，注入压力由调驱前的 5MPa 调整为 7MPa，试验井组整体含水呈下降趋势，产液量有所下降，产油量逐渐增加，有效封堵了高渗透层，提高了波及体积，且生产井伴生气氧含量均在安全范围之内。由于空气泡沫综合调驱的有效期将长达半年以上，从而达到了增油控水的目的。

3. 玉门油田

玉门油田鸭儿峡白垩系油藏原本主要依靠天然能量开采，采油速度、供液能力、采出程度均不高。地层能量不足，导致老井稳产难度大，新井产量递减快。白垩系油藏低渗透特点明显，高压注水困难，单靠注水难以补充地层能量。

为此，在 2014 年确定了减氧空气驱方案，进行注入先导试验。2016 年 3 月，鸭儿峡采油厂投入运行了 K1-36 井 K1 层位，平均渗透率为 3.7mD，平均孔隙度为 8%，平均地层压力为 18.7MPa，地层平均温度为 100℃。采取连续注入模式，注入压力、日注气量持续稳定。注入压力为 15～20MPa，氧气含量控制在 6%，7 个月累计注入 $95\times10^4m^3$。对应油井在一年后自然递减得到有效遏制，年自然递减率为 13.8%，累计增油 1000t，注入量在 0.8～1.0 倍 HCPV，即单井日注 $1.2\times10^4m^3$ 时，累计采收率达到 59%，后增幅缓慢。

4. 吐哈油田

吐哈油田温西一区块油藏属于特低渗透油藏，主要目的层位为侏罗统三间房组，三角洲前缘水下分流河道砂体，埋深2300～2600m，平均孔隙度为16.55%，平均渗透率为65mD。储层平面及纵向非均质性较强，局部发育中高渗透储层。油藏原油黏度为0.5MPa·s，原始地层温度为76℃，地层压力为24MPa。

经过多年注水开发，已进入高含水期开发阶段，地质储量采出程度为25.97%，综合含水率为75.35%。通过对区块油藏地质概况研究，泡沫辅助气驱机理研究及可行性论证、注采工艺方案、地面工程方案等关键技术进行研究，开展了温西WX1−64井区泡沫辅助减氧空气驱矿场试验，注入参数设计含氧量为5%，注气速度为24000m^3/d，气液交替段塞注入，气液比为3：1。

试验井区共14口井，4注10采，最终9口井见效，累计增油2328t，增气1535.4×10^4m^3，压力由注气前的平均6MPa提高为24.3MPa。

5. 东濮凹陷

胡12断块油藏深度为2040～2300m，地层压力为23MPa，地层温度为92℃，矿化度为19.4×10^4mg/L，试验区共有15口油水井，平均注采井距为340m。

由于优势渗流通道发育，注水开发地层能量难以恢复，2009年试验前压力系数仅为0.5左右，综合含水率高达98.23%，采出程度为21.77%，水驱动用程度较差。剩余地质储量为87.6×10^4t，其中含油饱和度大于0.6的剩余地质储量为16.2×10^4t，含油饱和度为0.5～0.6的剩余地质储量为27.9×10^4t，含油饱和度为0.4～0.5的剩余地质储量为23.6×10^4t，含油饱和度低于0.4的剩余地质储量为19.9×10^4t。为提高该类油藏的采收率，在胡状集油田胡12断块沙三中8^{6-8}开展了空气泡沫调驱先导试验。

室内实验结果表明，空气泡沫体系不但能够与原油发生低温氧化反应，而且能够封堵优势渗流通道，提高最终采收率。现场实施空气泡沫调驱后，注入井注入压力提高了78%，5个月油井未见气体产出，水线推进速度大幅减缓，试验井组的综合含水率下降了3.4%，产油量增加了38.5%。实践证实，在严重非均质性油藏特高含水开发期，空气泡沫调驱是封堵优势渗流通道、恢复地层能量、降低含水率和提高采收率的有效手段。

泡沫封堵能力体现在：渗透率为0.55～4000mD时，残余阻力系数和阻力因子随渗透率增大而迅速增大，当渗透率大于4000mD后，残余阻力系数和阻力因子增大趋势变缓。

四、潜山油藏

1. 变质岩潜山油藏

以兴古7潜山变质岩潜山油藏为代表。气驱前，兴古潜山油藏依靠天然能量开发，存在地层压力下降快、产量递减快及采收率低等问题。2012年，针对油藏能量补充困难、底水锥进快等问题，以水平井作为主力注气井，自下而上分上、下两段，对个别井开展注入减氧空气驱试验，取得了一定效果。

从 2014 年底全面开展井组减氧空气驱，年递减率由气驱前的 22% 降至气驱后的 14.5%。注气井组日产油由注气前的 517t/d 上升到注气后的 601t/d，平均油压由注气前的 4.0MPa 上升到注气后的 5.1MPa，阶段增油 1.06×10^4t，水淹井数未再增加。

2. 碳酸盐岩潜山油藏

以沈 625 潜山及静北潜山油藏为例，生产目的层为中—新元古界碳酸盐岩储层，注水开发油藏。储层裂缝发育，以中高角度缝为主，溶孔、基质孔隙为辅，平均孔隙度为 4.2%，平均渗透率为 40mD，原油为高凝油，温度为 91～123℃，地层水为 $NaHCO_3$ 型。沈 625 埋藏深度平均为 3400m，原油密度为 5.58mPa·s，采出程度为 12.7%，综合含水率为 74.7%；静北潜山油藏平均深度为 2900m，原油密度为 5.96mPa·s，采出程度为 23.4%，综合含水率为 86.1%。

方案设计井网采用原本的注水井网，注水井转为注气井，注气类型多样，前期气水交替，后期注减氧空气泡沫，日注气量为 $2.15\times10^4m^3$，注气压力为 15～21MPa。

注气后，油藏采油速度由 0.47% 增至 0.65%。与水驱相比，累计增油 7.56×10^4t，预测最终采收率比水驱提高 4.80 个百分点。11 个注气井组均有不同程度增油效果，幅度大于 20%。

五、稠油油藏

1. 超深稠油油藏

以吐哈油田玉东区块为代表，超深稠油开采难度非常大，其中试验区油藏总体表现为低采出程度、中高含水，油藏厚度大，储层非均质性严重，注水小层单向指进，剩余油丰富。

2015 年 4 月，吐哈油田在玉东 203 块试验区注入减氧空气，注气 52 天后两口井见效，初期单井日增油 9.8t；对应 12 口油井见效，产量上升 21t。

2016 年，吐哈油田扩大应用规模，实施 9 井次作业，实施后见效井数不断上升，减氧空气试验直接增油 3.47×10^4t，见效井平均见效增产幅度达 152%。同年 7 月，减氧空气试验区产量在达到最高日产量 119t 后，受阶段注采比、气液比、泡沫封堵性等多方面因素影响，对应见效油井产液量下降，部分油井见效效果差，产量持续下降。2017 年 1 月试验区产能递减 20t，年递减为 19.9%。

2017 年 2 月，确定了阶段合理注入参数，依据泡沫驱见效规律，开展泡沫驱区块补改层、解封作业。先对稠油井注入减氧空气，降低稠油黏度，然后为油井注水，补充地层能量，让油井产油量增加。

截至 2017 年 10 月，吐哈油田增油 1.19×10^4t，玉东 203 试验区区块产能由年初的 186t 提升至目前的 233t，减氧空气泡沫驱持续取得成功。

2. 火山岩稠油油藏

辽河盆地坨 33 块油藏储层为双重介质块状火山岩，油藏埋深平均为 1400m，为裂缝—孔隙型储层。

2013 年实现全面注水开发，但受地层亏空较大及火山岩油藏特殊岩性制约，总体水驱效果仍未好转，区块濒临废弃。因此，该区块 2015 年开展减氧空气驱试验，采用底部注气、油井中上部采油方式，注气后油井快速气窜，导致油井及整个采油站生产系统瘫痪，部分油井实施关井。

之后开展注气调整研究，气井同步注泡沫，油井依据注采夹角调整采油井段，气驱效果明显改善。但进入 2017 年以后，随着油井措施工作量逐步萎缩，井组产量呈现递减趋势，同时封堵后造成储量损失，日产油量从 15.9t/d 下降至 8.5t/d。

2017 年于坨 33-11-9 井组开展气水同注试验，采用上层注水、下层注气的方式，日注气 $1.3\times10^4m^3$，日配注水 $15m^3$，油压为 25MPa，套压为 22.5MPa。试验开展后，试验井组受效状态良好，初步见到抑制气窜和增油效果，日产液从 65t 上升至 103t、日产油从 8.6t 升至 13.7t、日产气从 $16500m^3$ 降至 $13000m^3$，综合含水从 85.2% 下降至 82.7%。地层压力有所回升，从 8.2MPa 上升至 8.5MPa。预测最终采收率可达到 14.8%，同比提高 1.5%。

六、其他应用

除中国和北美以外，其他国家和地区也进行了一系列高压注空气的可行性研究。印度尼西亚的 Handil 油田于 2001 年进行了注空气先导性试验；阿根廷的 Barrancas 油田进行了注空气可行性评价；同时，澳大利亚和日本进行了高压注空气的技术可行性和潜力评估；墨西哥 Cárdenas 油田正在评估在天然裂缝碳酸盐岩油藏注空气的可行性。此外，挪威北海西南部的 Ekofisk 海上油田进行过注空气室内实验和数模评价，但由于技术和经济原因尚未进行先导试验。

第二章 低温氧化实验评价

氧气和油藏中原油的反应极其复杂，其反应途径受到原油的性质、油藏温度、压力、岩石性质和岩石热损失特性等影响，岩石热损失特性又会受到孔隙度的影响。在油藏温度下空气与原油发生低温氧化反应，反应消耗掉大部分氧气，生成 CO_2、CO 和 CH_4 等气体，以实现烟道气驱。相关研究人员认为，在 350℃以下原油与空气接触，都属于原油的低温氧化阶段。空气与原油经过低温氧化反应后原油组成发生变化，因此，原油性质也随之发生一些改变，原油能否被采出，与原油本身内部组成和化学性质有关。原油能否发生低温氧化反应，是空气驱提高采收率的必要前提，同时也是保证该项技术安全性的一个重要因素，若能够发生低温氧化，测试其相应氧化动力学参数，为油藏数值模拟提供必要可靠的计算参数。

本章介绍了原油低温氧化静态实验的原理，并通过原油静态低温氧化实验测试目标区原油在不同条件下的耗氧速率，建立了原油低温氧化动力学模型，为数值模拟提供基础，并分析了在油藏条件下的原油氧化热效应。

第一节 原油低温氧化静态实验

在油藏温度下，低温氧化反应是十分缓慢的，可能低于氧进入油的扩散速度，而在没有砂存在时速度更低，这说明加入砂后，原油和空气的接触面积增加了，更有利于氧化反应进行。或者是当油气接触面相当小的时候进行，反应是由扩散控制的。氧化反应和氧气的含量多少关系不大，而与温度和压力的大小有很大的关系。通常，油藏埋藏越深，油藏温度越高，注空气驱采油的效果越好，高温提高了氧的消耗和利用率，但高温会对泡沫稳定性产生不利影响，而高压却能增加泡沫的强度。空气泡沫注入油藏同时会产生两个作用：原油的驱替与氧化。

一、原油反应前后氧含量分析

氧化反应所产生的热量可用于维持氧化反应的继续进行，且能局部提高油藏温度，它取决于生成的热量与由于热传导和气体对流导致的热损失速度之间的平衡。低温氧化导致氧原子与碳氢化合物分子连接，所生成的醛、酮、醇等会被继续氧化生成大量碳的氧化物和水。由低温氧化反应机理中各个步骤的反应方程式相加得到低温氧化反应的总方程式为

$$4R-CH_3+7O_2 \longrightarrow 2R+2ROH+3CO_2+CO+5H_2O \tag{2-1}$$

由方程式（2-1）可以看出，氧气通过低温氧化反应被消耗。由于在这一反应过程中烷烃

始终是过量的，所以这一反应基本能够进行完全。重质的原油能够部分地被低温氧化成轻质原油，而且整个低温氧化反应为放热过程也降低了原油的黏度。低温氧化反应机理如图2–1所示。

原油氧化是一个反应动力学的控制过程，其反应率可用简单的阿伦纽斯（Arrhenius）方程描述：

$$dp_x/dt=k_o e^{-E/RT}[p_x]^m[oil]^n \tag{2-2}$$

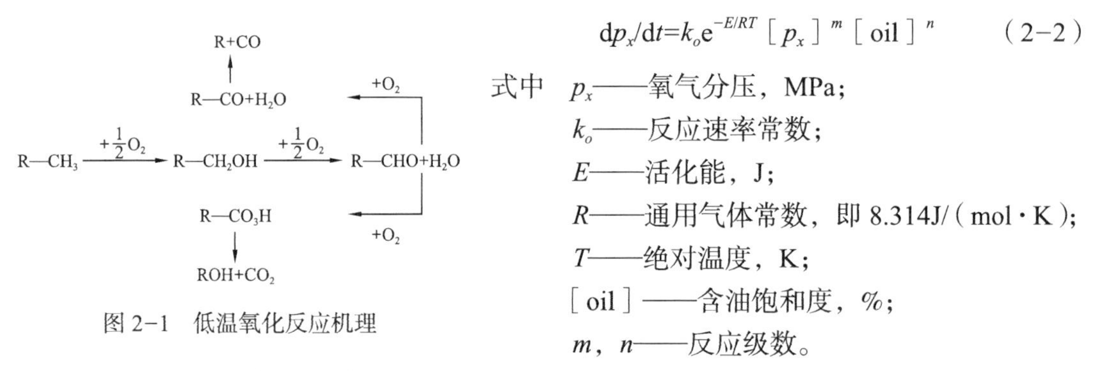

图2–1　低温氧化反应机理

式中 p_x——氧气分压，MPa；

k_o——反应速率常数；

E——活化能，J；

R——通用气体常数，即8.314J/（mol·K）；

T——绝对温度，K；

［oil］——含油饱和度，%；

m，n——反应级数。

由式（2–2）可知，反应速度随着氧的分压和温度的变化而变化。k_o、E是反应动力学参数，取决于原油和储集岩的性能，由实验数据确定。实验研究表明低温氧化（LTO）反应是自发的，在反应气体中氧气体积含量较高（>5%）及填砂中含油饱和度较高（>5%）的情况下，氧气的分压和含油饱和度对反应速率影响不大，即反应级数为0。对低温氧化过程中的反应气成分进行分析，也表明了碳被氧化为一氧化碳和二氧化碳，具有比低温燃烧反应更高的活化能。

二、原油静态氧化实验

1. 实验目的

主要利用高压静态反应装置测试和评价在不同条件下（压力、温度）原油与空气接触后的氧化速率；建立原油与空气反应的氧化动力学模型，评价油品、温度及空气滞留时间对耗氧率的影响。

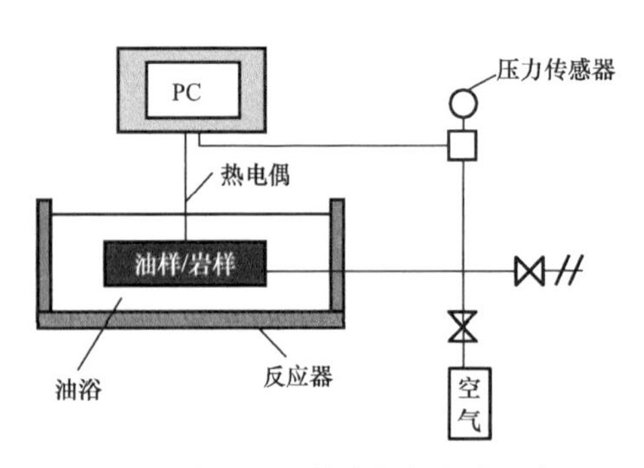

图2–2　高压恒温静态氧化实验示意图

2. 实验流程

高压恒温静态氧化实验如图2–2所示。

3. 实验方法

将一定质量的油放入容器中。之后向中间容器中通入空气至设定压力，并将其放入设定温度的油浴中恒温加热，记录容器中压力的变化。在实验结束后检测残余气体中氧气、一氧化碳和二氧化碳的含量。

4. 实验参数

静态氧化实验的目的是在不同的压力、温度等条件下，研究原油的氧化反应速率或耗氧量、产出气体组分及反应前后原油中氧元素含量的变化。

分别在 16MPa 和 10MPa 条件下进行纯油样和空气的静态氧化实验，同时，完成了其他三个油样在不同温度和压力下的静态氧化实验，其中柳 79-35 井和柳 75-60 井原油均为五里湾长 6 原油，坊 86-92 井原油为姬塬油田黄 39 区长 8_1 原油（油层中深 2700m，油层压力 19.74MPa，油藏温度 91.7℃）。

其实验参数见表 2-1、表 2-2 和表 2-3。

表 2-1　柳 79-35 井原油静态氧化实验参数表

序号	初始压力 MPa	反应温度 ℃	持续时间 h	S_o %	反应物
1	16.20	60	54	100	油 + 空气
2	16.15	50	46	100	油 + 空气
3	16.20	40	42	100	油 + 空气
4	10.08	60	50	100	油 + 空气
5	10.06	50	44	100	油 + 空气
6	10.10	40	39	100	油 + 空气

表 2-2　柳 75-60 井原油静态氧化实验参数表

序号	初始压力 MPa	反应温度 ℃	持续时间 h	S_o %	反应物
1	16.05	60	37	100	油 + 空气
2	16.02	80	45	100	油 + 空气
3	20.01	60	49	100	油 + 空气
4	20.01	80	53	100	油 + 空气

表 2-3　坊 86-92 井原油静态氧化实验参数表

序号	初始压力 MPa	反应温度 ℃	持续时间 h	S_o %	反应物
1	20.04	60	49	100	油 + 空气
2	20.02	80	49	100	油 + 空气
3	16.01	60	29	100	油 + 空气
4	16.12	80	39	100	油 + 空气

三、实验结果及分析

根据静态氧化实验结果，测定原油反应前后系统中氧气含量的变化，计算出氧化反应速率，可研究温度对原油氧化速率的影响。

1. 氧化速率计算方法

注空气低温氧化静态反应中关于氧化速率的计算方法有两种。

（1）气体含量法。

$$反应速度=\frac{氧气消耗物质的量}{（油体积\times反应时间）} \tag{2-3}$$

其中，氧气消耗物质的量是通过测出反应后的氧气的含量，进而折算出标况下氧气消耗的摩尔数，这个方法的局限性是主要依赖于反应后氧气的含量，如果氧气含量测量不准确，将会对结果造成很大的误差。

（2）压力降法。

压力降法计算氧化速率，其数据准确性主要取决于压力的变化。在实验中，压力的变化相对是比较准确的，所以利用压力降来计算其氧化速率相对气体含量法要准确。

原油的静态氧化反应速率是指单位体积原油在单位时间内消耗氧气的量，单位为mol/（h·mL），计算公式为：

$$v_{O_2}=-\frac{dn_{O_2}}{V_{oil}dt} \tag{2-4}$$

在国内外研究中，关于计算原油静态氧化反应速率的方法主要是压力降法。

$$\begin{array}{llll} C_xH_{2x+2}+\left(x+\dfrac{x+1}{2}\right)O_2=xCO_2+(x+1)H_2O & & & \Delta n \\ \qquad\quad x+\dfrac{x+1}{2} & x & & \dfrac{x+1}{2} \\ \qquad\quad n_{O_2} & & & \Delta n(t) \end{array} \tag{2-5}$$

如式（2-5）所示，原油经过低温氧化反应，则氧气的物质的量消耗为 n，根据质量守恒定律，系统物质的量的减少值 Δn（t）为：

$$\Delta n(t)=\frac{\dfrac{x+1}{2}}{x+\dfrac{x+1}{2}}n_{O_2}=\frac{x+1}{3x+1}n_{O_2} \tag{2-6}$$

相应地使用减少的物质的量 Δn（t）表示参加反应的氧气的物质的量。

$$n_{O_2}=\frac{3x+1}{x+1}\Delta n(t) \tag{2-7}$$

将式（2-7）代入式（2-4），可得原油静态氧化反应速率：

$$v_{O_2}=-\frac{dn_{O_2}}{V_{oil}dt}=-\frac{d\left[\dfrac{3x+1}{x+1}\Delta n(t)\right]}{dt} \tag{2-8}$$

空气中 O_2 与油反应消耗氧气，使系统压力降低。根据压力的变化情况可以计算出单位体积油的耗氧速率。

$$v_{O_2} = -\frac{3V_g}{V_{oil}ZRT}p(t)' = -\frac{3V_g}{V_{oil}ZRT}\frac{d\left[p(t)\right]}{dt} \quad (2-9)$$

式（2-9）为原油静态氧化反应速率，通过低温氧化反应，测得高压反应釜中的压力随时间的变化，就可以随时计算任意时间点处的氧化反应速率，同时也可以计算平均氧化反应速率：

$$v_{O_2平均} = -\frac{3V_g}{V_{oil}ZRT}\frac{d\left[p(t)\right]}{dt} = \frac{3V_g}{V_{oil}ZRT}\frac{p_后 - p_前}{dt} \quad (2-10)$$

以上式中　v_{O_2}——原油静态氧化反应速率，mol/（h·mL）；

V_g——空气体积，m^3；

V_{oil}——原油体积，mL；

n——气体的物质的量，mol；

$p(t)$——压力，MPa；

$p_前$、$p_后$——反应前、后的气体压力，MPa；

Z——压缩因子；

R——通用气体常数，即 8.314J/（mol·K）；

T——绝对温度，K；

t——反应所用时间，h。

2. 温度、压力对氧化反应速率的影响

温度、压力是影响原油低温氧化反应速率的重要因素。试验区柳 79-35 井，柳 75-60 井和姬塬油田黄 39 区坊 86-92 井长 8_1 不同油样在不同压力、不同温度下的实验结果见表 2-4、表 2-5 和表 2-6。

表 2-4　柳 79-35 井油样各压力、温度点的实验结果

压力 MPa	温度 ℃	反应后 O_2、CO_2、CO 体积含量 %	反应速率 10^{-5}mol/（h·mL）
16.0	60	16.4，1.1，—	4.28
16.0	50	17.8，0.9，—	3.60
16.0	40	19.2，0.7，—	3.22
10.0	60	17.2，0.9，—	3.95
10.0	50	18.9，0.7，—	3.42
10.0	40	20.1，0.6，—	3.01

表 2-5　柳 75-60 井油样各压力、温度点的实验结果

压力 MPa	温度 ℃	反应后 O_2、CO_2、CO 体积含量 %	反应速率 10^{-5}mol/（h·mL）
20.0	60	17.2，0.7，—	4.67
20.0	80	15.6，0.8，—	5.39
16.0	60	18.4，0.6，—	4.51
16.0	80	16.7，0.9，—	5.29

表 2-6　坊 86-92 井油样各压力、温度点的实验结果

压力 MPa	温度 ℃	反应后 O_2、CO_2、CO 体积含量 %	反应速率 10^{-5}mol/（h·mL）
20.0	60	16.5，0.9，—	6.86
20.0	80	14.7，1.4，—	8.11
16.0	60	17.1，0.8，—	6.24
16.0	80	15.6，1.3，—	7.60

反应速率与温度的关系曲线如图 2-3 所示。

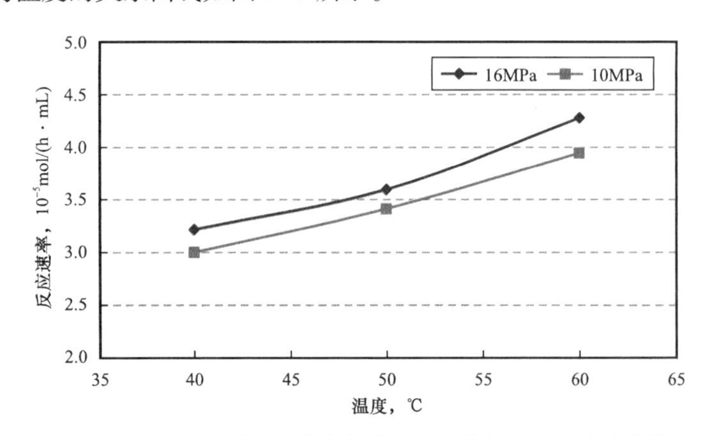

图 2-3　柳 79-35 井原油静态氧化反应速率与温度的关系曲线

分析以上图表可以得出如下结论：

（1）反应温度的影响。

所有反应温度下反应后氧气含量都降低，同时生成二氧化碳；并且随着温度升高，氧气消耗量增大。随着温度升高，反应速度越来越快，反应程度也越来越大。

（2）反应压力的影响。

不同压力对反应后气体组成和油样组成的影响，压力增大，氧气消耗量增加。压力增大有利于氧化反应的进行。

（3）不同油样的影响。

不同油样的组成对反应速度有很大的影响。同一类型油藏的柳 79-35 井与柳 75-60 井两个油样氧化反应速度相近，而来自另一油藏的坊 86-92 井油样氧化反应速度较大。

第二节　原油氧化动力学参数实验

动力学数据可以直观地从现象学来体现复杂且连续的反应过程，为了厘清这一复杂过程，需要对该过程中的热动力学进行深入研究，因此需要加速量热仪和 TG-DTG/DTA 测试数据来计算氧化动力学参数。

一、原油氧化动力学参数测试实验

1. 实验仪器

加速量热仪（Accelerating Rate Calorimeter，ARC）作为最早商业化的绝热量热仪，是反应性化学品热危险性评价的重要工具之一。ARC 能够模拟潜在失控反应和量化某些化学品及混合物的热、压力危险性。仪器操作简便，灵敏度高，可以测试任何物理状态和焓样品，结果易于处理和分析。

ARC 是由美国 Dow 化学公司研制、经美国哥伦比亚科学公司商业化的基于绝热原理设计的一种热分析仪器。它能够将样品保持在绝热的环境中，测得放热反应过程中的时间、温度、压力等数据，可以为物质的动力学研究提供重要的基础数据（图 2-4）。ARC 已经成为国际上评价物质热稳定性的常用测试手段之一，并逐步向成为标准测试方法方向发展。

图 2-4　ARC 实物照片

加速量热仪内部结构如图2-5所示。球形样品室悬在镀镍的铜绝热炉顶部中间位置。绝热炉分为上部、周边和底部3个主要区域，顶部有两个水平放置的加热器，周边沿炉体均匀分布有4个加热器，3个区域各嵌有一个N型（镍硅）热电偶用于控制各自区域的温度。另外一个热电偶与小球相连，用于测试样品温度。控制系统通过保持小球与绝热炉体的温度相同来实现绝热环境，从而研究样品在绝热环境下的自加热情况。绝热炉的底部有一个辐射加热器，可以将样品加热到所设置的起始温度。样品球通过压力管与压力测试系统相连，实时监测系统的压力变化。系统在进行测试运行前要先进行标定以消除温度漂移的影响。

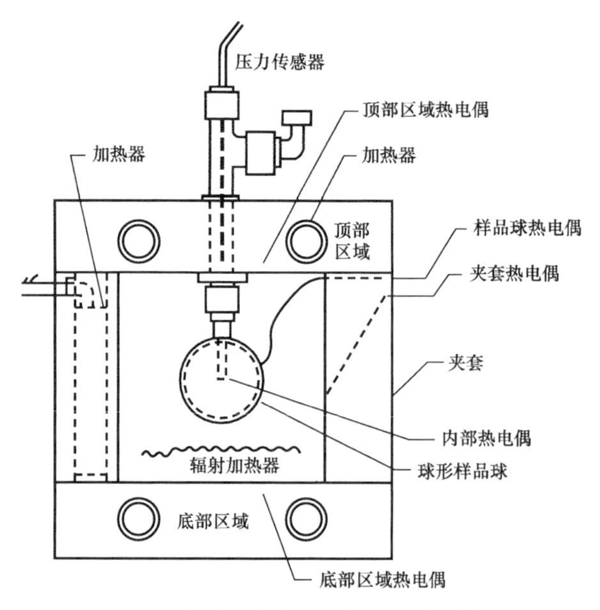

图2-5　加速量热仪实验装置原理示意图

ARC的测试运行主要有加热—等待—搜寻（H-W-S）和等温（ISO）两种模式。

（1）加热—等待—搜寻（H-W-S）运行模式。

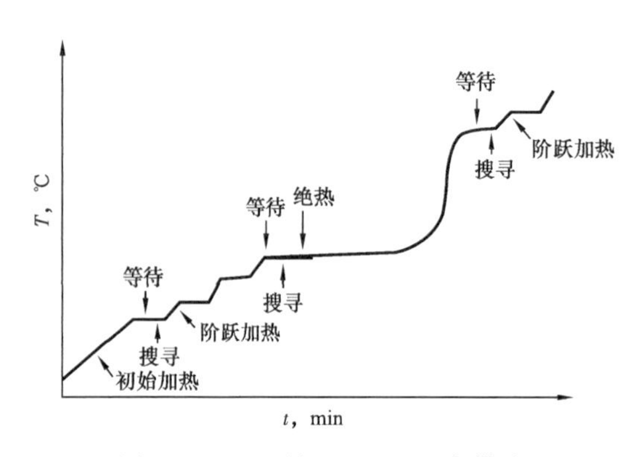

图2-6　ARC的H-W-S运行模式

如图2-6所示，先设定一个初始温度（该温度一般要比反应开始温度低20℃以上），仪器在该温度下等待一段时间，使试样和绝热炉体间达到一个热平衡。然后进入搜寻模式，如果没有探测到放热，仪器以设定的温升速率升温，开始另一轮的“加热—等待—搜寻”，直到温升速率高于初始设置的温升速率（通常为0.02℃/min），然后仪器自动进入“放热”方式，保持绝热状态直至反应结束，同时记录反应过程的温度和压力变化。

（2）等温（ISO）模式。

当不稳定物质在升温情况下要储存很长一段时间时，就要进行等温操作。ARC 的等温模式对于研究具有自催化特性及含微量杂质的化合物的反应具有独特的价值。

化工生产过程中的热危险性主要来源于温度和压力的危险性，利用 ARC 采集关于温度和压力的数据信息简便易行，而 ARC 运行一次即可得到如下数据：

初始放热温度、绝热温升、最大温升速率、最大温升速率时间、温度—时间变化、压力—时间变化和温升速率—温度变化等热特性参数以及参数变化关系。

优点：样品量小，具有检测高能物质的能力。

本实验在绝热环境下进行，从 50℃开始人为升温，没有监测到有效放热，则以 3℃/min 人为升温；若监测到反应放热，则停止人为升温，靠反应自身产生的热量升温。如果反应自身产生的热量升温不足以维持反应的进行，系统自动人为升温，如此反复直到实验结束。

2. 实验参数设置及流程

ACR 实验条件见表 2-7。

（1）试压检漏；

（2）管路设计及安装；

（3）开始实验。

表 2-7　ARC 实验条件

相关参数	绝热模式 （逐步升温，监测到放热即跟踪）
实验压力，MPa	2.7
空气流量，mL/min	10
样品质量，g	3.3868
反应容器体积，mL	约 10
反应容器材料	HC-MCQ
检测灵敏度，℃/min	0.02
升温间隔，℃	3
等待时间，min	20
检测时间，min	20
设定温度，℃	20-200
实验油样	柳 79-35 井原油

3. 实验结果

实验曲线如图2-7所示，反应大体可以分为两个阶段，第一阶段在720～1400min，为平缓阶段，温度在105℃时监测到反应生热；第二阶段1400min后，温度升高到130℃，此阶段以后反应放热越来越剧烈，靠自身的反应能量使得温度升高到220℃，放热曲线如图2-8所示。

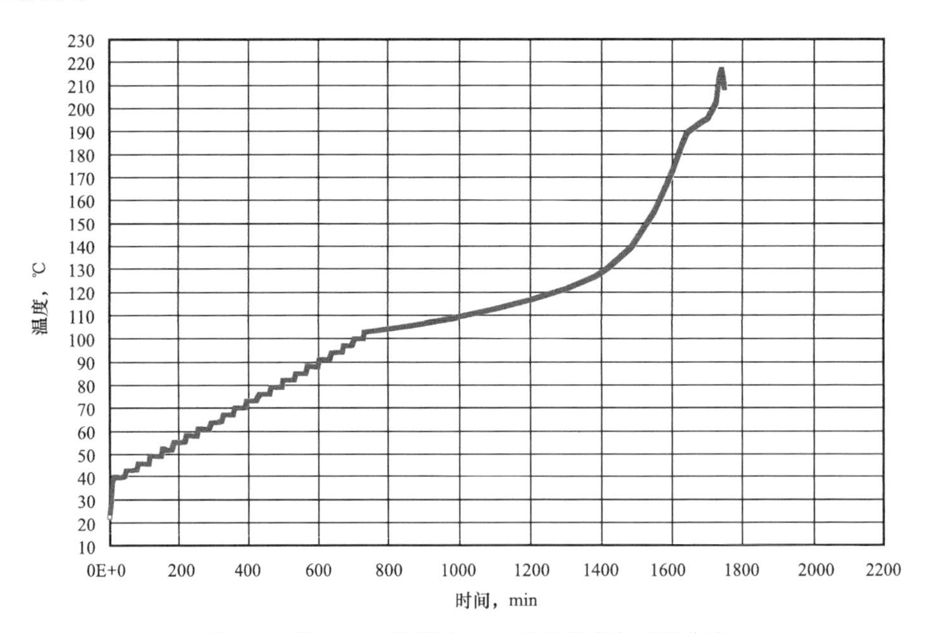

图2-7　柳79-35井原油ARC实验温度与时间曲线

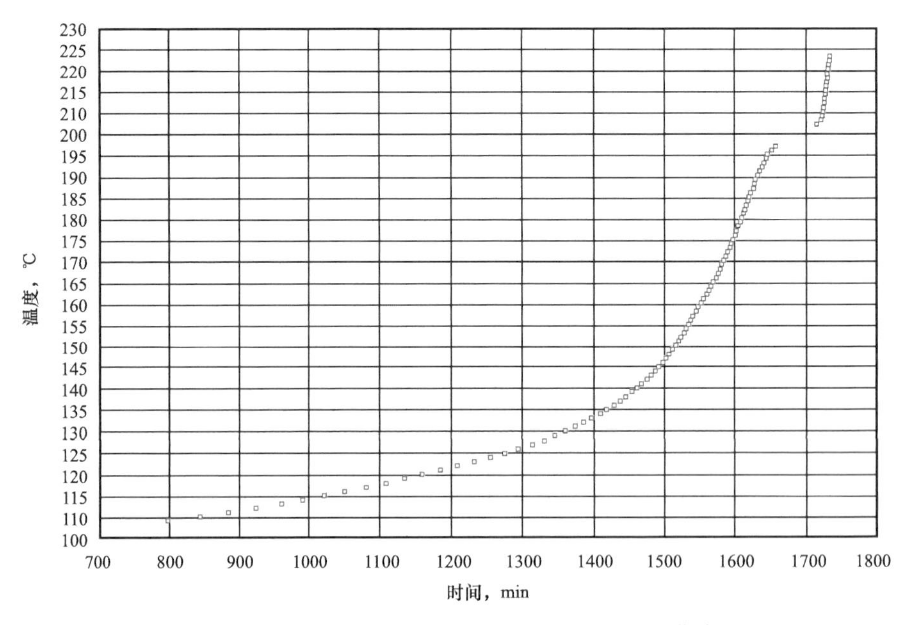

图2-8　柳79-35井原油ARC实验温度与时间曲线

经系统软件计算后得出低温氧化动力学参数活化能以及反应级数，为后期的注空气驱数值模拟提供数据。

二、热重参数测试实验

1. 实验仪器

利用热重（Thermogravimatric，TG）分析来研究物质受热分解过程具有简单、方便、快速、准确的优点，也是研究物质分解动力学的重要手段。将得到的热失重曲线进行处理，利用数学推导，可估算热解反应活化能，判断分解反应机理及影响因素。

热重分析仪（TGA）是用来对化学反应引起的重量变化进行模拟，并且储存反应过程中的时间、温度和质量等数据。本实验可以得出某个温度段实验介质的热稳定性。

2. 实验步骤

（1）实验参数设置，本实验在常压空气环境条件下（设备限制）。

（2）样品填装；

（3）开始实验。

3. 实验结果

图 2-9 和图 2-10 为三个油样（A 为柳 79-35 井、B 为坊 86-92 井、C 为柳 75-60 井）的重量变化、生热随温度的变化关系。

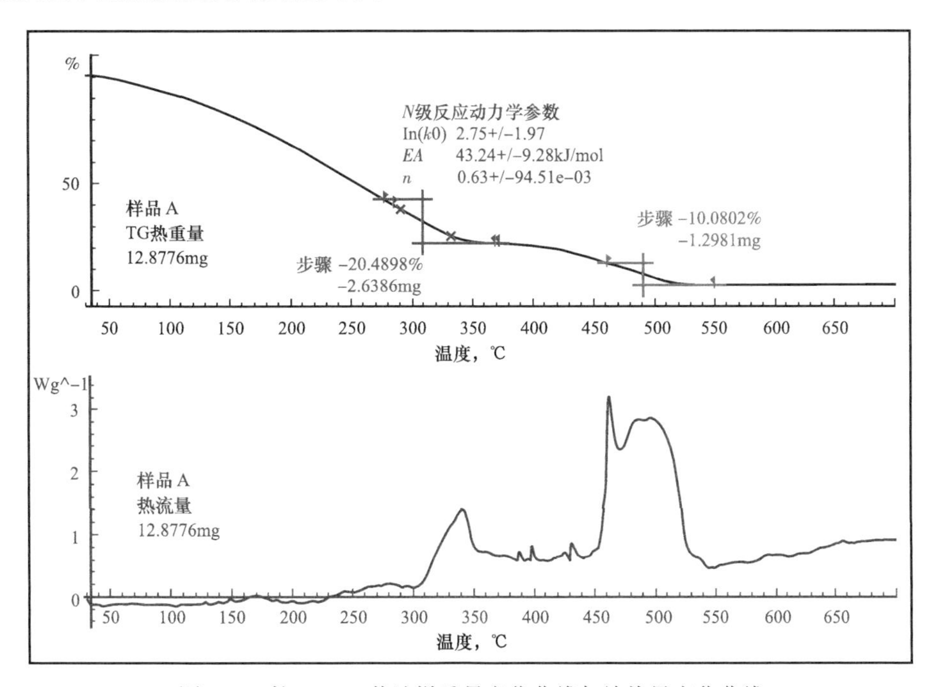

图 2-9　柳 79-35 井油样重量变化曲线与放热量变化曲线

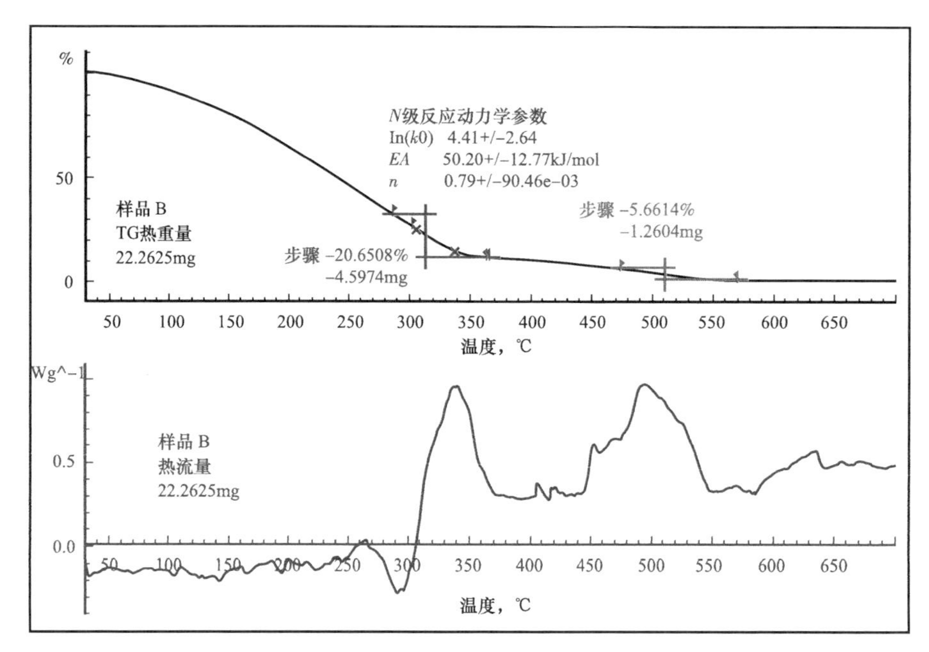

图 2-10　坊 86-92 井油样重量变化曲线与放热量变化曲线

由图 2-11 和图 2-12 可以看出，在低温条件下（50℃）就开始有重力损失，而且随着温度的提高，重力损失加快。当温度超过 150℃左右，反应进一步加快。此实验进一步说明不同温度阶段，原油中不同组分的氧化反应活性不同。此实验结果显示，三个油样在低温条件下氧化反应活性相近，坊 86-92 井油样氧化反应速度大一些。

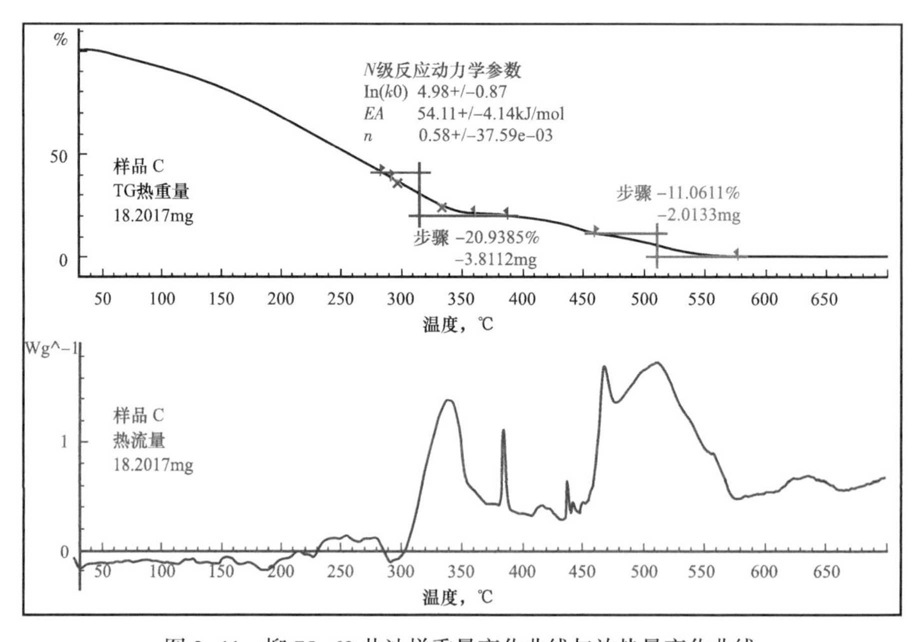

图 2-11　柳 75-60 井油样重量变化曲线与放热量变化曲线

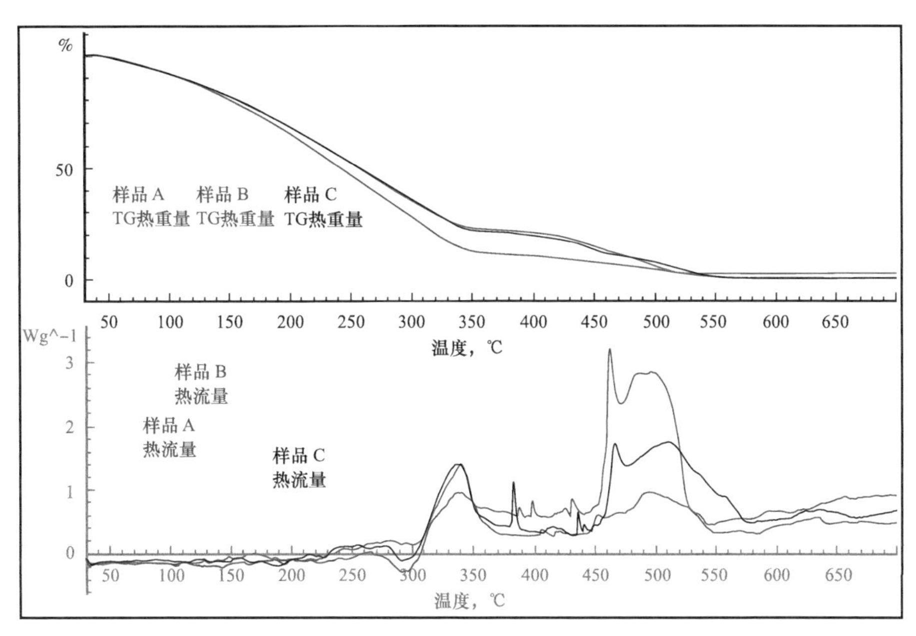

图 2-12　三个油样重量变化曲线与放热量变化曲线对比

第三节　空气与原油氧化特征研究

由于原油中存在大量种类繁多的烃，同时氧化过程中存在数以百计的中间反应过程，原油的氧化、裂解、燃烧等反应是一个极其复杂多变的过程。在油藏条件下分析原油氧化特征时，首先要了解原油的氧化热行为，本节利用试验区原油进行了不同条件下原油氧化后成分及氧化热效应研究。

一、注空气过程反应机理

关于注空气过程反应途径的研究，不同的学者针对不同地区的岩石和原油建立了相关的反应动力学方程，但是从大的反应途径来看，对于轻质油藏高压注空气过程主要存在两个大反应：第一，氧气的加成反应（addition）；第二，分解（decomposition）/ 断键反应（bond-scission）。加成反应主要是形成氧化的化合物，烃分子的氧化在开始时，主要在碳氢化合物分子链的基础上，产生自由基和含氧官能团（如羟基、醛类和羧基）。断键反应形成的化合物分解成二氧化碳和长链烃类，二氧化碳主要是通过去碳酸基过程产生，这倾向于在更高的温度条件下发生。在断键反应模式下，燃烧起主要作用，而在加成反应条件下，这些被氧化的化合物将会彼此之间聚合，对于轻质原油加成反应倾向于在 150℃条件下发生。由于轻质原油的燃料沉积特性，在高温氧化下的燃烧反应可能不能够持续。对于链烷烃，断键反应在低温范围内主控。即使在加压条件下，低沸点的芳香族化合物更倾向于在放热反应发生之前发生蒸馏或者蒸发，四氢化萘（$C_{10}H_{12}$）在高温和低温范围内均显示了放热现象，并且随着压力增加，产生热量迅速增加。二甲基苯丙蒽（$C_{20}H_{16}$）在高温范围内比在低温范围内产生的热量更多。可以得出，更重的芳香族化合物在低温范围内进行了加氧反应或者低温氧化反应，为高温的氧化反应沉积焦炭残余物。含有较高的链烷烃或者更少的芳香族化合物组分的轻质或者中质原油在低温范围内显示更强的放热反应活性。而巴斯卡沥青则在高温范围内显示更好的放热反应。因此，原油中 SARA（饱和烃、芳香烃、胶类和沥青质馏分）质量分数也是影响氧化反应的重要因素。轻质原油低温氧化模式可分为：

加氧反应：

$$\mathrm{C}_x\mathrm{H}_y+\frac{z}{2}\mathrm{O}_2\longrightarrow\mathrm{C}_x\mathrm{H}_y\mathrm{H}_z+\Delta\mathrm{H}_1 \tag{2-11}$$

碳键剥离反应：

$$\mathrm{C}_x\mathrm{H}_y\mathrm{O}_z+\left[\alpha+\frac{\beta+\gamma}{2}-\frac{z}{2}\right]\mathrm{O}_2\longrightarrow\mathrm{C}_{x-\alpha-\beta}\mathrm{H}_{y-2\gamma}+\alpha\mathrm{CO}_2+\beta\mathrm{CO}+\gamma\mathrm{H}_2\mathrm{O}+\Delta\mathrm{H}_2 \tag{2-12}$$

式中 ΔH_1、ΔH_2——分别为反应焓变；

x、y、z、α、β、γ——分别为化学反应系数。

加氧和碳键剥离反应的耗氧速率遵循阿伦纽斯定律：

$$\left[\frac{\mathrm{d}c\left(\mathrm{O}_2\right)}{\mathrm{d}t}\right]_1=A_{\mathrm{r}1}\exp\left(-\frac{E_1}{RT}\right)\left[c\left(\mathrm{C}_x\mathrm{H}_y\right)^{m_1}\right]\left(p_{\mathrm{O}_2}\right)^{n_1} \tag{2-13}$$

$$\left[\frac{\mathrm{d}c\left(\mathrm{O}_2\right)}{\mathrm{d}t}\right]_2=A_{\mathrm{r}2}\exp\left(-\frac{E_2}{RT}\right)\left[c\left(\mathrm{C}_x\mathrm{H}_y\mathrm{O}_z\right)^{m_2}\right]\left(p_{\mathrm{O}_2}\right)^{n_2} \tag{2-14}$$

式中 A_r——阿伦纽斯常数，s^{-1}；

E——活化能，J；

R——通用气体常数，即 8.314J/（mol·K）；

c——代表反应物浓度，mol·L；

p_{O_2}——O_2 分压，Pa；

m_1、n_1、m_2 和 n_2——分别为反应级数；

T——绝对温度，K。

氧化管实验中 O_2 相对于反应的碳烃化合物是足量的，反应式（2-12）耗氧速率可通过生成 CO_2 平均速率而计算得到，反应（2-11）耗氧速率为总耗氧速率减去反应（2-12）耗氧速率。

在油藏温度压力条件下，抽提主要包括两种作用：第一，烟道气对轻质组分进行抽提，随后产生类似 LNG 驱替的提高采收率作用；第二，蒸馏作用，包括蒸发和冷凝，在燃烧前缘周围，一部分原油被蒸发，没有被作为燃料消耗的蒸汽相，通过烟道气和蒸汽携带流动到下游，在前缘低温油藏部分冷凝，形成油带。尤其对于水驱后高含水的轻质油藏，蒸馏过程通过其在氧化前缘的热效应对提高采收率起到重要作用。

二、时间对氧化性质的影响实验

1. 实验准备

（1）原油：柳 75-62 井井口脱水原油作为实验用油，组分构成如图 2-13 所示；

（2）岩心：将地层取心岩心捣碎后作为氧化实验的岩心介质；

（3）温度：根据油藏条件选择 56℃作为实验温度；

（4）压力：根据油藏条件选择 13.3MPa 作为实验压力；

（5）氧化时间：6d、11d、16d、18d；

（6）实验仪器：多功能岩心驱替装置、气相色谱仪、红外光谱仪（图 2-14）。

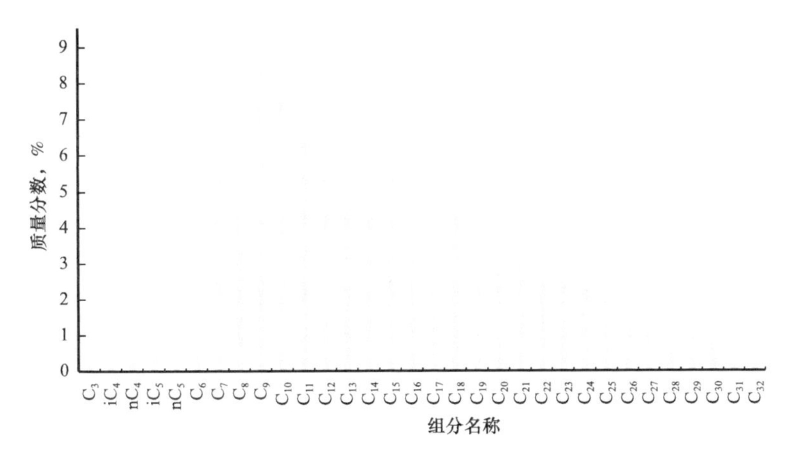

图 2-13　五里湾柳 75-62 井原油组分构成分布图

(a) 多功能岩心驱替装置

(b) 气相色谱仪

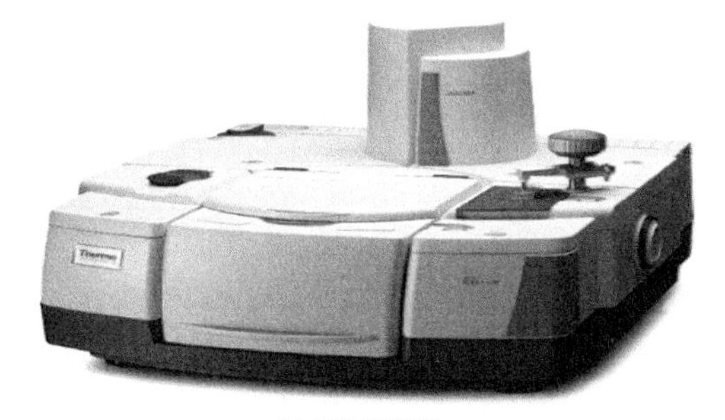

(c) 红外光谱仪

图 2-14　实验仪器

2. 实验方法

（1）按图2–15连接实验流程，并对填充了岩心碎屑的长氧化管饱和原油；

（2）关闭长氧化管出口端，并向其中注入空气直至达到指定压力；

（3）将长氧化管于高温高压条件下放置不同时间，令其中原油产生低温氧化反应，并通过软件对时间、压力和温度进行监控；

（4）开启长氧化管出口端，通过GM–1型气体计量仪收集氧化反应后的气体，并利用气相色谱仪对气体组分进行分析；

（5）通过水驱收集氧化反应后的原油，并利用气相色谱仪、红外光谱仪对原油组分进行分析。

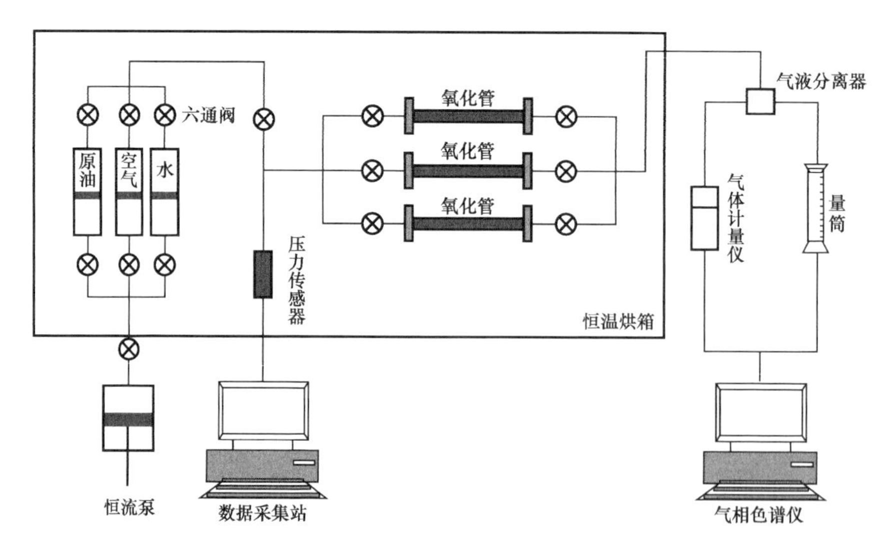

图2–15　低温氧化实验流程图

3. 实验结果及分析

由于氧化后产出物的收集在常压下进行，因此，原油在长氧化管出口端发生脱气，气液分离后氧化过程中产生的CO、CO_2及溶于原油中的氧气均进入气相，液相中仅含有烃类组分。利用气相色谱仪对氧化不同时间后的气相、液相组分进行分析。

1）气相组成分析

表2–8　原油在56℃下氧化不同时间后气相组分分析

气组分含量，% 时间，d	O_2 %	CO_2 %	CO %	C_2—C_6 %
6	11.88	0	0.06	7.05
11	8.58	0.134	0.08	15.67
16	3.54	0.334	0.14	18.46
18	1.71	0.53	0.49	22.68

由表 2-8 可得图 2-16：

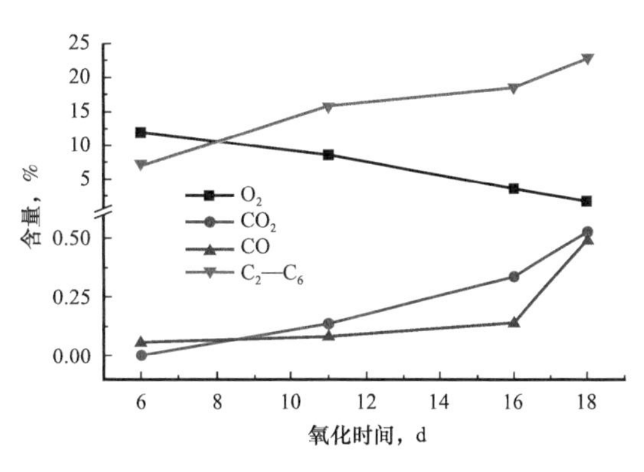

图 2-16　气相组分含量分析

由图 2-16 可以看出，随着氧化反应的进行，气相中的氧含量不断下降，氧化 11d 后，氧气含量即降低至 10% 以下。实验研究及理论计算结果均表明，对于大多数石油产物，氧含量安全限值为 10%～11%，氧含量低于这个值，即使遇明火也不会发生爆炸。油田实际生产过程中，注入井和生产井井距一般为几百米，原油与空气接触时间远长于 11d。因此，空气中的氧含量将以连续方式逐渐降低，最终消耗殆尽，不会发生爆炸事故。

空气中的氧气与原油发生低温氧化反应产生酮、醛、酸，酮、酸、酸发生碳键剥离生成 CO_2 和 CO。因此，在氧气含量逐步减少的同时，气相中的 CO_2 和 CO 含量不断增加。CO_2 和 CO 的产生证明了氧气的消耗，能够进一步保证低温氧化反应的安全性，同时也为原油中轻质组分的汽化提供了原料。

因此，在气相中 CO_2 含量随氧化时间延长而增加的同时，原油中的 C_2—C_6 不断被抽提到气相中，氧化 11d 后，气相中的 C_2—C_6 含量已经超过 15%。

2）液相组成分析

在裂解的作用下，氧化后原油中的重质组分降低（表 2-9），C_{16}—C_{32} 含量低于原始原油相应含量，相应的原油中的中质组分（C_7—C_{15}）和轻质组分（C_3—C_6）增加（图 2-17）。随着时间的进行，反应程度增加。原油及不同氧化时间各组分含量对比如表 2-9 和图 2-17 所示。

表 2-9　原油及不同氧化时间各组分含量对比

时间，d ＼ 原油组分含量，%	C_3—C_6	C_7—C_{15}	C_{16}—C_{32}
0	2.623	58.44	38.94
6	9.59	59.89	30.53
11	10.48	61.18	25.33
16	13.93	66.34	19.73
18	17.11	64.53	18.07

3）氧化程度与氧化速率

根据 56℃时空气与原油作用不同时间后气相中的氧气含量情况对氧化程度以及氧化速率进行分析。

如图 2-18 所示，随着氧化时间的延长，气相中氧气含量不断减小。根据氧化 18d 内

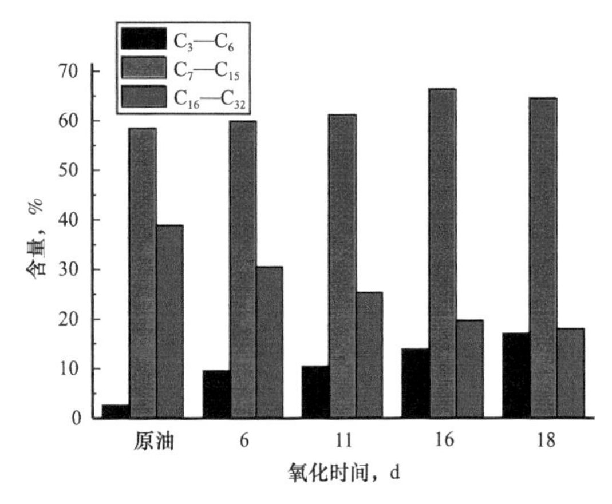

图 2-17　原油及不同氧化时间各组分含量对比

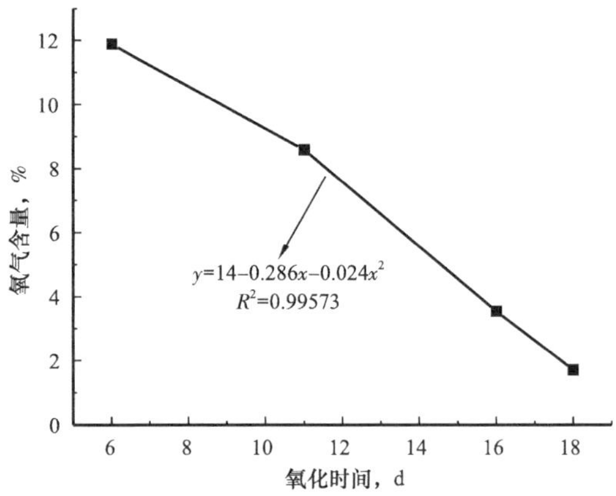

图 2-18　氧气含量随氧化时间的变化曲线

的氧气含量变化情况，可以获得气相中氧气含量与氧化时间的关系式：

$$Q=14-0.286x-0.024x^2 \tag{2-15}$$

式中　Q——气相中氧气含量，%；

x——氧化时间，d。

由式（2-15）可知，当 x=9d 时，Q=9.482%。可见，空气氧化的耗氧速度十分迅速，在 56℃下氧化只需 9d，气相中的氧气含量即达到安全水平，空气泡沫的安全性能够得到很好的保证。

如图 2-19 所示，随着氧化时间的延长，氧化速率亦呈下降趋势。根据氧化 18d 内的氧化速率变化情况，可以获得氧化速率与氧化时间的关系式：

$$V=0.0115x^2-0.43132x+4.14953 \tag{2-16}$$

式中　V——氧化速率，%/d；

x——氧化时间，d。

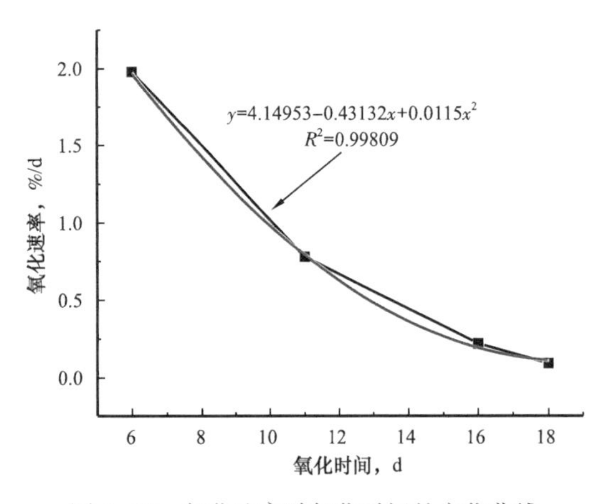

图 2-19　氧化速率随氧化时间的变化曲线

4）氧化后原油生成物分析

通过红外光谱可以分析反应前后原油中是否生成了醛、酮、酸等物质。

对氧化前后原油进行了红外光谱分析，其中图 2-20 为原始油样红外光谱分析结果。由于形成分子间或分子内氢键的键力常数的减小，吸收峰在较低波数（3300cm^{-1} 附近），峰形宽而钝；在 3300cm^{-1} 附近只有一个钝的吸收峰，可能存在羟基或仲氨基，如果有羟基则在 1050～1250cm^{-1} 有很强的碳氢吸收峰，图 2-20 中显示并不存在 1050～1250cm^{-1} 处的吸收峰，因此应该存在仲氨基；2920cm^{-1} 和 2850cm^{-1} 两个峰相对高，2960cm^{-1} 相对低，说明测试物中 CH_2 多而 CH_3 少，很可能是一个正构烷基，而在 720cm^{-1} 附近有吸收峰，则有 4 个（或更多）CH_2 相连；在 2820cm^{-1} 有弱的吸收峰表面存在醛基，少数醛只在 2850cm^{-1} 附近产生一个次甲基的单峰，

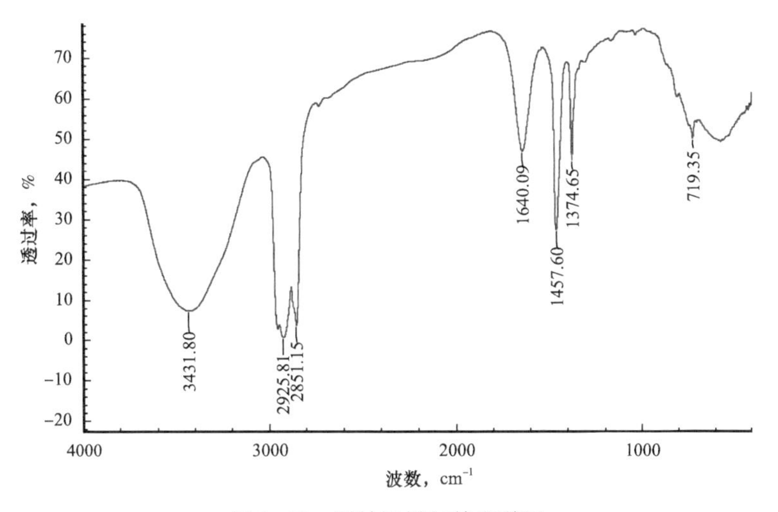

图 2-20 原始油样红外光谱图

因为这类分子中 C—H（面内）发生了改变；碳碳双键的吸收峰出现在 1600～1670cm^{-1}，强度中等或较低；1450cm^{-1} 的吸收峰表明是苯环的骨架震动；1380cm^{-1} 和 1460cm^{-1} 同时存在吸收峰，表明有甲基的存在。

图 2-21 为原油在 56℃条件下，氧化 16d 后红外光谱分析结果。与图 2-20 相比较，2920cm^{-1} 和 2850cm^{-1} 两个峰明显较低，而且 720cm^{-1} 处的吸收峰变化为 557cm^{-1}，表明测试物中不含 4 个以上相连的亚甲基；形成分子间或分子内氢键，由于键力常数的减小，吸收峰在较低波数（3300cm^{-1} 附近），峰形宽而钝；在 3300cm^{-1} 附近只有一个钝的吸收峰，可能存在羟基或仲氨基，如果有羟基则在 1050～1250 有很强的碳氢吸收峰，图 2-21 显示并不存在 1050～1250cm^{-1} 处的吸收峰，因此应该存在仲氨基；在 2820cm^{-1} 有弱的吸收峰表面存在醛基，少数醛只在 2850cm^{-1} 附近产生一个次甲基的单峰，因为这类分子中 C—H（面内）发生了改变；碳碳双键的吸收峰出现在 1600～1670cm^{-1}，强度中等或较低；1450cm^{-1} 的吸收峰表明是苯环的骨架振动；1380cm^{-1} 和 1460cm^{-1} 同时存在吸收峰，且 1460cm^{-1} 处的吸收峰明显弱于图 2-20，表明有甲基的存在，但量少。

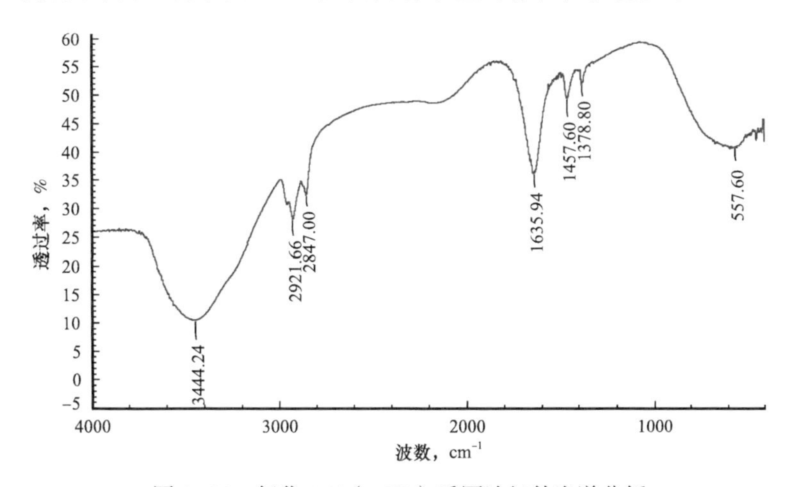

图 2-21 氧化 16d（56℃）后原油红外光谱分析

因此可以证明，低温氧化过程中，会有醛、酮和酸等产物的生成。因此为了保证驱替的安全性和驱油效果，在实施空气泡沫驱替之前，应该对地层情况进行详细的分析。

三、含水对氧化性质的影响实验

1. 实验准备

（1）原油：以柳75-62井井口脱水油作为实验用油；
（2）岩心：将地层取心岩心捣碎后作为氧化实验的岩心介质；
（3）温度：根据油藏条件选择56℃作为实验温度；
（4）压力：根据油藏条件选择13.3MPa作为实验压力；
（5）含水率：0%、20%、40%、60%；
（6）氧化时间：11d；
（7）实验仪器：多功能岩心驱替装置、气相色谱仪。

2. 实验结果及分析

以含水油砂的形式对长氧化管进行填砂，置于恒温箱（56℃）中11d后，利用气相色谱仪对不同含水率的气相、液相组分进行分析，分析结果分别列于表2-10和表2-11。

表2-10 原油在56℃下不同含水率氧化后气相组分摩尔分数分析

含水率，%	气相组分含量，%（摩尔分数）			
	O_2	CO_2	CO	C_2—C_6
0	8.58	0.53	0.06	15.68
20	10.99	0.18	0.05	7.84
40	13.42	0.17	0.04	7.61
60	18.63	0.15	0.03	7.55

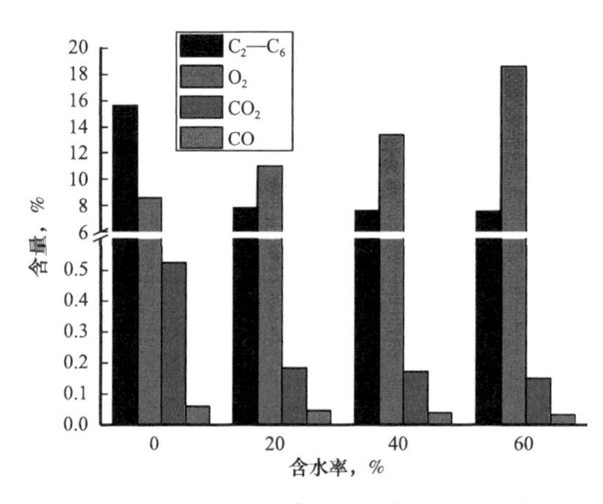

图2-22 不同含水率氧化后气相组成分析

（1）气相组成分析。

由图2-22可知，油藏中有油、水同时存在的情况下，随着含水率从0%增加到20%时，气相中的烃气含量从15.675%降低到7.835%，含水率超过20%以后，随着含水率的增加，气相中烃气的含量有所减少但变化不大。另外，随着含水率的增加，O_2的含量有所增加，而CO_2和CO的含量则减少，随着含水率的增加CO_2和CO递减率也有所减小，这充分说明含水对氧化反应有一定的延缓作用，且在低含水的情况下，延缓作用更加明显。总的来说，含水率越高氧化作用越弱。这是因为在多孔介质中含水的存在大大减小了空气中的氧气与原油的接触面积，从而导致氧化作用的减弱，氧化效果也越来越差。

（2）油相组成分析。

由图 2-23 可知，油藏中同时存在油、水两相时，在相同氧化时间后，随着含水率的增加，氧化后原油中的轻质组分（C_3—C_6）和中质组分（C_7—C_{15}）含量越来越低，并且轻质组分含量的递减率大于中质组分的递减率。然而，重质组分（C_{16}—C_{33}）的含量则是随含水率的增加而增加。说明随着油藏中含水的增多，原油氧化的效果也越来越差。

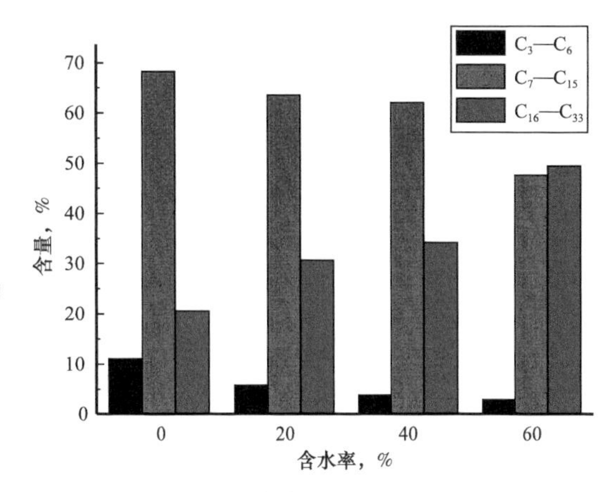

图 2-23　不同含水率条件下氧化后原油组成分析

表 2-11　原油在 56℃下不同含水率氧化后油相组分质量分数分析

含水率，%	组分含量，%（质量分数）		
	C_3—C_6，%	C_7—C_{15}，%	C_{16}—C_{33}，%
0	11.08	68.29	20.63
20	5.80	63.56	30.64
40	3.75	62.08	34.16
60	2.89	47.64	49.47

之所以含水越高，氧化效果越差，是因为在油藏孔隙流体表面积一定时，油、水同时存在会减少原油与空气的接触面积，从而导致氧化作用的减弱，氧化效果也跟着变差。

四、油藏条件下的氧化热效应研究

热重法（TG）是在程序控制温度下，测量物质质量与温度关系的一种技术。许多物质在加热过程中常伴随着质量的变化，这种变化过程有助于研究晶体性质的变化，如熔化、蒸发、升华和吸附等物质的物理现象；也有助于研究物质的脱水、解离、氧化、还原等物质的化学现象。热重分析通常可分为两类：动态（升温）和静态（恒温）。TG 曲线以质量作纵坐标，从上向下表示质量减少；以温度（或时间）作横坐标，自左至右表示温度（或时间）增加。

从热重法可派生出微商热重法（DTG），它是 TG 曲线对温度（或时间）的一阶导数。以物质的质量变化速率对温度 T（或时间 t）作图，即得 DTG 曲线。DTG 曲线上的峰代替 TG 曲线上的阶梯，峰面积正比于试样质量。DTG 曲线可以通过微分 TG 曲线得到，也可以用适当的仪器直接测得，DTG 曲线比 TG 曲线优越性大，它提高了 TG 曲线的分辨力。

通常可采用阿伦纽斯（Arrhenius）方程及其变换式研究热重分析数据的方法来研究原

油氧化动力学的相关问题。方程式为：

$$dw/dt=kw^n \tag{2-17}$$

$$k=Ar\exp(-E/RT) \tag{2-18}$$

$$\log[(dw/dt)/w]=\log Ar-E/2.303RT \tag{2-19}$$

式中 W——不同时刻样品的质量百分数之差，%（质量分数）；

k——阿伦纽斯反应速率常数，s^{-1}；

E——原油氧化的活化能，J；

R——气体常数，即 8.314J/（mol·K）；

Ar——阿伦纽斯常数，s^{-1}。

差示扫描量热法（differential scanning calorimetry，DSC）这项技术被广泛应用，既可作为一种例行的质量测试，也可作为一个研究工具。DSC 易于校准，使用熔点低，是一种快速和可靠的热分析方法。DSC 曲线是以样品吸热或放热的速率［即热流量 dQ/dt（单位 mJ/s）］为纵坐标，以时间 t 或温度 T 为横坐标，曲线离开基线的位移，代表样品吸热或放热的速率；曲线中的峰或谷所包围的面积，代表热量的变化。DSC 可测定多种热力学和动力学参数，如比热容、焓变、反应热、相图、反应速率、结晶速率、高聚物结晶度、样品线度等。

由于动态热重分析（TG）和微商热重分析（DTG）简便实用，又利于与差热分析法（DTA）、差示扫描量热法（DSC）等技术联用，因此广泛地应用在热分析技术中。

1. 原油氧化参数的确定

在大气压条件下，采用 NETZSCH STA 409 PC/PG 同步热分析仪在温度为 30℃～600℃范围内研究确定原油氧化的动力学参数，实验过程分析如图 2-24 所示。实验结果如图 2-25 和表 2-12。

在整个加温过程中，TG 曲线在不同温度点均呈现下降趋势。从 30℃到 250℃范围内，由于原油中的轻质组分的蒸馏作用，导致样品质量的大幅度下降，损失比例为 35.49%，因为实验原油属轻质原油，其 C_6—C_{16} 组分在原油中占据 54.5%，所以因蒸馏作用产生的质量损失要大于中质以及重质原油。相对的 DTG 以及 DSC 曲线在 30℃到 250℃变化相对平稳。在 TG 曲线上，250～350℃区间内，可以观察到十分明显的质量损失加速的情况，在这期间原油的质量损失达到 33.27%，从 DTG 曲线可以看出，原油损失的速率突然陡增到约为 200℃时的两倍，而在 DSC 曲线上，原油在此阶段产生了大量的放热，峰值达到了 6.42mW/mg，远远高于 250℃时的 1.87mW/mg，这说明在低温氧化阶段，原油发生了热效应，从而产生了大量的热能，使原油中的中质组分和重质组分发生了裂解反应，以及更多原油轻质组分的蒸馏导致了此阶段的质量损失的加剧。在整个低温氧化阶段，原油样品的质量损失达到了 69.37%。从 DSC 曲线可以看到，在低温氧化过程，原油的反应处于一个相对平稳的阶段。这一阶段被称作燃料沉积。在此阶段，原油因为裂解反应而产生的轻质组分沉积下来，从而为高温氧化阶段提供足够的燃料支持，同理，TG 曲线以

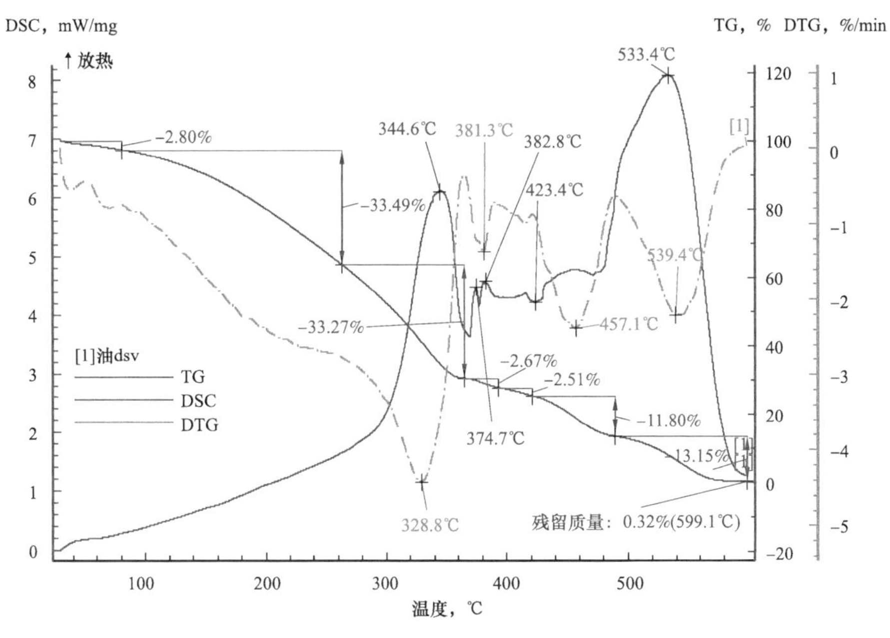

图 2−24 原油 TG−DSC 分析图

表 2−12 原油氧化动力学数据

活化能，kJ/mol^{-1}		Arrhenius 常数，min^{-1}	
LTO	HTO	LTO	HTO
15.86	219.61	1.68	4.79×10^{13}

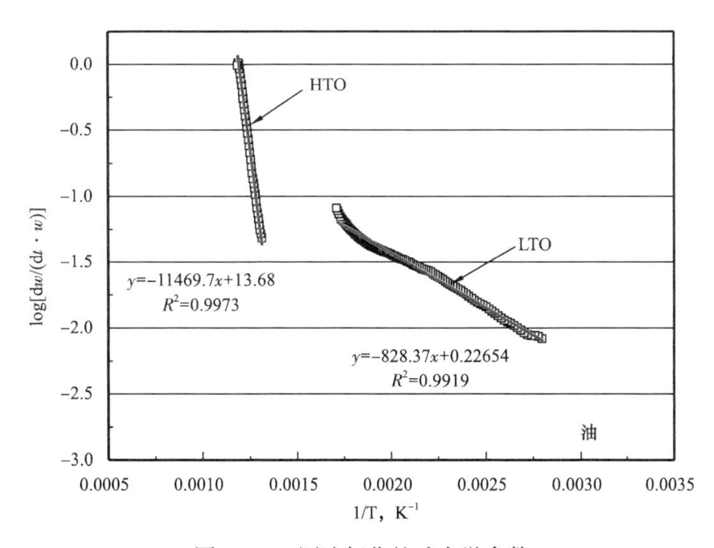

图 2−25 原油氧化的动力学参数

及 DTG 曲线在此阶段趋于平稳。从 423℃开始，原油进入了高温氧化阶段，在 423℃到 600℃范围，原油的质量损失速率又开始加快。在整个高温氧化阶段，原油质量损失达到了 24.95%。从图 2−24 曲线上可以看出原油在此阶段的放热持续增加，并且在 533.4℃时

DSC 达到整个过程的最高峰，即 8.06mW/mg。这是因为在高温氧化阶段，原油发生了自燃现象，从而导致了样品的燃烧；而且在低温氧化阶段，由于蒸馏作用，原油的轻质组分已经挥发，在高温氧化阶段的质量损失程度以及质量损失速度表面上不及低温氧化阶段，所以，需要对两个阶段的氧化动力学参数进行计算和分析。

通过阿伦纽斯方法，对原油的低温氧化阶段和高温氧化阶段进行了动力学参数计算。从图 2-25 和表 2-12 可以看出，在低温氧化阶段，原油的活化能为 $15.86kJ \cdot mol^{-1}$，而在高温氧化阶段活化能为 $219.61kJ \cdot mol^{-1}$。可以看出，虽然在质量损失上面，低温氧化阶段，原油的质量损失虽然是高温氧化阶段的 2.78 倍，但大部分的质量损失都源于蒸馏效应，因此可以看出原油的主要反应阶段还是在高温氧化阶段。

同理，表示分子活动剧烈程度的阿伦纽斯常数也是相差甚远。因为高温氧化和低温氧化阶段的差异很大，因此要计算其速率必须分开计算。根据国际热分析及量热学联合会（ICTAC）动力学委员会在 2011 年重新制定的反应模型，原油氧化属于一级级数，n=1，由式（2-19）可得

$$\mathrm{d}w/\mathrm{d}t=kw \tag{2-20}$$

已知高温氧化和低温氧化阶段的活化能和阿伦纽斯常数，因此氧化速率的速率常数就分别为：

$$k_{\mathrm{LTO}}=1.68\exp(-15.86/8.314T) \tag{2-21}$$

$$k_{\mathrm{HTO}}=4.79E+13\exp(-219.61/8.314T) \tag{2-22}$$

氧化速率常数代入式（2-20），就可以得到低温氧化阶段和高温氧化阶段的反应速率：

$$(\mathrm{d}w/\mathrm{d}t)_{\mathrm{LTO}}=1.68\exp(-15.86/8.314T)w \tag{2-23}$$

$$(\mathrm{d}w/\mathrm{d}t)_{\mathrm{HTO}}=4.79E+13\exp(-219.61/8.314T)w \tag{2-24}$$

其中 w 为不同时刻的样品的质量百分数之差，T 为不同时刻的温度值之差。

2. 原油 + 黏土矿物热重测试

与原油热重曲线相比，黏土混合原油四个样品质量损失程度明显降低，对于原油 + 绿泥石、原油 + 蒙脱石、原油 + 伊利石、原油 + 高岭石在给定的升温范围（25～625℃）内最终质量损失程度分别为 42.78%、42.39%、44.93% 和 31.72%。其中原油 + 伊利石质量损失程度最高（图 2-26 和图 2-27）。

各反应区间温度范围和峰值温度分别总结在表 2-13 和表 2-14 中，相比于原油，可清楚地看到低温氧化和高温氧化所在温度区间以及低温氧化对应的峰值温度得到了降低。且原油 + 蒙脱石 DTG 曲线上低温氧化阶段显示了较低的峰值温度为 180℃，表明该混合物即使在低温下也能达到质量损失率峰值，因此可推断出蒙脱石在原油低温氧化阶段催化活性最强。然而原油 + 高岭石 DTG 曲线上高温氧化阶段达到质量损失率峰值的温度却高达 512℃，同样也有着非常高的彻底燃烧（burn-out）温度，表明相比于其他黏土矿物，高岭石在原油高温氧化阶段也是比较惰性的。

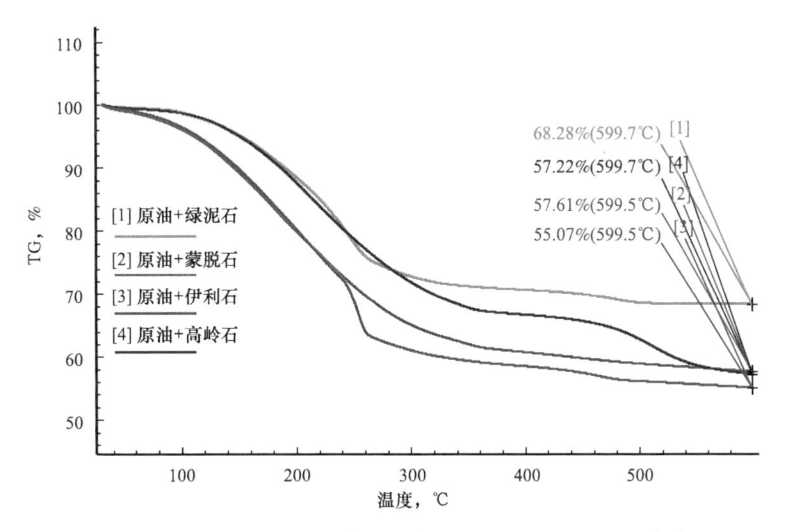

图 2-26 原油 + 黏土在常压空气流环境下的 TG 对比曲线

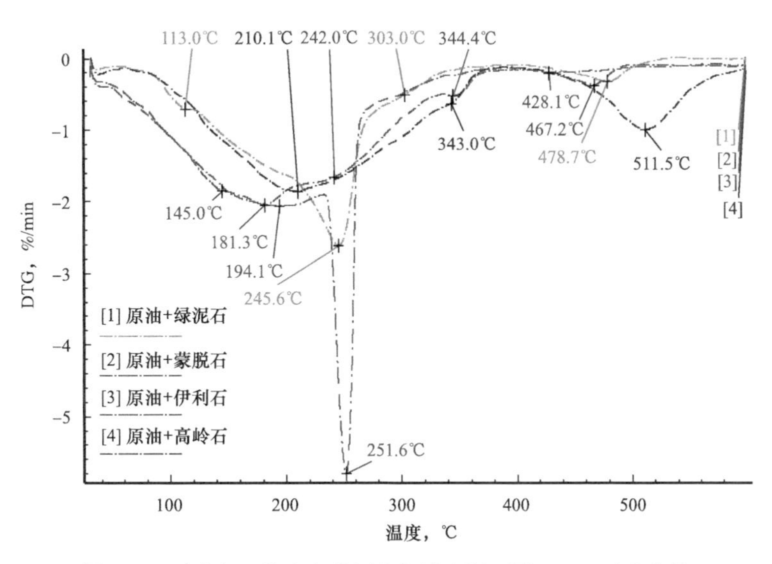

图 2-27 原油 + 黏土在常压空气流环境下的 DTG 对比曲线

表 2-13 不同试样温度反应区间

样品	低温氧化 LTO，℃	燃料沉积 FD，℃	高温氧化 HTO，℃
原油	25～450	450～470	470～540
原油 + 高岭石	25～370	370～440	440～580
原油 + 蒙脱石	25～370	370～420	420～500
原油 + 伊利石	25～265	265～430	430～495
原油 + 绿泥石	25～270	270～420	420～520

表 2-14 不同反应区间峰值温度

样品	峰值温度		燃烧温度 ℃
	LTO，℃	HTO，℃	
原油	286	492	540
原油 + 高岭石	210	512	600
原油 + 蒙脱石	181	428	505
原油 + 伊利石	252	467	500
原油 + 绿泥石	246	479	540

通过实验样品热重数据，具体参数总结在表 2-15 加入黏土矿物后原油在低温氧化和高温氧化阶段两阶段活化能分别在 16.62～27.65kJ/mol 和 22.18～96.15kJ/mol 范围。相比于其他黏土矿物，蒙脱石和伊利石在原油低温氧化阶段显示了更优异的催化活性，蒙脱石显示了更高的催化能力，原油 + 蒙脱石在高温氧化阶段的活化能仅为 22.18kJ/mol，其拟合曲线如图 2-28 所示。

表 2-15 不同试样氧化热动力学参数

样品	拟合直线斜率		活化能，kJ/mol	
	LTO	HTO	LTO	HTO
原油	−1393.48	−7992.82	26.68	153.05
原油 + 高岭石	−1444.25	−5021.40	27.65	96.15
原油 + 蒙脱石	−891.08	−1158.45	17.06	22.18
原油 + 伊利石	−867.97	−3313.91	16.62	63.46
原油 + 绿泥石	−1267.47	−3704.86	24.27	70.94

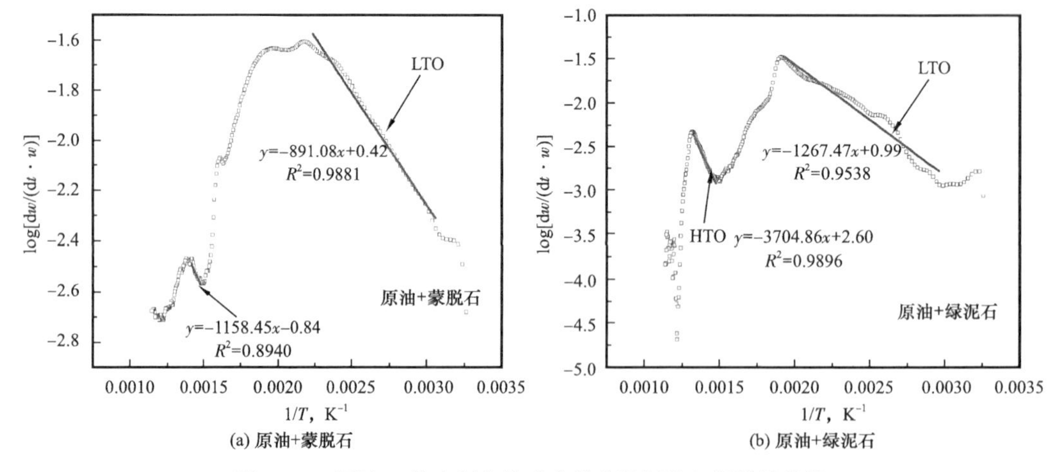

图 2-28 原油 + 黏土氧化热动力学参数阿伦纽斯计算曲线

因此，基于前面的认识和本阶段的研究可得出：在原油氧化催化能力方面，蒙脱石最优，其次为伊利石，第三为绿泥石，高岭石最差，即：蒙脱石＞伊利石＞绿泥石＞高岭石。

鉴于不同黏土矿物对原油的氧化催化能力不同，而黏土矿物中通常有金属铁、钼等，通常认为，起催化作用的根本原因是黏土矿物中所含的金属盐。黏土矿物中所含的金属盐的催化裂解作用，不仅可以使原油轻质化，而且利于原油在低温氧化阶段持续放热以致发生自燃。因此，进一步研究黏土矿物中所含的金属盐所起的催化裂解原油、提高燃烧反应效率等作用，为对于不同类型的油藏采取空气驱加入催化剂的注入方式来开采提供理论指导。

轻质油藏中对于蒙脱石含量高的强水敏性地层或水源受限的地区建议直接采用空气驱。蒙脱石催化能力较强，短时间内可使原油进入低温氧化模式，释放出大量热量，在后期也能不断地发挥催化作用促进氧化反应。

第三章　空气与原油相态实验

相态研究是注气驱替过程中重要的研究内容。当存在多相流动时，油气体系就会发生相间传质和传热。油藏注空气不仅具有一般气驱的相态特征和机理，而且因含有大量的氧气而具有特殊复杂的机理和相态变化。当有气体注入时，流体的物理化学性质如黏度、密度、体积系数、泡点压力、气液相组分和组成等均会发生变化，故对相态的定量描述是研究混相驱、非混相驱机理以及进行注气工程设计的重要依据。同时研究相态有利于量化空气驱的各项机理对采收率的贡献。

第一节　原油注入气与高压物性分析

本节介绍了注入气和试验区地层含气原油的组成和复配流程，通过实验测试了原油高压物性，对注入不同气体后原油的相态特征进行了描述。

一、实验材料

1. 注入气组成

实验用注入气为空气和氧化后气体两种，其中空气主要成分是氮气和氧气，占了总比例的 98.9%；而氧化后气体模拟空气进入地层后经充分氧化和接触反应后的气体组成，主要成分为甲烷，占总比例的 63.5%，氮气 22.1%，C_2—C_6 占总比例的 11.8%，具体成分组成见表 3−1。

表 3−1　空气和氧化后气体组成分析

组分	空气，%（摩尔分数）	氧化后气体，%（摩尔分数）
O_2	20.046	0
N_2	78.903	22.118
CO_2	0.547	2.519
C_1	0	63.521
C_2	0.717	4.156
C_3	0.047	5.719
iC_4	0.018	0.474

续表

组分	空气，%（摩尔分数）	氧化后气体，%（摩尔分数）
nC_4	0.022	1.486
iC_5	0.066	0
nC_5	0.033	0
C_6	0.087	0.008

2. 地层含气原油的配制

（1）地层含气原油配制流程。

连接流程如图 3-1 所示，取 500mL 脱气原油，再按生产气油比计算所需伴生气气量，然后在配样容器中按试验区油藏条件泡点压力（7.5MPa）和油井气油比进行样品配制。采用气体增压泵将处于分离器温度下的伴生气转入活塞式高压容器中，并增压到配样压力；油、气样品转入配样器后升温至地层温度和配样压力，进行搅拌，形成原始地层中未脱气的原油样品。

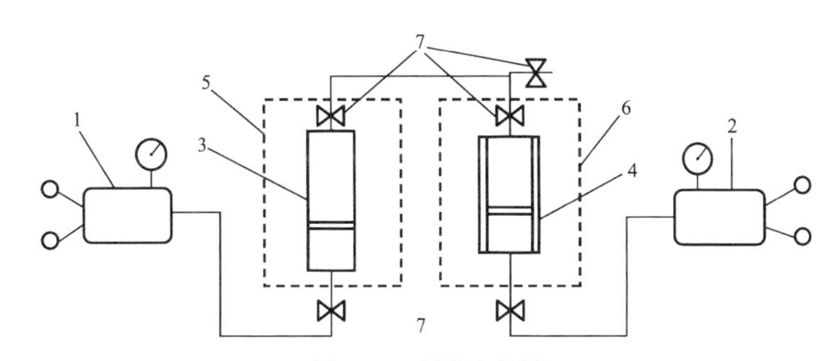

图 3-1　配样流程图

1、2—高压计量泵；3—分离器油（或气）储样瓶；4—配样容器；5、6—恒温浴；7—阀门

将配样器中的含气原油在地层条件下保温保压 6h 后充分搅拌，然后瞬间闪蒸到大气条件进行原油的单次脱气实验。主要测定以下数据：脱气后油相和气相组成、闪蒸气油比、脱气原油密度，并计算复配后的原始地层含气组成。

（2）分离油气组成。

利用色谱仪测得分离油气组成如图 3-2 和图 3-3 所示。

配样油分离气主要成分是甲烷，占总比例的 80% 左右，还有少量的二氧化碳，占 1.6%，而 C_2—C_6 则占总比例的 18%，与现场所提供资料的气体组分（表 3-2）类似。根据油藏资料，原油的闪蒸气油比为 $70m^3/m^3$，但是为了满足泡点压力为 7.5MPa 的要求，因此将气油比控制在 $61m^3/m^3$（表 3-3）。

（3）复配后的地层含气原油组成。

通过计算得到地层含气原油组成如图 3-4 所示。

长庆靖安油田五里湾一区长 6 含气原油属于轻质原油，甲烷含量较高，主要成分为轻质组分（C_1—C_6）和中质组分（C_7—C_{16}），占总比例的 80% 以上，含有少量的 C_{32} 和 C_{33}。

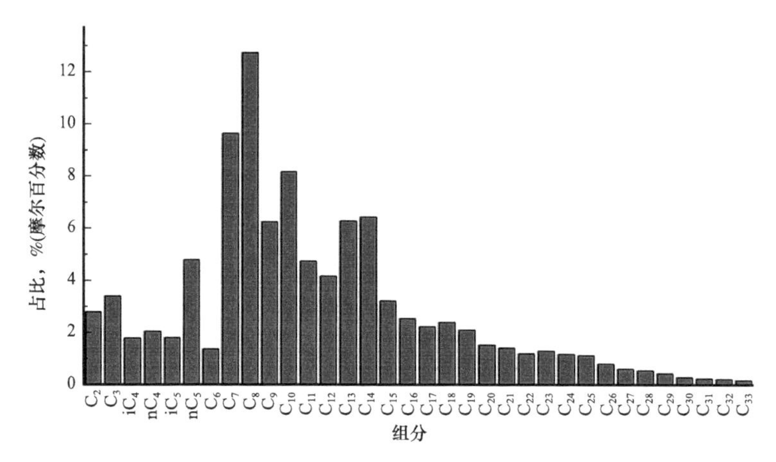

图 3-2　分离油组成

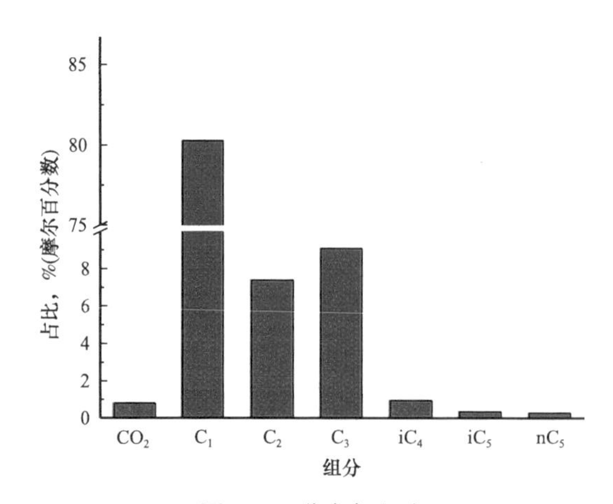

图 3-3　分离气组成

表 3-2　柳 75-60 井伴生气组分（测试）

气相组分	第 1 次	第 2 次	第 3 次	第 4 次	第 5 次	第 6 次	第 7 次	平均
C_1	69.12	71.33	71.52	2.89	73.78	73.91	76.43	72.71
C_2	8.63	8.19	6.12	7.56	7.92	7.11	6.60	7.45
C_3	7.91	7.57	5.75	6.62	6.85	5.80	4.95	6.49
iC_4	0.74	0.72	0.61	0.61	0.65	0.53	0.40	0.61
nC_4	1.89	1.74	1.80	1.42	1.47	1.31	0.89	1.50
iC_5	0.46	0.39	0.51	0.28	0.26	0.26	0.17	0.33
nC_5	0.58	0.47	0.61	0.32	0.25	0.30	0.19	0.39
iC_6	0.39	0.25	0.16	0.18	0.13	0.20	0.14	0.21
nC_6	0.19	0.10	0.10	0.08	0.02	0.10	0.07	0.09

续表

气相组分	第 1 次	第 2 次	第 3 次	第 4 次	第 5 次	第 6 次	第 7 次	平均
nC_7	0.11	0.00	0.00	0.08	0.00	0.07	0.04	0.04
iC_7	0.09	0.00	0.00	0.12	0.00	0.06	0.04	0.04
N_2	9.71	8.88	12.59	9.60	8.44	9.82	9.90	9.85
CO_2	0.18	0.35	0.22	0.24	0.23	0.55	0.18	0.28

表 3-3　配制原油物理性质

闪蒸气油比	$61m^3/m^3$
脱气油密度	$0.86g/cm^3$

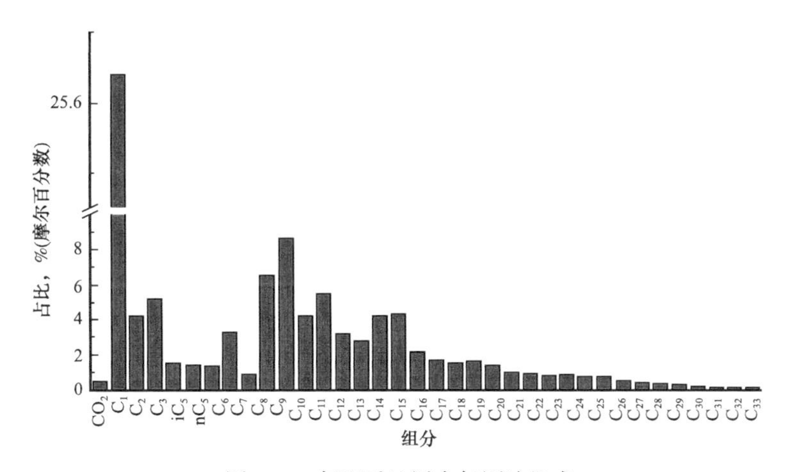

图 3-4　复配后地层含气原油组成

二、原油 *p*–*V* 关系图

1. 实验仪器

（1）美国 HP−6890 气相色谱仪。控温范围：0～399.0℃，最低检出浓度：3×10^{-2}g/s，最高灵敏度：1×10^{-12}A/mV。

（2）Ruska 全自动泵。工作压力：0～70.00MPa；工作温度：0～40.0℃；分辨率：0.001mL。

（3）加拿大 DBR 公司 JEFRI−PVT 分析系统。PVT 室体积：150mL；PVT 室结构：整体可视；测试温度范围：30～200℃；温度测试精度：0.1℃；测试压力范围：0.1～70MPa；压力测试精度：0.007MPa。

（4）黏度仪为 Ruska 落球黏度仪。工作压力：0～150.0℃，落球角度：23°、45°、70°。

（5）配样器、中间容器。

2. 实验步骤

将配制好的一定体积的地层原油（参考值40mL）在油藏温度压力条件下转入DBR－PVT筒中，按以下步骤进行测试：

（1）将PVT筒调至实验所需温度，从较高压力（20MPa）逐级降压，每次降压后待原油稳定半小时，然后记录原油膨胀体积；

（2）当压力降至泡点压力以下时，记录油气膨胀总体积；

（3）改变实验温度，重复步骤（1）和步骤（2）。

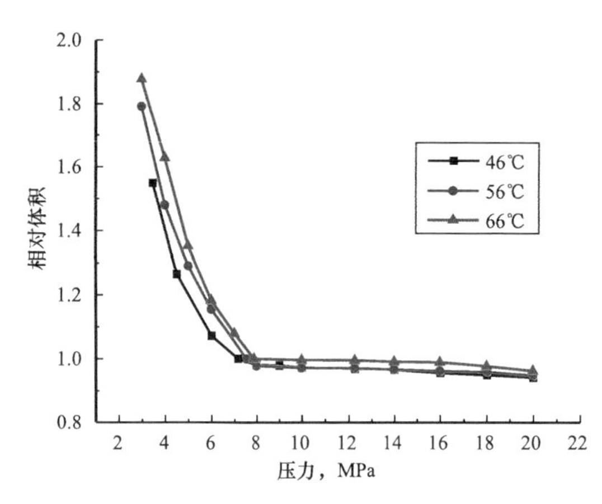

图3-5　不同温度下原油 p—V 关系图

3. 实验结果

在46℃、56℃、66℃三个实验温度下，研究了相对体积与压力的关系，结果如图3-5所示。

原油的相对体积指的是在一定温度、不同压力条件下油气两相体积与泡点压力下原油体积之比。随着压力的逐级降低，原油的体积有所增大，体现出了一定的膨胀性能；同时看出图中三条曲线均出现了较明显的拐点，这是因为当降至一定压力时，原油中的溶解气逐渐分离出来，导致油气两相体积明显增加，而这个拐点处对应的压力即为该温度下的泡点压力（表3-4），原油在46℃和66℃时的泡点压力分别为7.2MPa和8.0MPa，而在油藏温度下的泡点压力为7.5MPa。随着温度升高，泡点压力越大。同时，由图3-5可知，当温度越高，降低相同压力，原油体积增加量越大，说明在油藏条件下，温度越高，原油的膨胀性能越高。

表3-4　不同温度下原油的泡点压力

温度，℃	泡点压力，MPa
46	7.2
56	7.5
66	8.0

三、原油 p–T 关系图

通过实验测得不同温度条件下原油的泡点压力，结合PVT数值模拟软件PVTsim20得到原油在油藏条件下的 p–T 关系图，如图3-6所示。

通过实验测定了在36℃、46℃、56℃、66℃和76℃下的泡点压力，结合相平衡模型，对原油的 p–T 相图进行了预测和模拟，计算出原油的临界温度为424.4℃，临界压力为9.85MPa。

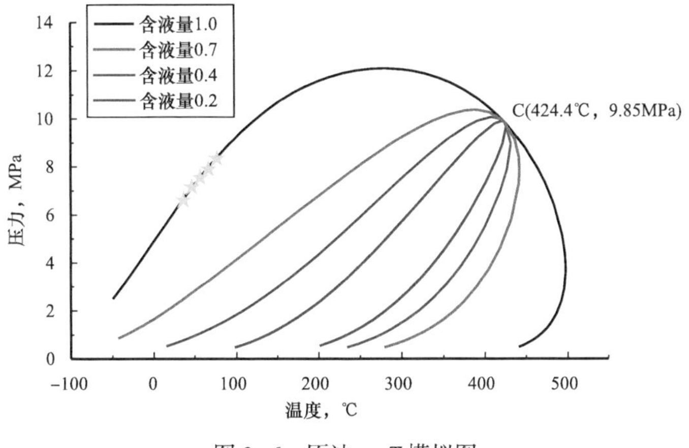

图 3-6　原油 $p-T$ 模拟图

四、注入气与原油 $p-X$ 相图

注入气与原油 $p-X$ 图是在温度保持恒定时，二组分系统气液平衡相图。

1. 实验步骤

将配制好的一定体积地层原油（参考值 40mL）在油藏温度压力下转入 DBR-PVT 筒中，按以下步骤进行测试：

（1）分别按空气（氧化后气体）与原油摩尔百分比为 6%、12%、18%、24%、30%、36%、42% 等推算每次需加入的气体体积；

（2）按计算好的气体体积加入量依次向 PVT 筒中加入空气（氧化后气体），然后加压搅拌溶解，待气体完全溶解达饱和后测定泡点压力以及原油膨胀体积。

2. 实验结果及分析

对注入不同浓度空气和氧化后气体的泡点压力进行考察，并绘制泡点压力（膨胀系数）—空气（氧化后气体）组成相图，如图 3-7 和图 3-8 所示。

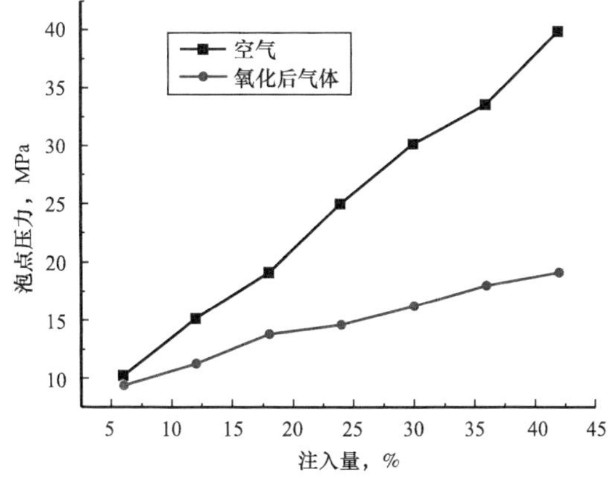

图 3-7　空气和氧化后气体与原油的 $p-X$ 相图

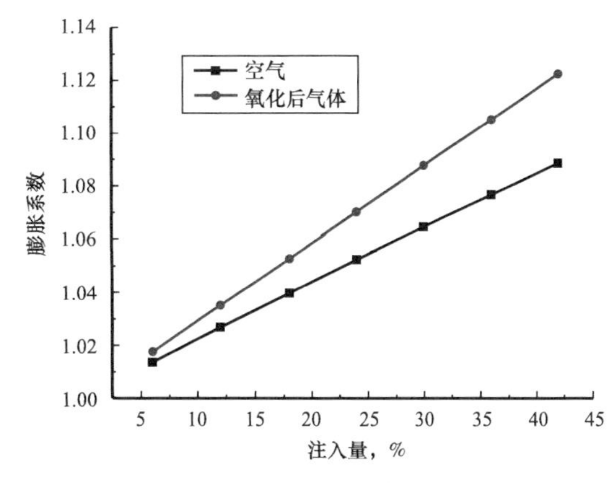

图 3-8　原油膨胀系数与气体注入量的关系

无论注入的气体是空气还是氧化后气体，随着注入气含量的增加，原油的泡点压力均不断上升，且上升的速率较为稳定。也就是说，在注气过程中，随着油藏能量的补给，地层压力不断增大，注入的气体可以部分溶解于原油中，使原油体积膨胀，溶解量越多，膨胀体积越大，原油的弹性势能增加，有利于原油的开采。同时，在相同压力下，氧化后气体溶解于原油中的能力强于空气，这是因为氧化后气体中甲烷含量高，同时含有二氧化碳和 C_2—C_6，这些气体在原油中的溶解性强于氮气（氧化后气体）。

第二节　空气与原油多次接触特征

多次接触驱是气体混相驱油方法的一种，是指排驱气体在地层中推进时，多次与地层中的原油接触后才能达到混相，从而驱替出油藏的残余油的排驱过程。在空气驱时，除了混相驱机理外，空气驱的重力排驱及保持油藏压力效应均有助于提高采收率。

一、空气与原油向前多次接触

空气驱与高压干气驱类似，是指注入氮气与原油通过多次接触达到混相的一种提高采收率方法。注入的 N_2/O_2 与原油接触，抽提原油中的 C_2—C_6 中间组分，使注入气自身不断地富化，接近原油的组成，从而达到动态混相。

1. 实验步骤

（1）13.3MPa、56℃条件下，按油气体积比 1∶1 向 PVT 筒中分别注入 40mL 原油和空气（注：气体体积为油藏条件下的体积）；

（2）让原油与空气在 PVT 筒中反应 6～8h；

（3）对原油进行取样分析，测量原油中的氧气、一氧化碳、二氧化碳、氮气及烃类含量；对平衡气进行取样，测量氧气、一氧化碳、二氧化碳、氮气及 C_2—C_6 含量；取样前记录原油体积变化；

（4）对取出的油样进行气油比、黏度、密度、界面张力测试；

（5）排除 PVT 筒中剩余的原油，保留平衡气，按 1∶1 的体积比再次注入新鲜的原油，重复上述步骤。

2. 实验结果与分析

（1）平衡气组分分析。

作为空气原始组分中比例最大的氮气和氧气，在向前多次接触过程中的比例呈下降的趋势。氧气作为低温氧化反应的主要消耗物，在多次接触过程中，由于不断发生氧化反应，其含量不断降低，其中前 2 次接触的下降幅度尤为明显，到第六次接触之后，其含量已经下降到 5% 以下（图 3-9），远小于氧气爆炸的安全值，保障了注空气的安全性。

而氮气作为注入过程中压力保持的主要载体，本身不会被消耗，但油藏温度压力条件下，氮气在原油中具有一定的溶解性，加之 CO、CO_2 的生成及对烃类气体的抽提，因此空气与原油第一次接触后，氮气在平衡气相中的比例大幅度减小。随着各种物理化学过程的逐步平衡，在后面的几次接触中，氮气含量虽然有一定减小，但幅度总体趋于平缓。

在多次接触过程中，随接触次数的增加，一氧化碳和二氧化碳含量都有所增加（图 3-10），这是因为在接触过程中伴随着低温氧化反应，生成了一氧化碳和二氧化碳。二氧化碳的含量随着接触次数的增加而增加，在第六次接触后二氧化碳的含量达到 2.34%。

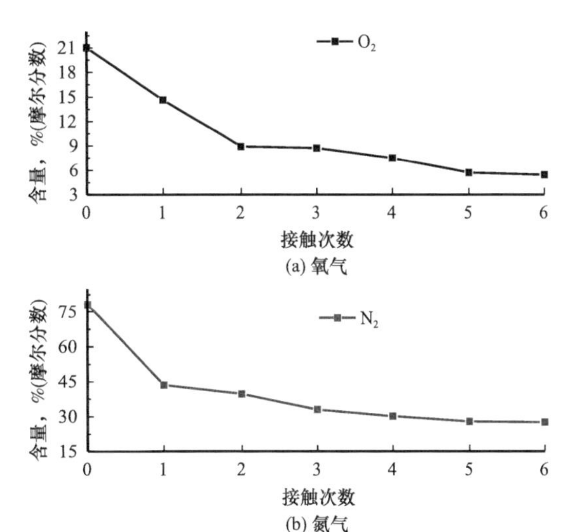

图 3-9　空气多次接触平衡气 O_2/N_2 含量变化

烃类组分在气相中的变化也十分明显。在多次接触实验中，由于原油中的轻质组分不断气化到气相，因此导致了气相组分中烃类物质的增加。在气相中呈现出了碳数越少的组分含量越高的现象（图 3-11）。这是因为相同条件下，碳数越低的组分气液平衡常数越大，越易进入气相；分子间引力越小，越易被抽提。甲烷作为油相中最容易挥发的组分，从第一次接触开始就在平衡气相中占据很大的比例，而且随着接触次数的增加其含量也不断增加。在第六次接触之后，甲烷在平衡气中的含量已经高达 50.4%。

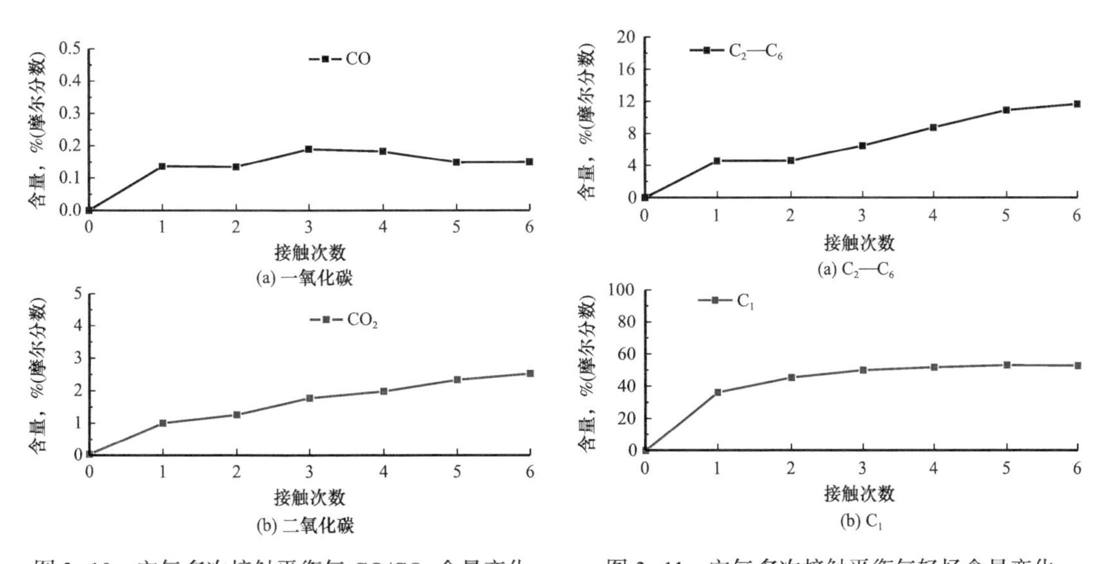

图 3-10　空气多次接触平衡气 CO/CO_2 含量变化

图 3-11　空气多次接触平衡气轻烃含量变化

（2）油组分分析。

气体在高压下具有溶解能力，所以油相中有相当一部分气相中的组分。而且随着接触的次数增加，各组分在原油中的溶解量有一定的变化。

可以看出，部分氧气溶解到了原油中，因此在油相中看到氧气的存在，但含量偏低，在后几次接触中，由于气相中的氧气不断被消耗，因此油相中的氧气含量也逐渐减少。对于氮气，虽然氮气的混相压力高，但是在地层温度压力条件下，也有少量的氮气溶解到原油中，因此在油相里也看到了氮气的存在（图3-12）。

随着多次接触反应的进行，氧气与原油发生氧化反应，生成了一定量的一氧化碳和二氧化碳。由于气体自身的溶解性，因此在油相中发现了一定含量的二氧化碳和一氧化碳，但由于接触实验过程中原油不断被更替，因此其溶解气体的含量不能被累积，其含量在较低的范围内呈现出波动状（图3-13）。

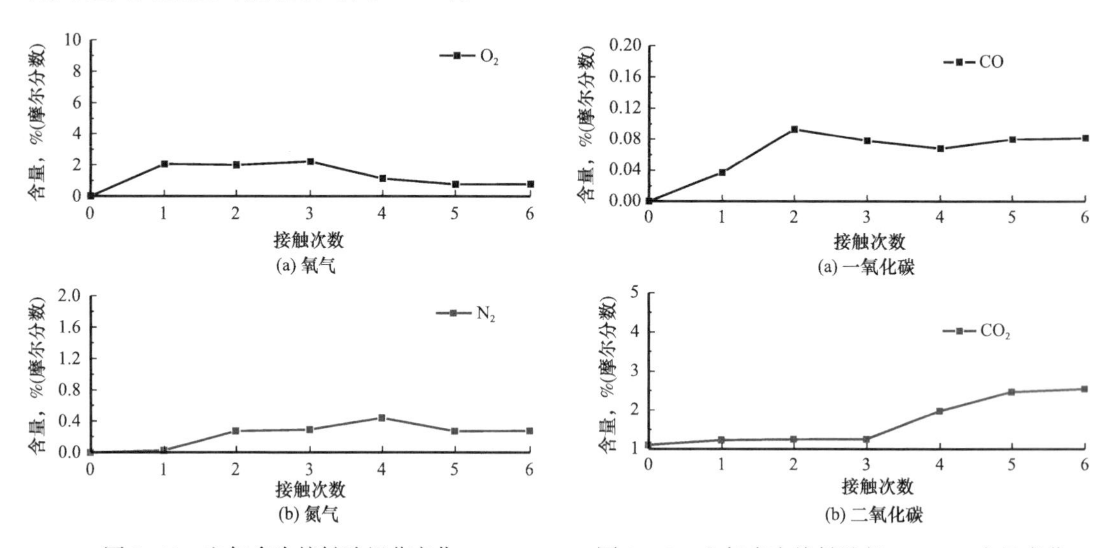

图3-12　空气多次接触油组分变化

图3-13　空气多次接触油相 CO/CO_2 含量变化

在空气与原油的多次接触的过程中，因为原油与空气发生低温氧化反应，导致了原油中的重质组分发生裂解，原油中的重质组分（C_{17}—C_{33}）含量减少，相应地轻质组分（C_2—C_6）含量增加，中质组分（C_7—C_{16}）含量一方面会因为重质组分的裂解而增加，另一方面则也会裂解为轻质组分，因此其含量变化呈现出波动状（图3-14）。

（3）原油物性变化分析。

对空气与原油多次接触反应过程中取出的油样进行测试，分析原油的气油比、密度、黏度、体积系数、界面张力变化，结果如图3-15至图3-19所示。

由图3-15可以看出，随接触次数的增加，平衡气的组分发生变化，原油的溶解气油比也呈现出上升的趋势。这是因为随着气体组分的变化，越来越多的烃类组分被抽提、蒸发到气相中，因此在气相中能溶于原油的组分的比例增加，所以随着接触次数的增加，气相中就有更多的组分溶于原油之中，因此原油的溶解气油比不断上升。

如图3-16所示，随接触次数的增加，原油的体积系数不断增大，这是由于平衡气中的气体不断溶于原油，原油溶解气油比不断增大，从而导致原油体积系数的不断增加。此过程有利于增溶驱油。

由图3-17表明，随接触次数的增加，脱气原油密度有所减小。这是由于多次接触反应过程中发生的低温氧化反应将原油的重质组分裂解成了中质组分和轻质组分，使原油密

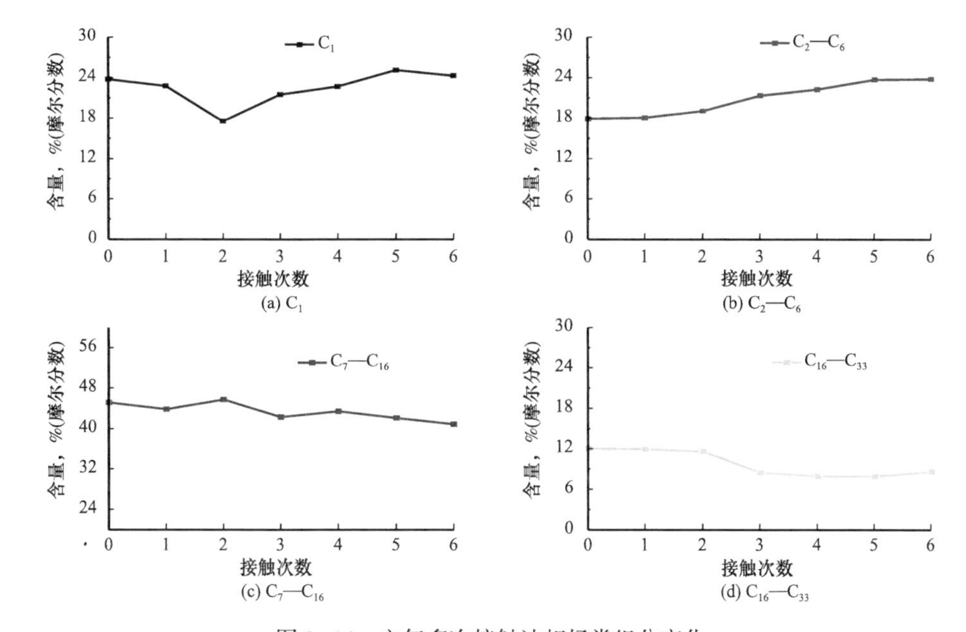

图 3-14　空气多次接触油相烃类组分变化

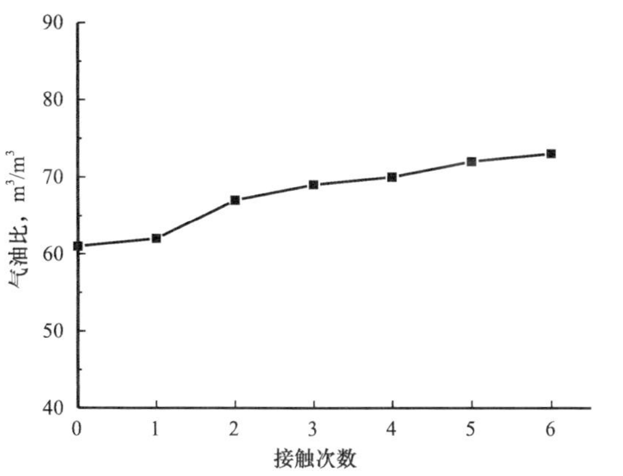

图 3-15　空气多次接触原油气油比变化

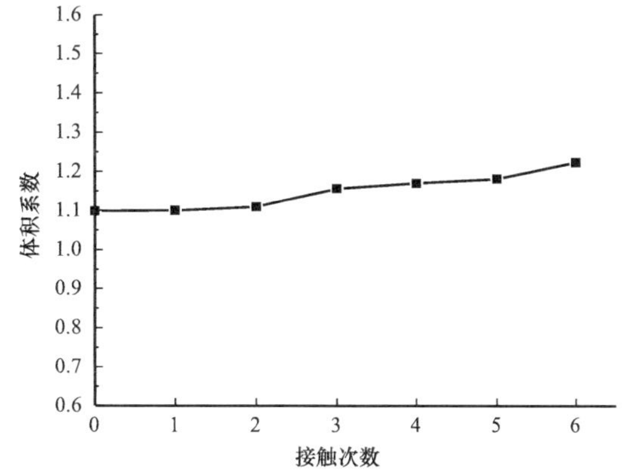

图 3-16　空气多次接触原油体积系数变化

度有所减小，但是由于在取油样过程中分离气的逃逸带走了部分轻质组分，所以整体上脱气原油密度减小趋势不明显。

由图 3-18 表明，随接触次数的增加，脱气原油黏度变化不大，其原因与脱气原油密度的变化原因一致。

由图 3-19 表明，随接触次数的增加，脱气原油与注入水的界面张力变化不大。油水界面张力对原油性质敏感，加之表活剂与原油在降低界面张力上的匹配关系复杂，因此界面张力变化的规律性不强。

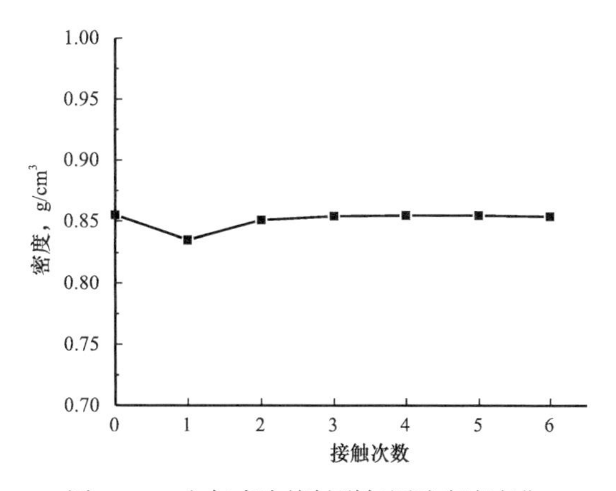

图 3-17　空气多次接触脱气原油密度变化

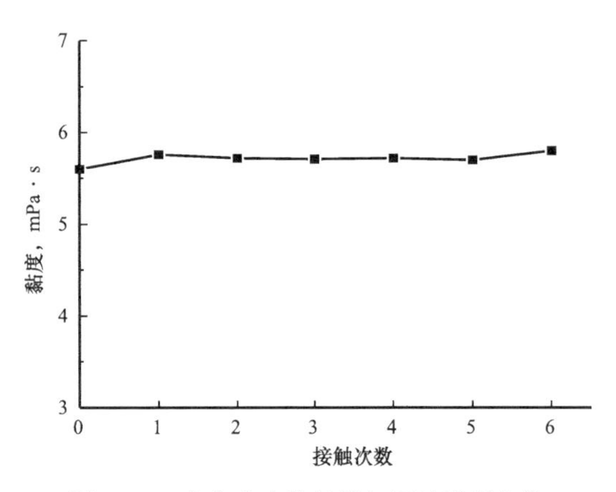

图3-18 空气多次接触脱气原油黏度变化

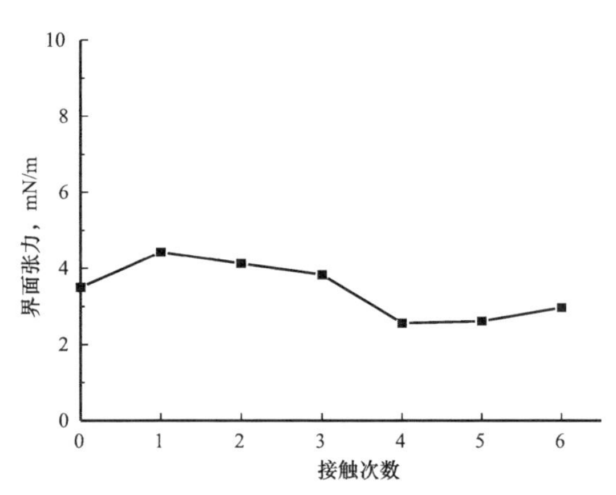

图3-19 空气多次接触脱气原油界面张力变化

二、氧化后气体与原油多次接触

1. 实验步骤

（1）按计算好的体积（油气体积比为1∶1）向PVT筒中分别注入40mL的原油和氧化后气体（注：气体体积为油藏条件下的体积）；

（2）让原油与氧化后气体在PVT筒中反应6～8h；取样前记录原油体积变化；

（3）对原油进行取样分析，测量原油中的氧气、一氧化碳、二氧化碳、氮气及烃类含量；对平衡气进行取样，测量氧气、一氧化碳、二氧化碳、氮气及C_2—C_6含量；

（4）对取出的油样进行气油比、黏度、密度、界面张力测试；

（5）排除PVT筒中剩余的原油，保留平衡气，按1∶1的体积比注入新鲜的原油，重复上述步骤。

2. 实验结果与分析

（1）平衡气组分分析。

随接触次数的增加，平衡气中的二氧化碳和氮气含量都呈下降趋势（图3-20），这是因为在油藏条件下二氧化碳和氮气在原油中都有一定的溶解性，从而不断溶于新鲜的原油当中，而平衡气为氧化后气体，不含氧气，不会发生氧化反应生成新的气体，因此其原始组分中的气体含量都呈现出下降的趋势。

随接触次数的增加，平衡气中的甲烷含量也不断增加，因为油相中的甲烷属于易挥发成分，在气化作用下，油相中的甲烷不断进入到平衡气相当。

由图3-21同样可以看出，平衡气中的C_2—C_6含量随接触次数的增加不断减小，这是由于C_2—C_6不断溶于新鲜原油所致。相比空气多次接触，氧化后气体多次接触过程中，甲烷更容易挥发，在第六次接触后，甲烷的含量已经高达79.6%。

（2）油组分分析。

油相中出现氮气是因为平衡气中的氮气在油藏条件下溶于原油，而随接触次数的

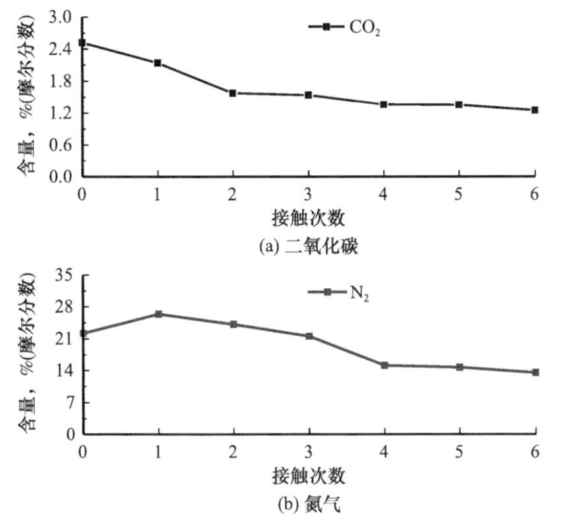

图 3-20　氧化后气体多次接触平衡气 CO_2/N_2 含量变化

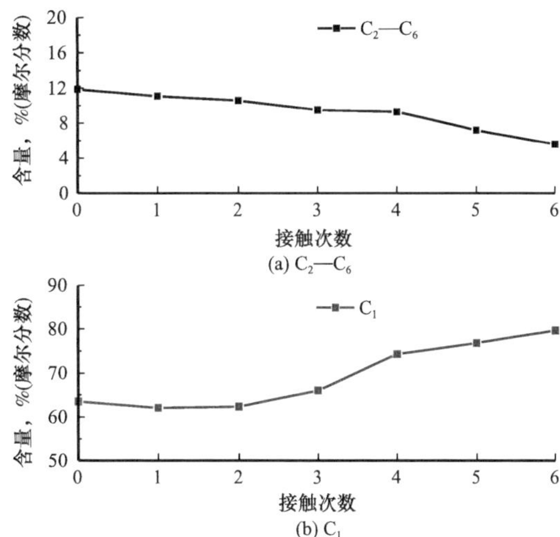

图 3-21　氧化后气体多次接触平衡气轻烃含量变化

增加，油相中的氮气含量呈现递减趋势（图 3-22），这是由于平衡气中的氮气含量越来越少，能溶于原油的比例减小，从而导致油相中的氮气含量减小；

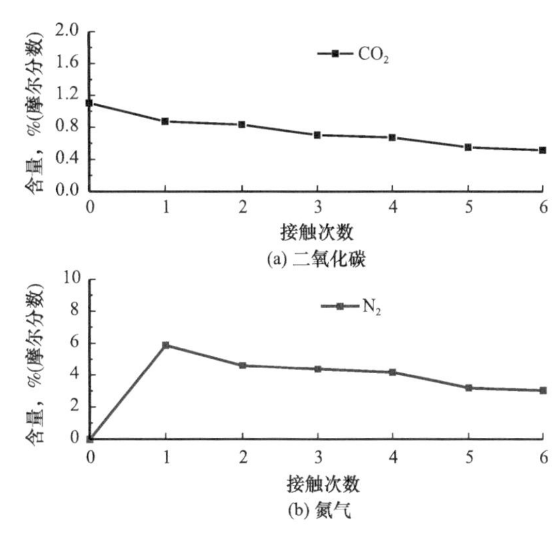

图 3-22　氧化后气体多次接触油相 CO_2/N_2 含量变化

有部分二氧化碳溶解于油相中，但是随着生成的二氧化碳含量减少，溶解量也相应减少。

图 3-23 表明，油相中的甲烷含量随接触次数增加有所减少，这是由于自身的挥发作用和氧化后气体的抽提作用，一部分甲烷进入平衡气中；而油相中的 C_2—C_6 含量有所增加是平衡气中的 C_2—C_6 溶于原油所致，而随着接触次数的增加，其增加幅度减小，是因为平衡气中的 C_2—C_6 含量也逐渐减小，能溶于新鲜原油的比例减小；油相中的 C_7—C_{33} 含量变化不大，其主要变化原因是 C_1—C_7 含量变化导致其在油相中的比例变化。

（3）原油物性变化分析。

对氧化后气体与原油多次接触反应过程中取出的油样进行测试，分析原油的气油比、密度、黏度、体积系数、界面张力变化。

由图 3-24 可以看出，随接触次数的增加，平衡气的组分发生变化，原油的溶解气油比也呈现出变化的趋势。这是因为随着气体组分的变化，部分的烃类组分被抽提到气相中，导致气相中能溶于原油的组分比例增加，所以在前两次接触过程中，随着接触次数的增加，气相中就有更多的组分溶于原油之中，使原油的溶解气油比不断上升。在第二次接触以后，气相中二氧化碳和 C_2—C_6 的组分变少，因此原油的溶解气油比呈现出下降的趋势。同理，随接触次数的增加，原油的体积系数先增大后减小（图 3-25）。

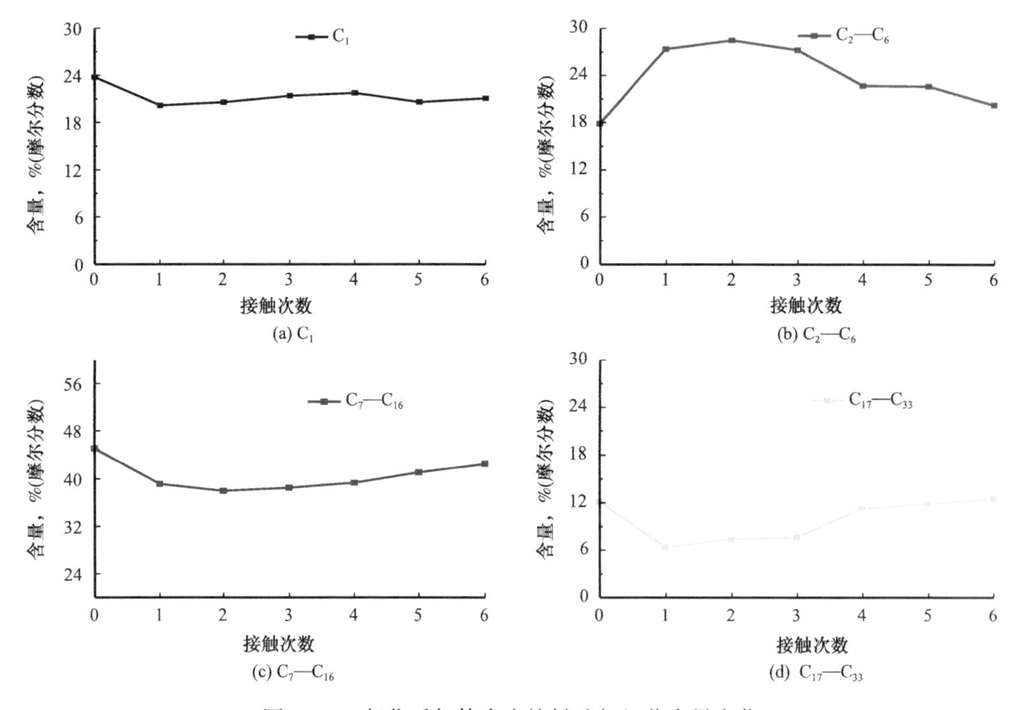

图 3-23　氧化后气体多次接触油相组分含量变化

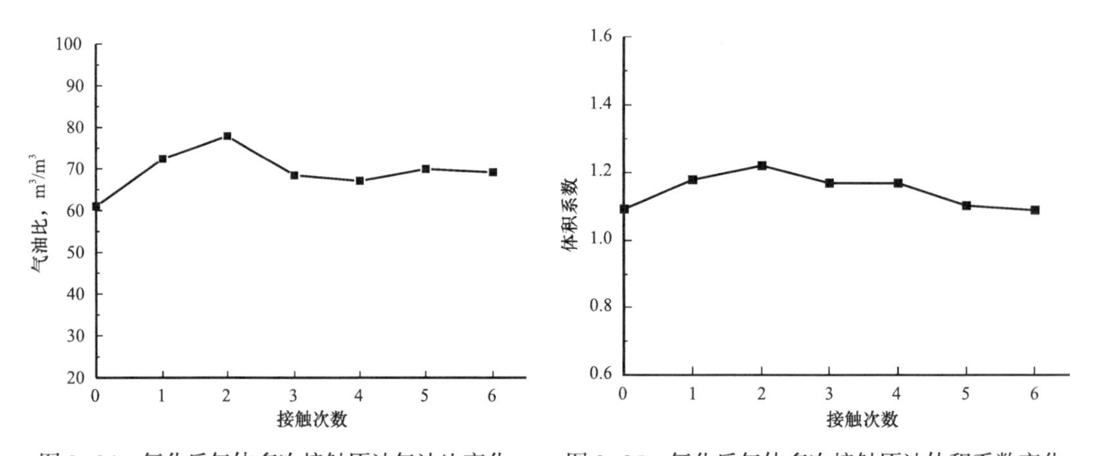

图 3-24　氧化后气体多次接触原油气油比变化　　图 3-25　氧化后气体多次接触原油体积系数变化

由图 3-26 可得，随接触次数的增加，脱气原油的密度有所减小，但变化幅度不大，这是由于平衡气中的 C_2—C_6 溶于原油当中，增大了 C_2—C_6 在原油中的比例，导致原油密度减小。

随接触次数的增加，脱气原油的黏度有所减小，但变化幅度不大（图 3-27），这是由于平衡气中的 C_2—C_6 溶于原油当中，增大了 C_2—C_6 在原油中的比例，相应地减小了重质组分的比例，导致脱气原油黏度减小。

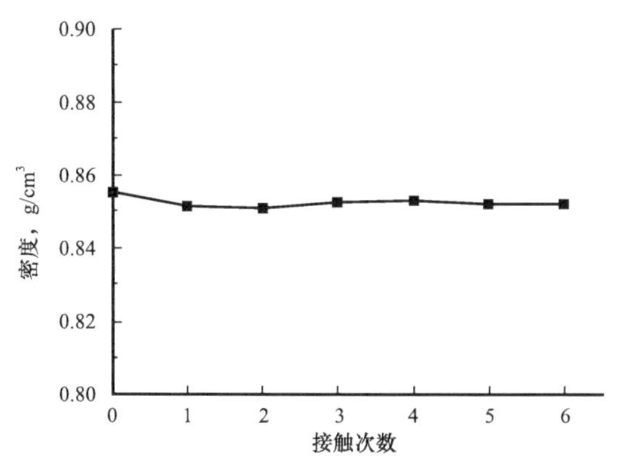

图 3-26　氧化后气体多次接触脱气原油密度变化

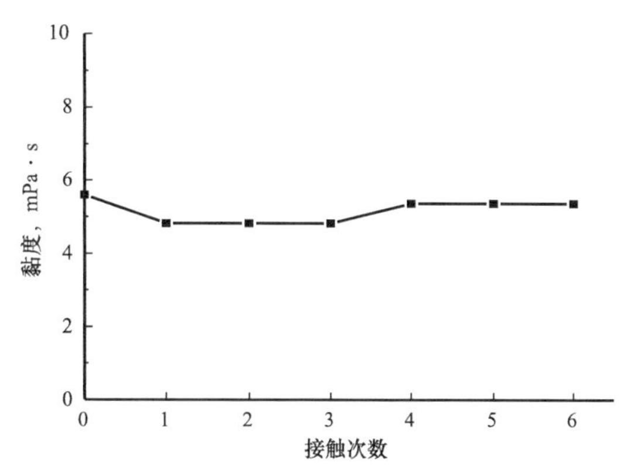

图 3-27　氧化后气体多次接触脱气原油黏度变化

第三节　空气泡沫驱与原油多次接触特征

为了解加入泡沫体系后空气与原油的多次接触过程的变化，本节分析和总结空气泡沫与原油多次接触实验及其结果。实验结果表明由于泡沫体系的存在，对氧化产生不利影响。

一、空气泡沫多次接触实验

1. 实验步骤

（1）按计算好的体积（油、气、泡沫体系体积比为 2 : 2 : 1）向 PVT 筒中分别注入 40mL 的原油和空气（注：气体体积为油藏条件下的体积）以及 20mL 泡沫体系；

（2）让空气泡沫原油三相在 PVT 筒中反应 6～8 个小时；取样前记录原油体积变化；

（3）对原油进行取样分析，测量原油中的氧气、一氧化碳、二氧化碳、氮气及烃类含量；对平衡气进行取样，测量氧气、一氧化碳、二氧化碳、氮气及 C_2—C_6 含量；

（4）对取出的油样进行气油比、黏度、密度、界面张力测试；

（5）排除 PVT 筒中剩余的原油以及泡沫体系，保留平衡气，按 2 : 2 : 1 的体积比注入新鲜的原油和泡沫体系。重复上述步骤。

2. 实验结果与分析

（1）平衡气组分分析。

作为空气原始组分中比例最大的氮气和氧气，在向前多次接触过程中的比例呈下降的趋势。空气泡沫体系与原油接触过程中有乳化现象的产生，为了等待油水分离，油气接触的时间与空气多次接触相比更长，因此氧化更为彻底，在第二次接触以后，平衡气相中的氧气的含量已经降至 2.36%，而对于氮气而言，其含量降低的速率则与空气接触时相似（图 3-28）。

在多次接触过程中，随接触次数的增加，一氧化碳和二氧化碳含量都呈现出先增加再减少的趋势（图 3-29）。在注泡沫体系过程中，由于接触时间较长，每次接触后氧气的消耗量要高于空气，表明氧化反应发生要彻底一点，因此一氧化碳作为不完全氧化产物，其生成量要高于注空气时的生成量。

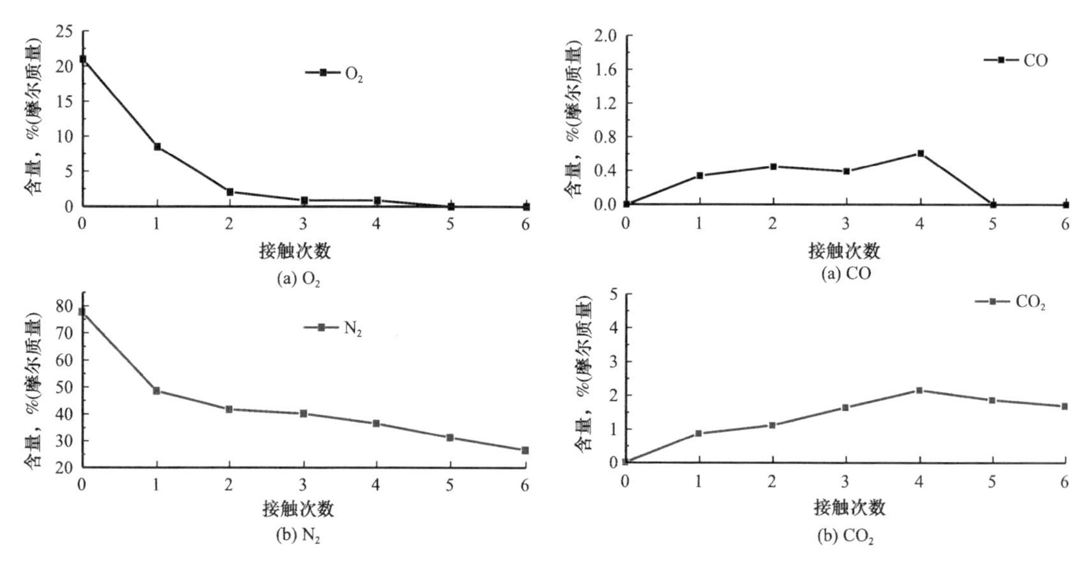

图 3-28　三相多次接触平衡气 O_2/N_2 含量变化　　图 3-29　三相多次接触平衡气 CO/CO_2 含量变化

烃类组分在气相中的变化也十分明显。在注入的空气中，烃类组分的含量可以忽略不计，但是在多次接触的实验里，由于原油中的轻质组分不断气化到气相，因此导致了气相组分中的烃类物质的增加。在气相中呈现出了碳数越少的组分，含量越高的现象（图 3-30）。

在空气与原油多次接触过程中，油相中的氧气和氮气含量呈现出平缓的趋势，而在空气泡沫体系与原油多次接触过程中，油相中的氧气呈现出明显下降的趋势。在第一次接触之后，原油中的氧气含量达到了 1.21%，在接触了四次之后，油相中氧气的含量已经降至 0。与氧气的变化趋势不同，油相中的氮气则呈现出递增的趋势。但是由于氮气的溶解性要远远低于氧气，因此其含量变化也保持在一个较小的范围内（图 3-31）。

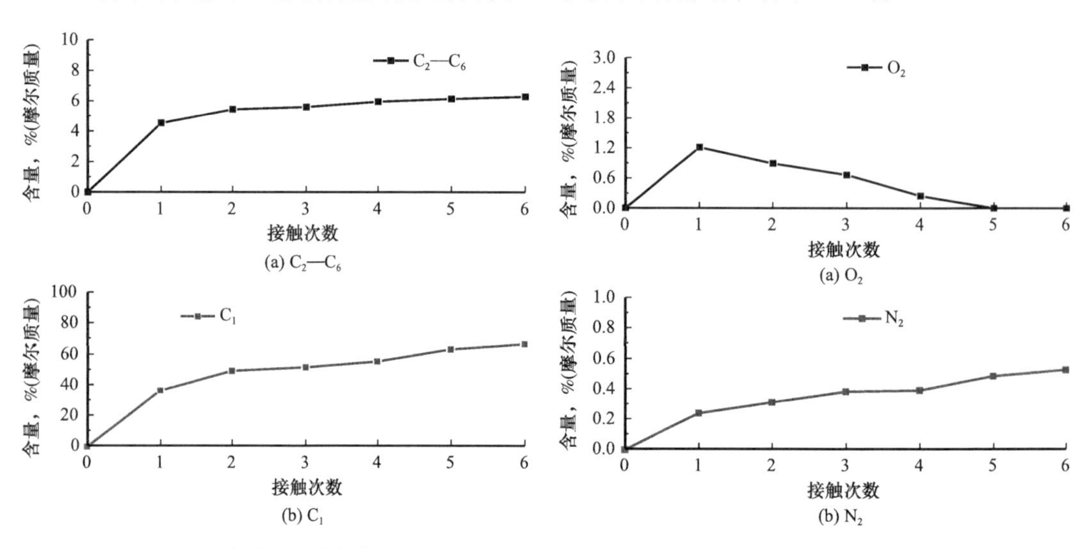

图 3-30　三相多次接触平衡气轻烃组分变化　　图 3-31　三相多次接触油相 N_2/O_2 含量变化

随着多次接触反应的进行，在油相中也发现了一定含量的二氧化碳和一氧化碳。与注空气过程中一氧化碳一直在油相中保持了 0.08% 的量不同，体系多次接触实验油相中的一氧化碳在第四次接触以后其含量就降至 0，同时二氧化碳的含量也在第四次接触的时候骤降。这是由于空气中氧气的含量在第四次接触之后已经降至 0.88%，已经不能发生大规模的氧化反应，其产物的含量随之降低（图 3-32）。

与空气与原油的多次接触过程相似，空气泡沫体系的多次接触过程中烃类组分含量也呈现出高碳数烃类组分裂解为低碳数组分的趋势。不同的是中质烃类的含量要高于注空气过程中的同类组分（图 3-33）。

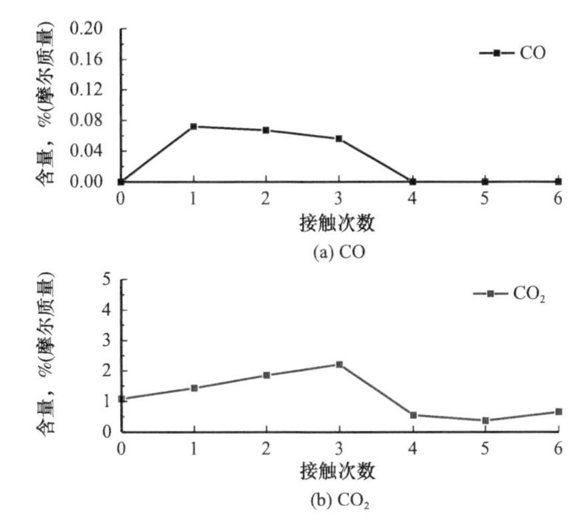

图 3-32　三相多次接触油相 CO_2/CO 含量变化

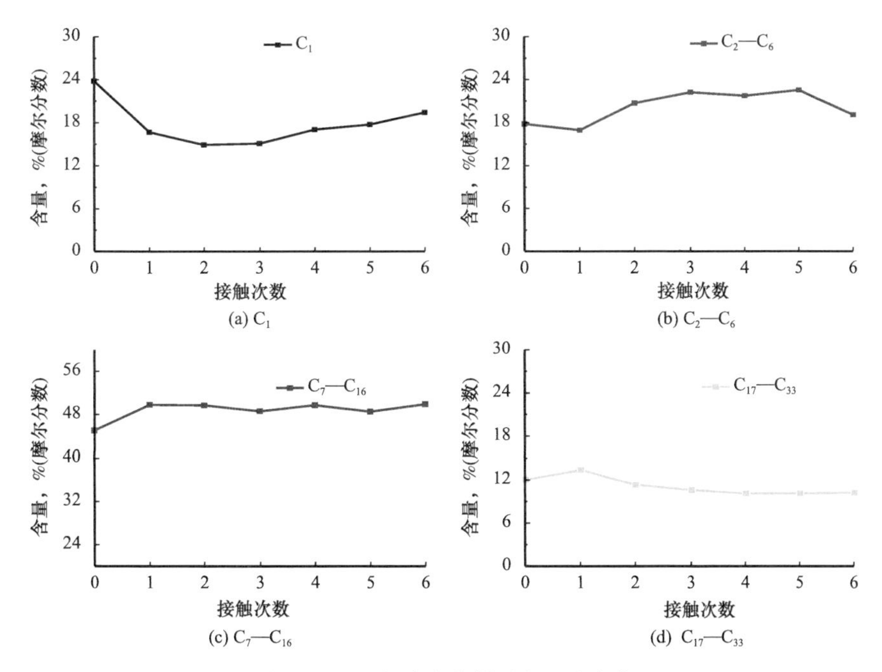

图 3-33　三相多次接触油相组分变化

（2）原油物性变化分析。

对三相多次接触反应过程中取出的油样进行测试，分析原油的气油比、密度、黏度、体积系数、界面张力变化，结果如图3-34所示。

随着接触次数的增加，原油中易挥发的甲烷和C_2—C_6进入平衡气相中，同时因为乳化现象的产生，从而导致原油的气油比明显减小，而随接触次数的增加，平衡气组分发生变化，抽提能力减弱，其中的C_2—C_6组分部分又溶解到新鲜原油当中，从而使得原油的气油比有所上升（图3-34）。

随接触次数的增加，原油的体积系数不断增大，这是由于平衡气中的气体不断溶于原油，从而导致原油体积系数不断增加（图3-35）。

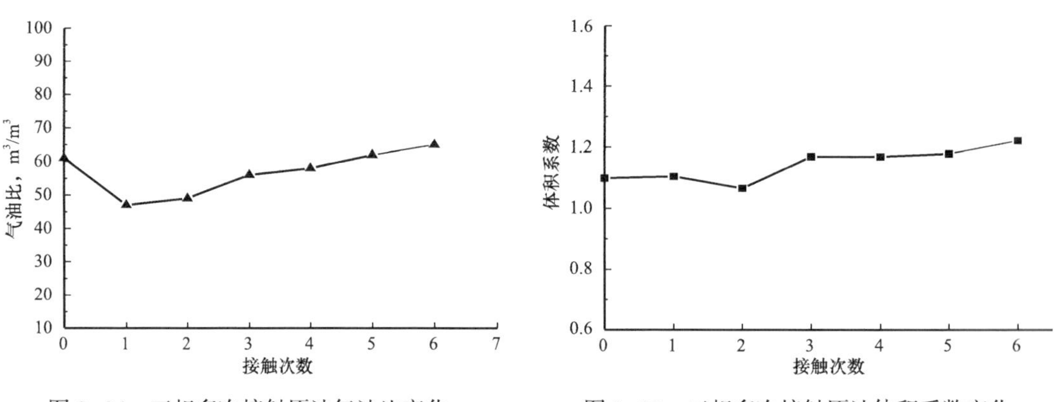

图3-34　三相多次接触原油气油比变化　　图3-35　三相多次接触原油体积系数变化

随接触次数的增加，脱气原油密度有所减小。这是由于多次接触反应过程中发生的低温氧化反应将原油的重质组分裂解成了中质组分和轻质组分，使脱气原油密度有所减小，但是由于在取油样过程中分离气的逃逸带走了部分轻质组分，所以整体上脱气原油密度减小趋势不明显（图3-36）。

随接触次数的增加，脱气原油黏度逐渐减小。这是由于多次接触反应过程中发生的低温氧化反应将原油的重质组分裂解成了中质组分和轻质组分，导致了原油黏度的降低（图3-37）。

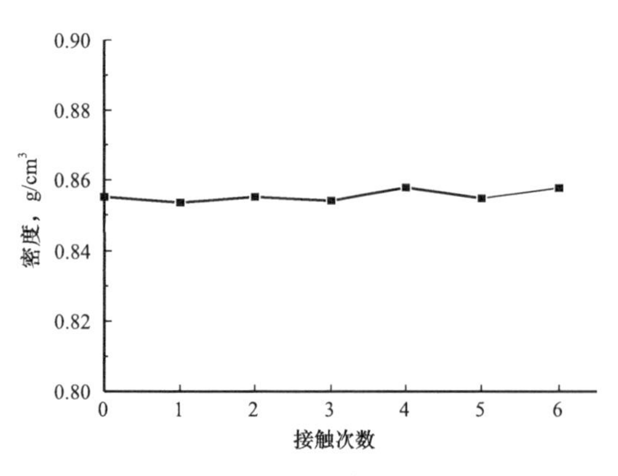

图3-36　三相多次接触脱气原油密度变化

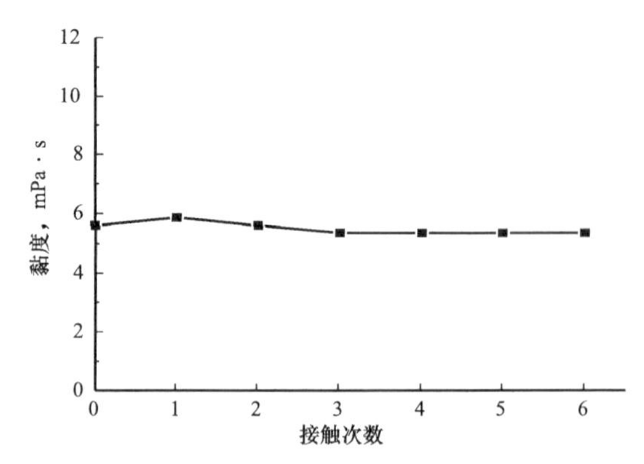

图3-37　三相多次接触脱气原油黏度变化

二、多次接触三元相图

图 3-38 至图 3-40 分别显示了油藏温度压力条件下，空气、氧化后气体以及空气泡沫体系与原油进行向前多次接触气液两相的组分变化情况。

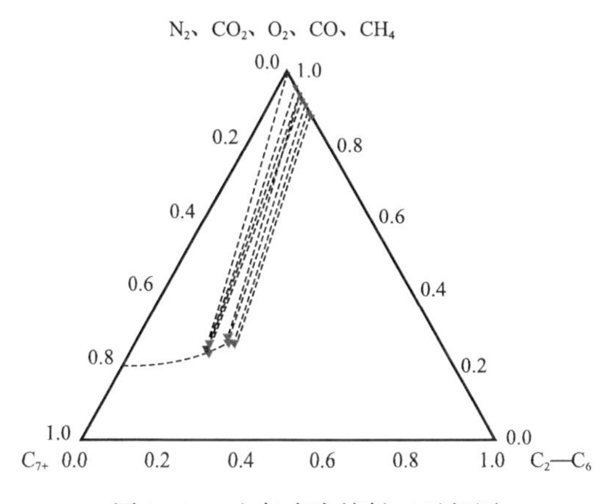

图 3-38　空气多次接触三元相图

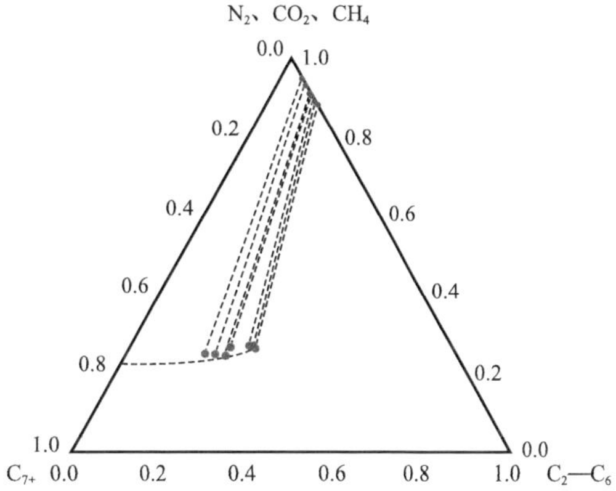

图 3-39　氧化后气体多次接触三元相图

对于空气多次接触实验，随着接触次数的增加，气相中的 CO_2、甲烷以及 C_2—C_6 的含量增加。而在油相中，因为原油与空气中氧气发生低温氧化反应而导致原油的中质组分和重质组分裂解，因此气液两相的组分有靠拢的趋势，有利于驱油的进行。

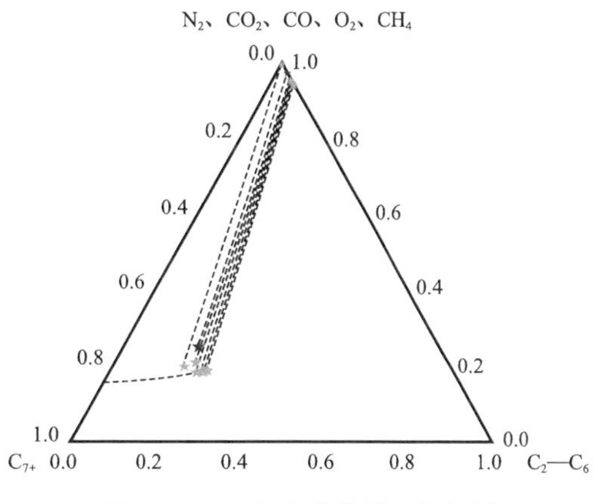

图 3-40　三相多次接触三元相图

对于氧化后气体多次接触实验，随着接触次数的增加，油相和气相中的 C_2—C_6 都呈现出减小的趋势。气相中，由于随着原油不断更新，C_2—C_6 不断溶入新的原油中，因此其在气相中的含量减小；油相中，由于气相中的各组分不断溶入油相，因此，随着接触次数的增加，溶于油相的 C_2—C_6 含量增大，呈现出一种“近凝析”的变化方式。

对于空气泡沫多次接触实验，由于泡沫体系与原油在接触过程中有乳化现象的产生，其氧化效果不及空气与原油的多次接触，氧化产生的 C_2—C_6 相对较少，而 C_7—C_{16} 相对较多，因此气相组成向 C_2—C_6 靠拢的趋势较缓，而油相组成因 C_7—C_{16} 含量增加有向 C_{7+} 靠拢，发生混相的难度较空气多次接触更大。

第四章　空气泡沫体系优选及评价

泡沫体系是空气泡沫驱油技术核心，泡沫驱提高采收率主要原理是泡沫封堵和泡沫体系降低油水界面张力，提高驱油效率。本章介绍空气泡沫体系的评价方法，并通过室内评价优选出与目标油藏和流体性质的相匹配的泡沫体系，对影响泡沫性能的敏感性因素进行分析和评价。

第一节　泡沫体系基本评价方法

在空气泡沫驱发泡体系的性能优选和评价中，一般认为发泡能力高、泡沫稳定性长的起泡剂是比较好的起泡剂。在实际油藏应用中，除了评价泡沫体系的发泡性和稳定性，还要评价体系与地层水的配伍性、耐温性和抗油性以及油水界面张力等，通过相应的评价方法对起泡剂和稳泡剂泡沫体系进行系统评价优选后，确定适合油藏的泡沫体系。

一、泡沫性能评价方法

泡沫的性能与泡沫液膜的性质有直接关系，而液膜的性质又与表面活性剂在液膜中的吸附和排布密切相关。因此，泡沫驱油过程中泡沫体系适应性是发挥封堵性和驱油性能的重要影响因素。评价泡沫体系性能首先评价起泡能力和稳定性，用于表明泡沫生产量的多少和保持时间。一般常用泡沫起泡高度（起泡体积）或泡沫体积膨胀倍数来表示其起泡能力的大小。也就是说，一定体积的起泡剂溶液，在恒温、恒压、搅动的条件下，形成泡沫的高度（mm）或者泡沫体积（mL）。或者用产生的泡沫体积与液体体积之比，泡沫膨胀倍数越大，表示泡沫的特征值越高，起泡剂的起泡能力越高。

常用的起泡能力的评价方法有搅拌法、倾注法、模拟法等。

1. 搅拌法

搅拌法是美国工业界评价起泡剂性能的一种常用方法，具有测定周期短、耗氧量少，操作简单、测定结果重复性好、可靠性高的特点。吴茵（Warning）搅拌器搅拌法是常用的搅拌方法之一，常采用此方法测定起泡剂的起泡能力和形成泡沫的稳定性。搅拌法采用高速搅拌器测定起泡剂性能。将定量起泡剂溶液倒入量杯中，以规定的速度搅拌一定的时间，记录停止搅拌时泡沫体积 V_0（mL）和泡沫析出一半液体时的时间（称为析液半衰期）$t_{1/2}$（s），用 V_0 表示起泡能力，用 $t_{1/2}$ 表示泡沫稳定性。

2. 倾注法

倾注法采用罗氏泡沫仪，试验时使泡沫移液管内的 200mL 试液从高 900mm、内径

2.9mm 的细孔中自由流下，冲击盛放在刻度管中的 50mL 同样浓度的试液后产生泡沫。以 200mL 试液流完时的泡沫体积表示起泡能力，以 5min 后的泡沫体积表示泡沫的稳定性。

3. 模拟法

模拟法评价起泡剂的性能方法有多种，其中比较理想的是美国石油学会制定的方法，简称 API 法。试验前，先按规定配制好标准溶液 4L，其中 1L 放在外管中，3L 盛于泡沫液罐中，并在外管中放入石英砂 10g，然后以 $3.4m^3/h$ 的流量通入空气。待产生的泡沫上升到外管顶端时，以 80mL/min 的流量通入起泡剂溶液。总共试验时间为 10min，测量返出的泡沫所携带液体量（最大为 1800mL）。将剩余的起泡剂溶液再重复一次试验，取两次试验平均值作为评价起泡剂起泡能力和泡沫稳定性的综合指标。

二、空气泡沫驱性能评价方法

国内常采用 Warning 搅拌器搅拌法进行驱油用泡沫体系的起泡能力和稳定性能的测定。试验初期起泡剂性能评价方法主要参考国家标准 GB/T 7462—1994《表面活性剂发泡力的测定改进 Ross-Miles 法》，用改进 Ross-Miles 法罗氏泡高仪法系统评价起泡能力和稳定性。

为方便统一评价方法，2015 年中国石油勘探开发研究院组织各油田研究机构规范了空气泡沫驱起泡剂评价方法，成为国内油田空气泡沫用起泡剂初步评价筛选的指导方法。通过几年现场实践，2021 年又对该规范进行了修订，形成了强发泡类型和低界面张力两种体系评价方法，即《泡沫驱用起泡剂技术规范》（Q/SY 17816—2021）。该方法起泡剂评价参数主要包括水分含量、闪点、发泡率、析液半衰期以及表面张力和界面张力等指标（表 4-1）。

表 4-1　泡沫驱用起泡剂技术要求

项目		指标	
		强发泡类型	低张力类型
水分含量	固体起泡剂	<5.0	<5.0
	液体或膏状起泡剂	<70.0	<70.0
发泡体积，mL		≥800.0	≥600
泡沫析液半衰期 $t_{1/2}$，s		≥110.0	≥100.0
耐油性	发泡体积，mL	≥600.0	≥400.0
	泡沫析液半衰期 $t_{1/2}$，s	≥90.0	≥50.0
抗吸附性	发泡体积，mL	≥760.0	≥580.0
	泡沫析液半衰期 $t_{1/2}$，s	≥100	≥50.0
表面张力，mN/m		≤30.0	≤30.0
界面张力，mN/m		≤6.0	≤0.1

泡沫性能主要参数如下：

（1）发泡体积（发泡率）。

发泡体积即一定温度、压力下，一定体积的液体经搅动或气流冲击所形成的泡沫柱高度或泡沫体积。定义为在一定搅拌条件下，200mL起泡剂溶液在空气中的发泡体积。

发泡率是发泡体积与原液体积之比的百分数，发泡率越大，表明起泡剂的发泡能力越强，可用φ来表示：

$$\varphi=\left[\frac{V}{200}\right]\times 100 \tag{4-1}$$

式中 φ——发泡率，%；

V——发泡后泡沫的体积，mL；

200——含起泡剂溶液的体积，mL。

（2）析液半衰期。

析液半衰期$t_{1/2}$即泡沫液起泡后析出原始泡沫液体积一半所用的时间。它受泡沫初期的排液速度影响较大，反映泡沫的稳定性。

（3）泡沫的视黏度。

泡沫的视黏度反映的是泡沫在气/液界面上的黏度值，它与泡沫的质量有很大的关系，单位是mPa·s，主要用来表征泡沫的流变性能。

（4）抗吸附性。

抗吸附性是指在一定温度条件下，起泡剂溶液对石英砂（或目标区块油砂）吸附的耐受能力，即经过吸附后的泡沫体系起泡体积和析液半衰期，用于考察目标区储层对泡沫体系性能的影响。

（5）界面张力和表面张力。

在目标地层温度下起泡剂溶液与原油混溶的液体接触，其界面产生的力叫液相与液相间的界面张力，起泡剂溶液与空气间的界面张力叫表面张力。单位均是mN/m，主要考察泡沫体系对空气和油水界面张力性能的影响。

（6）耐油性。

耐油性是指在一定温度条件下，起泡剂溶液对目标区原油的耐受能力。即考察加入一定体积的目标区原油后泡沫体系的发泡体积和析液半衰期变化。

三、其他规范中泡沫性能表述

2020年10月23日国家能源局发布的中华人民共和国石油天然气行业标准《油气田用起泡剂实验评价方法》（SY/T 7494—2020），针对油气田用泡沫除了评价发泡体积和析液半衰期等参数外，还增加了耐温性、泡沫衰变率、泡沫携液率等评价参数。

（1）泡沫衰变率。

将泡沫在量筒中静置到30min时，用玻璃棒沿量筒壁缓缓送入浮标到泡沫液面处，分别读取浮标下沿所示总体积和析出液体体积，计算泡沫衰变率。即泡沫体系在量筒中静置一定时间的纯泡沫体积与发泡体积的比值。

（2）耐温性。

将配制好的起泡剂溶液装入陈化釜中，在用户指定温度下静态老化 24h，对老化后的溶液进行发泡体积、析液半衰期和泡沫的衰变率的测定。

（3）抗污染性。

起泡剂溶液污染前后的发泡体积之比、泡沫析液半衰期之比和静置一定时间的泡沫体积之比，用于表示起泡剂的抗污染能力。

评价方法是配制好起泡剂溶液 200mL，加入搅拌杯中，再加入一定量的用户指定污染物，使用吴茵搅拌器按一定转速搅拌后，对污染后的起泡剂进行发泡体积、析液半衰期即 30min 内泡沫衰变率的测定。

（4）泡沫携液率。

一定发泡时间内泡沫携带出液体的质量与起泡剂溶液初始质量之比。将配制好的起泡剂溶液 200g，使用一定的实验装置，利用氮气将发泡管底部进行通气至规定的时间，用烧杯接取发泡过程携带出泡沫体系的质量和原起泡剂溶液质量的比值，计算得出泡沫携液率。该指标是评价应用于气田开发中泡排剂的重要性能指标。

（5）泡沫综合指数。

各种气体的发泡高度和半衰期不尽相同。有的气体发泡高度大，但半衰期短，即不利于泡沫的稳定；有的气体半衰期长，但发泡高度小，这也不利于波及效率的提高。针对此特点，赵国玺（1984）等提出了一项能够综合评价泡沫性能的指标参数，即泡沫综合指数 F_q，指根据停止搅拌后泡沫体积随时间变化来计算泡沫的寿命。

$$F_q = S = \int_{t_0}^{t_0+t_{1/2}} f(t)\mathrm{d}t \tag{4-2}$$

式中　F_q——泡沫综合指数，min·mL；

S——阴影部分面积，与 F_q 数值相等；

$f(t)$——为起泡体积曲线；

t_0——量筒内达到最大发泡高度所用的时间，min；

$t_{1/2}$——泡沫析液半衰期，min。

为了计算方便，近似将泡沫综合指数表示为：

$$F_q = \frac{3}{4} h_{max} t_{1/2} \tag{4-3}$$

式中　h_{max}——发泡高度最大时的泡沫体积，mL；

S——梯形面积近似等于 F_q。

泡沫综合指数考虑了发泡高度（或起泡体积）和消泡半衰期两个指标，因此对泡沫性能的评价更直观和合理。

第二节　试验区泡沫体系室内评价

优良的泡沫体系是空气泡沫驱技术应用的关键，具有较好的发泡能力和较高的洗油能力的优质高效泡沫的起泡剂，要求起泡剂除了能较大地降低气液界面的表面张力外，还必须具备起泡能力强，泡沫稳定性好，与地层岩石流体配伍性好，具有一定的抗盐、抗油和抗温性等特点。2009年试验初期，由于还未统一建立相关泡沫驱体系评价方法，长庆油田五里湾一区空气泡沫驱油体系起泡剂评价主要参考了国家标准《表面活性剂　发泡力的测定　改进Ross–Miles法》（GB/T 7462—1994），2015年泡沫驱用起泡剂评价规范建立后，参照规范进行了重新评价。稳泡剂由于没有统一的评价规范，在实践过程中，参考溶解速度、稳泡效果等指标，建立了长庆油田稳泡剂评价规范。

一、起泡剂的选择及评价

1. 实验材料及仪器

常用的起泡剂为表面活性剂，可分为：阴离子型、阳离子型、非离子型和两性离子型，空气泡沫驱的起泡剂主要选择阴离子型和非离子型。

五里湾试验区注入水（柳78–34）：水型Na_2SO_4，矿化度为1.1g/L，pH值为6.5；

五里湾试验区地层水（柳77–35）：水型$CaCl_2$，矿化度为82.2g/L，pH值为5.95；

原油：密度为0.85 g/cm^3，黏度为6.0mPa·s；

起泡剂：高级醇聚氧乙烯醚硫酸脂钠、椰油酰胺丙基二甲胺乙内酯、十二烷基苯磺酸钠、辛基酚聚氧乙烯醚（TX–10）、烷基酚聚氧乙烯醚（OP–10）、椰子油烷醇酰胺6501、醇醚羧酸盐、FLH非离子渗析剂、依次按1至8编号。

仪器：德国HAAKE旋转流变仪RS600；德国Kruss表面张力仪K100MK2；XTZ–E型实体显微镜，上海光学仪器厂。

2. 实验方法

用注入水分别配制质量分数为0.5%的起泡剂溶液500mL，在油藏温度下进行起泡能力的评价，结果见表4–2。由表4–2可见，1、2、6、7号起泡剂起泡能力强、泡稳定性好；3、4、5、8号起泡剂起泡能力强、但稳定较差。

表4–2　起泡剂发泡性能评价

起泡剂编号	1	2	4	5	6	7	8
泡沫体积，mL	395	310	270	240	270	310	240
半衰期	70	60	3	7	35	80	10

（1）配伍性。

用注入水、地层水体积比为1∶1的混合水配制0.5%的起泡剂溶液，在油藏温度下放置 24h 后，1～5 号起泡剂溶液透明无沉淀，6～8 号溶液出现浑浊，说明 6～8 号起泡剂与试验区地层水不配伍。

（2）起泡性和稳泡性。

排除与地层水不配伍的 6～8 号起泡剂，分别对 1～5 号起泡剂进行起泡剂稳定性评价。用注入水、地层水体积比为 1∶1 的混合水配制 0.5% 的起泡剂溶液 550mL。与注入水相比，用混合水配制后，1 号起泡剂的泡沫体积增大、泡沫的稳定性增强；2 号起泡剂的起泡能力变化较小，但半衰期缩短了一半；3～5 号起泡剂的起泡能力和稳定性变化较小（表 4-3）。

表 4-3　试验区地层水对起泡剂性能影响

起泡剂编号	泡沫体积，mL		半衰期，min	
	注入井	混合水	注入井	混合水
1	395	430	70	260
2	160	155	60	25
3	345	359	7	7
4	258	278	3	3
5	304	311	9	9

（3）表面张力。

用注入水、地层水体积比 10∶1 的混合水配制 0.5% 的起泡剂溶液，测得液体的表面张力，结果见表 4-4。由表 4-4 可见，与注入水和地层水相比，1～5 号起泡剂溶液的表面张力降低 50%，说明表面活性剂可降低流体流动阻力，有利于提高驱油效率。

表 4-4　起泡剂对注入水和地层水条件下表面张力

液体	1 号	2 号	3 号	4 号	5 号	注入水	地层水
表面张力 mN/m	29.108	31.043	29.044	30.044	30.438	65.021	58.702

（4）抗油性。

确定泡沫能否运移到较深和较高的位置。用注入水配制 500mL 浓度为 0.5% 的起泡剂溶液，加入 1% 的原油，油藏温度下进行起泡性能和稳泡性能的评价，结果见表 4-4。原油对起泡剂发泡能力、对泡沫稳定性的影响分别如图 4-1 和图 4-2 所示。由图 4-1 和图 4-2 可见，原油对 1 号、2 号起泡剂起泡能力的影响较小，对 3～5 号起泡剂的影响较大；加入原油后，5 种起泡剂的稳定性均出现了大幅降低。泡沫的这种油敏性在空气泡沫驱油过程中可有效地堵水驱油。

（5）起泡剂的洗油能力。

将 1mL 注入水配制的 0.5% 的 1～5 号起泡剂溶液加入分别盛有 10mL 原油的比色管中，充分摇匀后，静置 5 min。从原油沿试管壁流过的痕迹来看，装有 1 号起泡剂溶液的

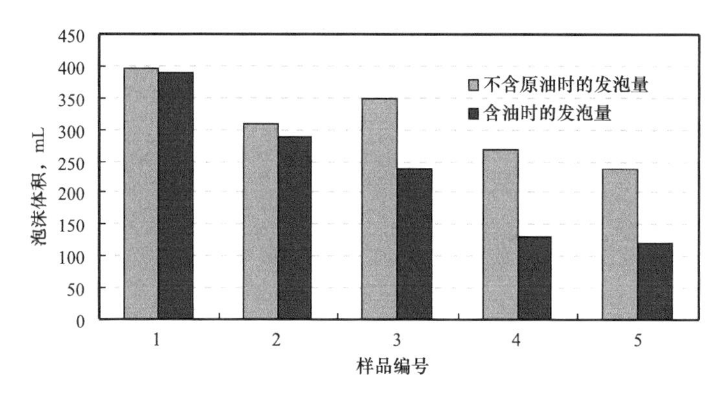

图 4-1　原油对起泡剂发泡能力的影响

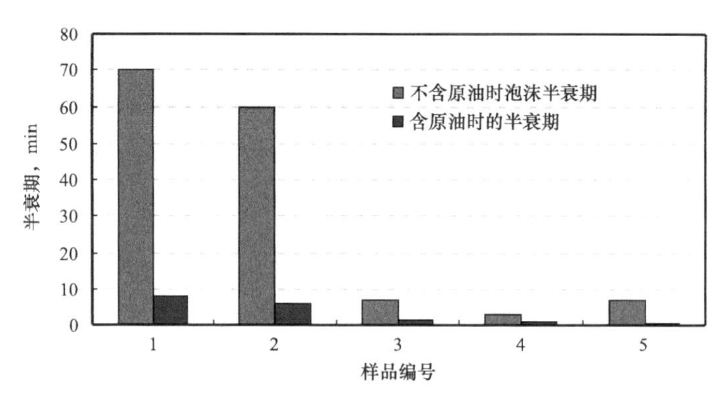

图 4-2　原油对泡沫稳定性的影响

比色管壁清洁，原油几乎无挂壁，而其他 4 个比色管原油挂壁量逐渐增加。表明 1 号泡沫液能较好地将原油乳化，并将管壁上的原油洗净之后在管壁形成一层水膜，大幅降低了油与管壁的黏附力，使其更易流动，从而提高驱油效率（图 4-3）。

图 4-3　不同起泡剂的洗油性能和对表面润湿性的影响

（6）表面润湿性。

在显微镜载片上滴一滴原油，再加一滴注入水配制的 0.5% 起泡剂溶液，用显微镜观察起泡剂的表面润湿性（图 4-4 和图 4-5）。由图 4-4 和图 4-5 可见，1 号起泡剂溶液与原油混合后，在几秒钟之内，起泡剂溶液首先侵入到玻璃表面将油驱走，从而改变玻璃的润湿性，使油珠悬浮在起泡液体之上容易流动，提高洗油效率。5 号起泡剂溶液以颗粒形式分散在原油中，并未改变玻璃的表面润湿性。4 号起泡剂洗油特征与 5 号起泡剂相同，2 号起泡剂、3 号起泡剂优于 4 号起泡剂、5 号起泡剂，但不及 1 号起泡剂。

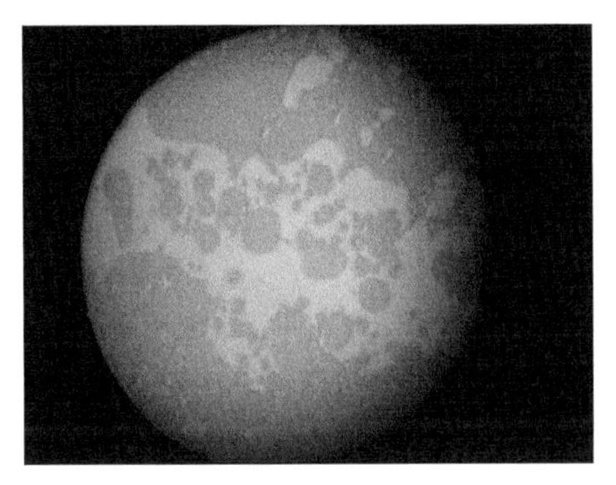

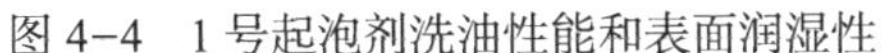
图 4-4　1 号起泡剂洗油性能和表面润湿性

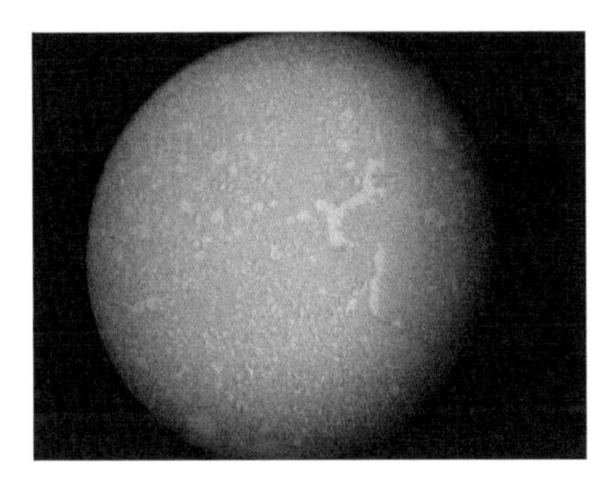

图 4-5　5 号样品洗油性能和润湿性

1～5 号起泡剂使注入水和高矿化度地层水的表面张力降低一半，有效降低流体的流动阻力，达到驱油的效果。矿化度对起泡剂的发泡性能影响较小，但对其稳泡性能影响较大。1 号起泡剂在高矿化度地层水条件下的泡沫半衰期由 70 增至 260min，稳泡能力大大增强。遇到原油时，消泡较快，并有一定的洗油能力，符合试验区空气泡沫驱油需求，因此选择 1 号起泡剂（高级醇聚氧乙烯醚硫酸脂钠）作为空气泡沫驱试验用起泡剂。

二、稳泡剂的选择及评价

稳泡剂是指具有延长和稳定泡沫体系而保持较长稳定性能的一种添加剂，是泡沫驱现场试验中泡沫体系的重要组成部分。在国内外各大泡沫驱现场试验过程中，主要通过添加高分子聚合物或表面活性剂类稳泡剂来增强泡沫体系的稳定性能。泡沫的稳定性与泡沫驱油之间的关系密切。泡沫的稳定性越高，泡沫在油层中存在的时间就越长，泡沫驱油效果就越好。气泡的稳定性主要取决于液膜的厚度和表面膜的强度，与表面活性剂的表面张力无关。液膜的表面黏度越大，溶液所形成的气泡寿命越长。因此，提高气泡表面黏度有利于延长泡沫的寿命，有利于泡沫的稳定。

试验区为砂岩油藏，具低渗特征、孔隙裂缝双重介质渗流和高矿化地层水特征，考虑稳泡剂选择要具有耐盐性、分子量较小且能起到稳泡效果的药剂。现场选择了具有较好抗盐性能、溶解性能好缔合物聚丙烯酰胺 FP3330S（分子量约 800 万）、SCS（分子量约 1200 万）和 CQS（分子量约 1800 万）为评价对象，评价其与地层水的相容性以及与起泡剂复配后泡沫体系的起泡性能、稳定性和抗盐性能。

1. 溶解速率黏度

按浓度 0.15% 与试验区地层水配液，搅拌 2h，溶液中无未溶解的胶团或颗粒为合格。连续测试 6h，黏度达到稳定，FP3330S 和 CQS 提高黏度水平高，且 FP3330S 溶解速率相对较快（图 4-6）。

2. 黏度保持时间

对比三种稳泡剂溶液黏度的保持时间，黏度随时间延长均呈下降趋势，超过50h后CQS和FP3330S黏度均呈下降趋势，且幅度较大。其中FP3330S和CQS的黏度保持相对较高水平（图4-7）。

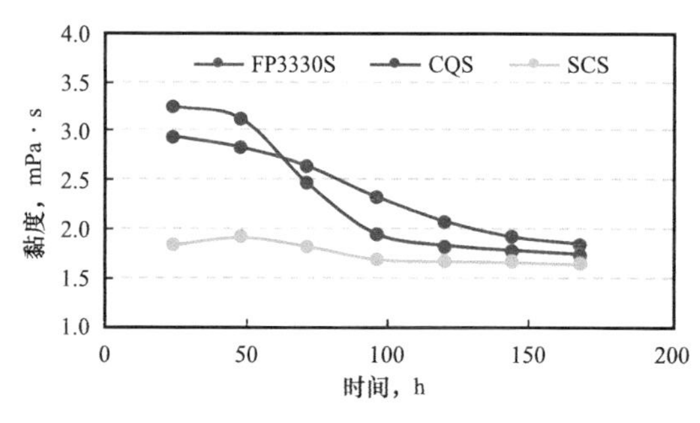

图4-6 聚合物稳泡剂溶解速度曲线

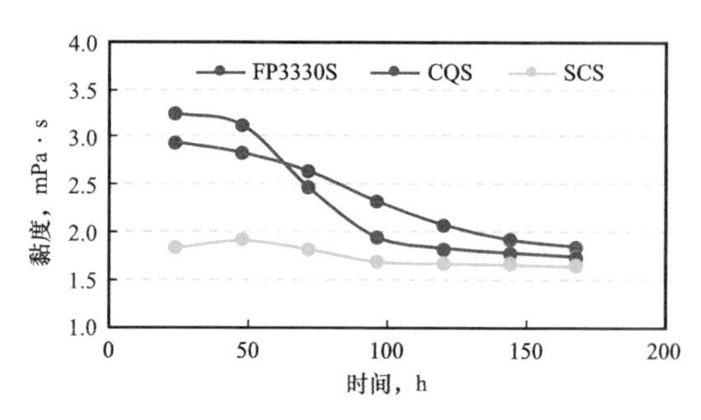

图4-7 3种聚合物稳泡剂黏度与时间的关系示意图

3. 过滤因子

三组稳泡剂实验结果表明，SCS和FP3330S通过10μm滤纸的通过性较好，CQS通过性较差。分析原因主要是CQS的分子量较大造成的（表4-5）。

表4-5 不同分子量聚合物稳泡剂过滤因子

种类	过滤因子	备注
SCS	2.62	—
FP3330S	2.17	—
CQS	>3	6h不足100mL

4. 稳泡剂受剪切能力评价

实验测试了聚合物类稳泡剂SCS和FP3330S在不同浓度受剪切后黏度的减低程度，可以看出SCS在高浓度条件下尤其是高浓度稳泡剂影响最大，黏度大幅下降，而聚合物FP3330S则在不同浓度条件下黏度均保持相对稳定，表明抗剪切性能优于稳泡剂SCS（图4-8）。

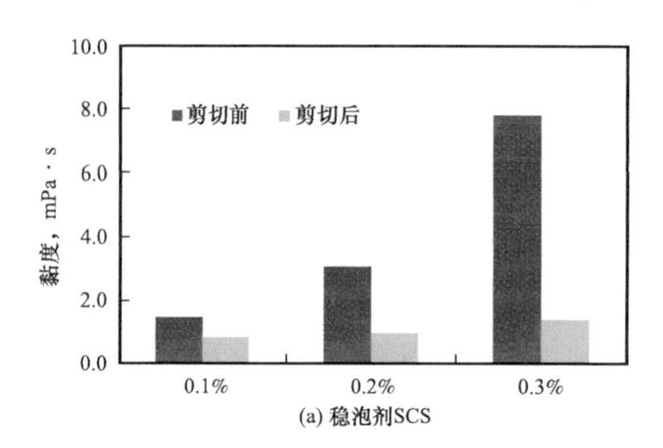

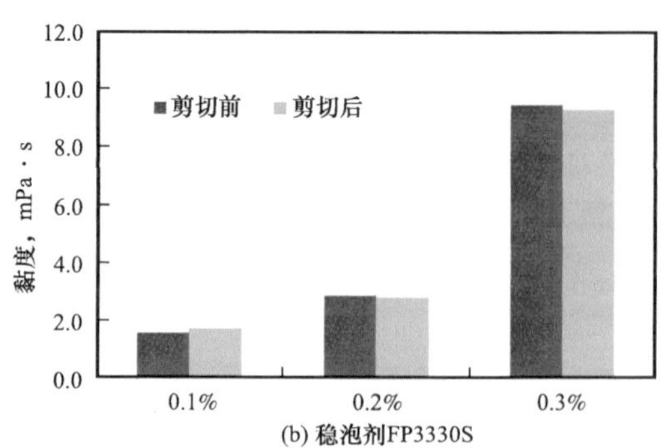

图4-8 稳泡剂SCS和FP3330S溶液剪切前后黏度对比示意图

5. 稳泡剂浓度对发泡效果的影响

以聚合物 FP3330S 配制泡沫体系为例，与空白样（纯起泡液）相比，加入稳泡剂后，溶液的发泡率有所降低，但是幅度不大，泡沫的析液半衰期则随稳泡剂浓度而明显增加，说明加入稳泡剂后泡沫的液膜表面黏度增加，因而泡沫稳定时间变长（图 4-9）。

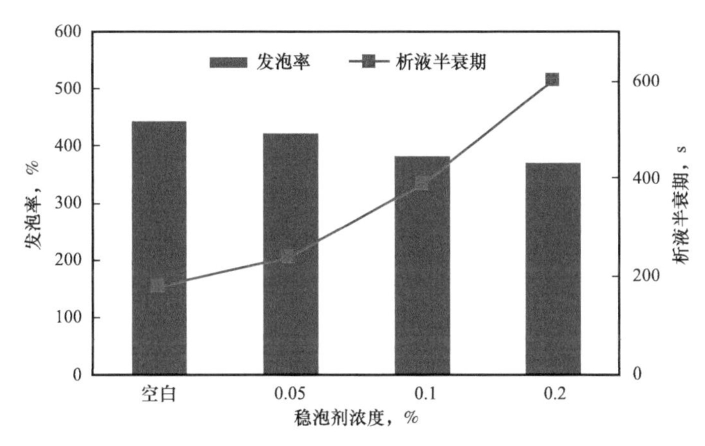

图 4-9　不同浓度稳泡剂稳泡效果对比

综合以上评价，长庆靖安油田五里湾一区的空气泡沫体系筛选结果为起泡剂使用 1 号高级醇聚氧乙烯醚硫酸脂钠，有效浓度为 0.5%；稳泡剂优选 FP3330S，有效浓度为 0.05%。

第三节　泡沫性能影响因素评价

为进一步了解泡沫气泡性能和析液半衰期的主要影响因素，依照《泡沫驱用起泡剂技术规范》（Q/SY 1816—2015）评价了不同浓度、不同离子浓度、含油量以及岩心碎屑含量对发泡性能的影响。

一、浓度对泡沫性能的影响

1. 起泡剂有效浓度对泡沫性能的影响

根据选择的 CFP-1（脂肪醇聚氧乙烯醚硫酸钠复配体系）和 CFP-2（冬季抗低温用），分别开展了两种体系在不同浓度条件下的泡沫性能测定。

实验方法：注入水加入起泡剂，配制成不同浓度的泡沫液，取 200mL 泡沫溶液，用高速搅拌机在 7000r/min 速度下搅拌 1min，倒入 2000mL 量筒中，观察泡沫量，并记录半衰期（图 4-10 至图 4-11）。

实验用水：柳 74-60 注入水，矿化度为 2910mg/L，二价阳离子含量为 275mg/L。

实验温度：56℃。

由表 4-6 可以看出，发泡体积随起泡剂 CFP-1 和 CFP-2 浓度的增加而增加。当起泡剂有效浓度低于 0.5% 时，随着起泡剂浓度的增大，发泡体积急剧增加，起泡剂 CFP-1 从

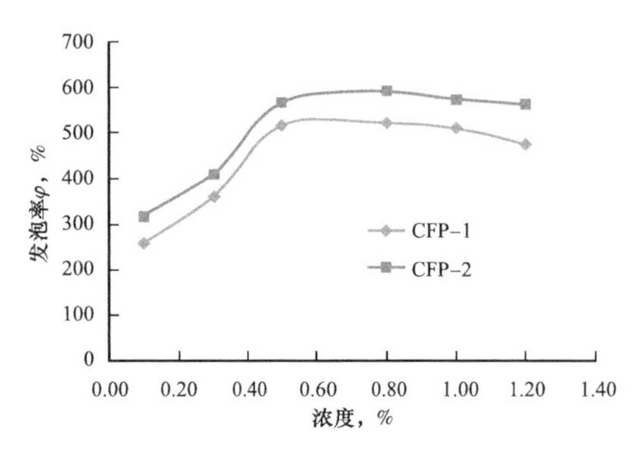

图 4−10 起泡剂有效浓度对发泡率的影响

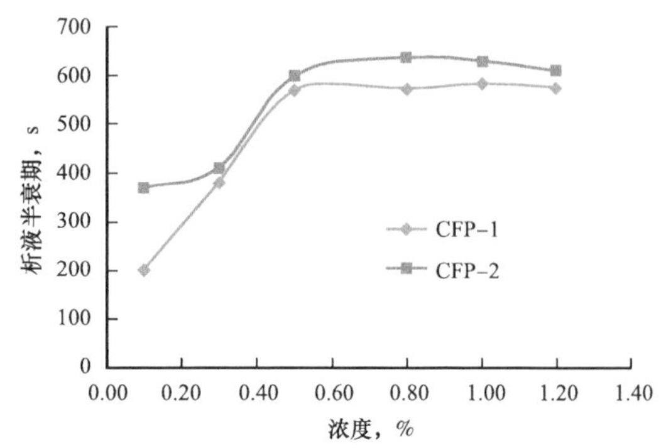

图 4−11 起泡剂浓度与析液半衰期关系曲线

0.1% 的 510mL 增加到 0.5% 的 1030mL，体积增加 1 倍，起泡剂 CFP−2 从 0.1% 的 630mL 增加到 0.5% 的 1120mL，体积增加 0.78 倍。当浓度为 0.5%～0.8% 时，随着浓度的增加，发泡体积增加的幅度小于低浓度条件下的增加幅度，起泡剂 CFP−1 仅由 1030mL 增加到 1040mL，增加约 0.01 倍；起泡剂 CFP−2 仅由 1120mL 增加到 1170mL，增加 0.03 倍。当起泡剂浓度再继续增加时，随着浓度的增加，发泡体积略有降低。

表 4−6 起泡剂不同浓度对起泡性能的影响

起泡剂	有效浓度，%	0.10	0.30	0.50	0.80	1.00	1.20
CFP−1	泡沫体积，mL	510	710	1030	1040	1020	940
	发泡率 φ，%	255	355	515	520	510	470
	析液半衰期，s	198	378	567	570	582	572
CFP−2	泡沫体积，mL	630	810	1120	1170	1140	1110
	发泡率 φ，%	315	405	560	585	570	555
	析液半衰期，s	368	408	597	635	626	608

发泡率表明了起泡剂起泡能力的强弱，由图 4−10 可以看出，浓度较低时 CFP−1 和 CFP−2 的发泡率增加得均比较快，浓度达到 0.5% 以后发泡率基本趋于平稳，随着浓度的逐步增高，两者的发泡率均出现了一定程度的下降，但下降的幅度较小，当浓度为 1.2% 时 CFP−1 的发泡率为 470，CFP−2 的发泡率为 550。虽略微下降，总体看来当浓度大于 0.5% 以后，发泡率变化趋于平稳，CFP−1 的发泡率在 510 左右，CFP−2 的发泡率在 570 左右。

泡沫析液半衰期 $t_{1/2}$ 随起泡剂浓度的增加快速增加到最大值再略微降低后趋于稳定（图 4−11）。CFP−1 有效浓度为 0.5% 时泡沫析液半衰期 567s，当起泡剂浓度大于 0.5% 后，泡沫析液半衰期 $t_{1/2}$ 稳定在 570s 左右；CFP−2 有效浓度为 0.5% 时泡沫析液半衰期 597s，当起泡剂浓度大于 0.5% 后，泡沫析液半衰期 $t_{1/2}$ 稳定在 630s 左右。

2. 稳泡剂浓度对泡沫性能的影响

稳泡剂：聚丙烯酰胺，分子量 800 万～1000 万，工业品。

实验方法：在注入水中加入 0.5% 起泡剂和不同浓度的稳泡剂 PAM，配制成不同浓度的泡沫液，取 200mL 泡沫液，用高速搅拌机在 7000rpm 的速率下搅拌 1min，然后倒入 2000mL 量筒中，观察泡沫量，并记录半衰期。实验用水：柳 74-60 注入水，矿化度为 2910mg/L，二价阳离子浓度为 275mg/L。

实验温度：56℃。

实验结果见表 4-7。从表 4-7 可以看出起泡剂不同浓度下泡沫体积的变化。泡沫体积随稳泡剂浓度的增加而略微降低。当稳泡剂浓度低于 0.05% 时，随着稳泡剂浓度的增大，发泡体积降低幅度较小；当稳泡剂浓度为 0.50%～0.1% 时，随着稳泡剂浓度的增加，发泡体积下降幅度明显。这是由于稳泡剂具有一定的黏度，随着其浓度的增加，表面黏度大，不利于泡沫的生成。

表 4-7　稳泡剂不同浓度对起泡性能的影响

起泡剂	浓度，%	0.01	0.02	0.05	0.08	0.10
CFP-1	泡沫体积，mL	1010	990	980	830	620
	析液半衰期，s	612	669	807	831	837
	发泡率 φ，%	505	495	490	415	310
CFP-2	泡沫体积，mL	1100	1080	1070	980	720
	析液半衰期，s	687	771	861	876	915
	发泡率 φ，%	550	540	535	490	360

如图 4-12 所示，在不同稳泡剂浓度条件下，随着稳泡剂浓度的增加，发泡率是在逐渐地降低的，当稳泡剂的浓度低于 0.05% 时，发泡率降低的幅度较小，CFP-2 的发泡率大致在 540 的范围，CFP-1 的发泡率大致在 500 的范围内；随着稳泡剂浓度的增加发泡率进而降低，当浓度高于 0.05% 时，可以看出降低幅度明显。造成这一现象的原因是由于稳泡剂具有一定的黏度，随着其浓度的增加，表面黏度大，不利于泡沫的生成，也影响泡沫的二次生成。

如图 4-13 所示，泡沫析液半衰期 $t_{1/2}$ 随稳泡剂浓度的增加快速增加，达到最大值后趋于稳定。CFP-1 起泡剂为基础，PAM 稳泡剂浓度为 0.05% 时，泡沫析液半衰期为 807s；当起泡剂浓度大于 0.05% 后，泡沫析液半衰期 $t_{1/2}$ 稳定在 830s 左右；CFP-2 起泡剂为基础，PAM 稳泡剂浓度为 0.05% 时，泡沫析液半衰期为 861s；当起泡剂浓度大于 0.05% 后，泡沫析液半衰期 $t_{1/2}$ 稳定在 870s 左右。这是因为稳泡剂能够提高液相黏度，降低了泡沫膜的析液速度，泡沫的稳定性大幅度提高，因此 PAM 稳泡剂具有理想的稳泡性能。

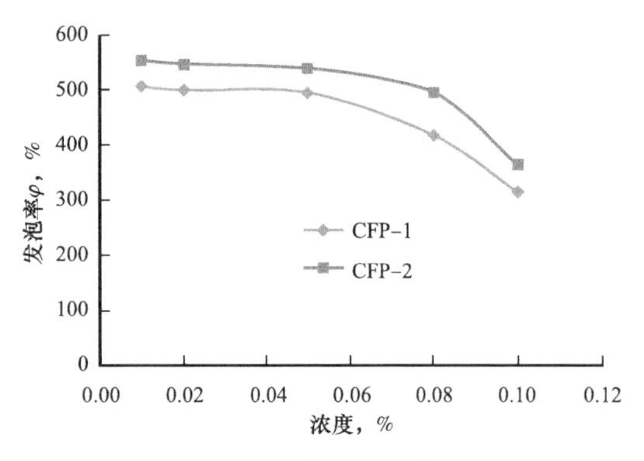

图 4-12　稳泡剂对体系发泡率的影响曲线

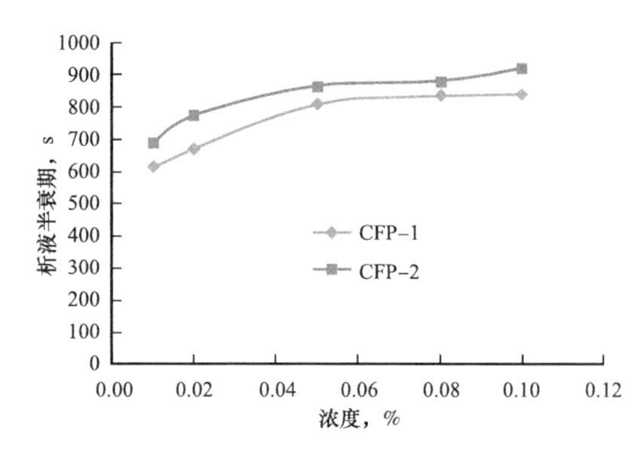

图 4-13　稳泡剂对泡沫析液半衰期的影响曲线

二、矿化度对泡沫性能的影响

实验方法：在自来水中加入浓度为 0.5% 的起泡剂和浓度为 0.05% 的稳泡剂，加入不同的盐配制形成不同矿化度的泡沫液，取 200mL 泡沫液，用高速搅拌机在 7000rpm 的速率下搅拌 1min，然后倒入 2000mL 量筒中，观察泡沫量，并记录半衰期。

实验温度：56℃。

实验用水：自来水 + 不同盐浓度。

1. 氯化钠盐矿化度对泡沫性能的影响

不同氯化钠浓度下泡沫性能见表 4-8，泡沫体积随氯化钠盐加量的增加而降低。当氯化钠盐浓度低于 5000mg/L 时，随着氯化钠盐加量的增大，发泡体积降低幅度较小；氯化钠盐加量进一步大幅度增加时，发泡体积下降幅度明显，降幅达到 30%。这是由于氯化钠盐压缩了起泡剂双电层，在浓度低时对起泡剂双电层影响较小，当其浓度进一步增加时，大幅度压缩起泡剂双电层，从而削弱起泡剂的表面活性，不利于泡沫的生成。

表 4-8　氯化钠不同浓度对泡沫性能的影响

起泡剂	浓度，mg/L	500	1000	2000	5000	10000	15000
CFP-1	泡沫体积，mL	1060	1040	1030	990	810	700
	析液半衰期，s	623	629	646	686	531	349
	发泡率 φ，%	530	520	515	495	405	350
CFP-2	泡沫体积，mL	1130	1120	1080	1060	980	720
	析液半衰期，s	774	796	809	816	642	389
	发泡率 φ，%	565	560	540	530	490	360

氯化钠盐浓度对发泡率的影响如图 4-14 所示，分析图 4-14 可以看出，随着氯化钠盐浓度的逐步增加，发泡率呈现递减的趋势。当氯化钠的浓度低于 5000mg/L 时，发泡率

的降低程度较为缓慢；当浓度高于 5000mg/L 时，发泡率出现明显的降低趋势，原因在于氯化钠盐浓度的增加对泡沫体积大小产生了影响，最终导致了发泡率下降趋势的出现。

泡沫析液半衰期 $t_{1/2}$ 随氯化钠盐浓度的变化如图 4-15 所示。氯化钠盐在低浓度范围时，泡沫析液半衰期 $t_{1/2}$ 随着氯化钠盐浓度的增加而缓慢增加，当氯化钠盐浓度达到 5000mg/L 时泡沫析液半衰期 $t_{1/2}$ 达到最大值，氯化钠盐浓度进一步增加后，泡沫析液半衰期降低，这是由于氯化钠的加入使稳泡剂在水溶液中卷曲，适度的卷曲有利于泡沫液膜保持其含水量，有利于泡沫稳定，氯化钠盐含量进一步加大后稳泡剂卷曲程度加强，过度的卷曲不利于泡沫液膜的保水量，因此泡沫稳定性降低。

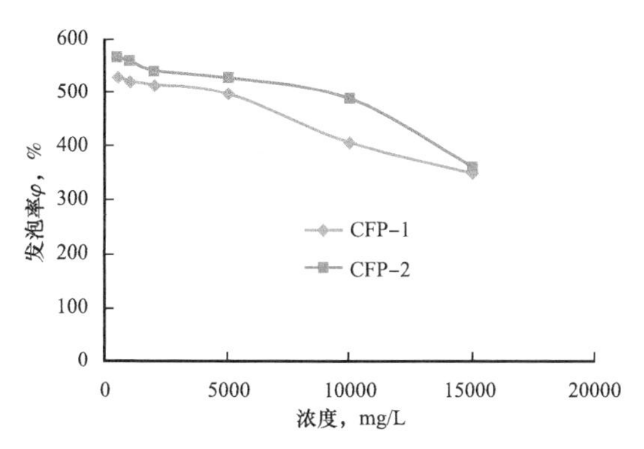

图 4-14 氯化钠盐浓度对发泡率的影响曲线

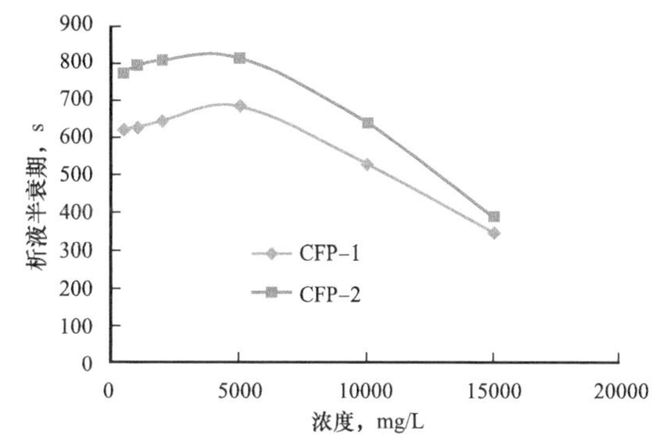

图 4-15 氯化钠盐浓度对半衰期的影响曲线

2. 氯化钙盐矿化度对泡沫性能的影响

不同氯化钙含量条件下泡沫测试的泡沫性能见表 4-9。泡沫体积随氯化钙盐加量的增加而降低，这是由于二价离子大幅度降低了起泡剂的表面活性，起泡能力下降，因此泡沫体积减小。

表 4-9 氯化钙不同浓度对泡沫性能的影响

起泡剂	浓度，mg/L	100	200	500	1000	2000
CFP-1	泡沫体积，mL	1140	1050	960	780	560
	析液半衰期，s	756	636	585	528	303
	发泡率 φ，%	570	525	480	390	280
CFP-2	泡沫体积，mL	1170	1120	1030	930	630
	析液半衰期，s	840	781	722	646	510
	发泡率 φ，%	585	560	515	465	315

发泡率变化如图 4-16 所示，随着氯化钙盐的浓度增加，发泡率的降低幅度明显，且趋势较大，氯化钙盐的浓度由 100mg/L 增加到 2000mg/L 的过程中，发泡率的降低幅度接近于 50%，可见氯化钙盐对发泡过程中对起泡剂的表面活性的削弱较为明显，导致对起泡产生的泡沫体积具有影响，从而导致发泡率的降低趋势。

泡沫析液半衰期 $t_{1/2}$ 随氯化钙盐浓度的变化。泡沫析液半衰期 $t_{1/2}$ 随着氯化钙盐浓度的增加而迅速降低（图 4-17），特别是二价离子不仅降低了起泡剂的表面活性，而且使稳泡剂卷曲程度加强甚至析出，过度的卷曲使聚合物增黏性能降低不利于泡沫液膜的保水量，因此泡沫稳定性降低。

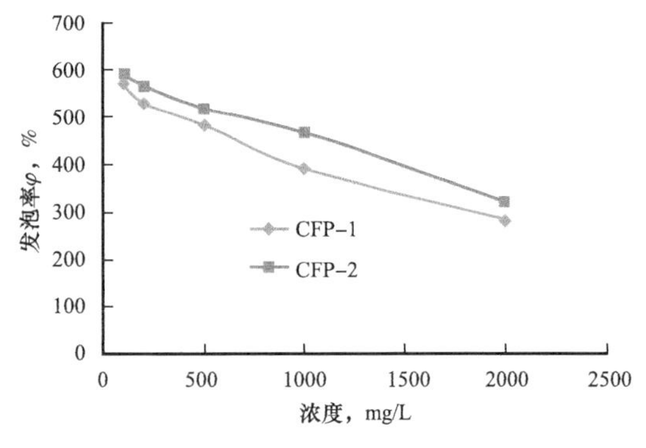

图 4-16　氯化钙盐浓度对泡沫体积的影响曲线

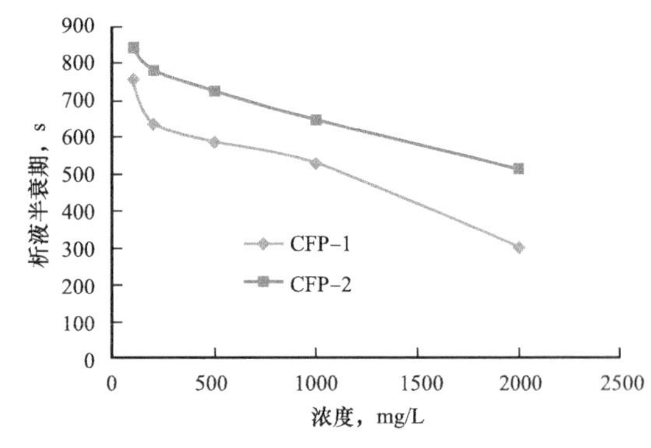

图 4-17　氯化钙盐浓度对析液半衰期的影响曲线

三、含油量对泡沫性能的影响

实验方法：在地层水中加入浓度为 0.5% 的起泡剂和浓度为 0.05% 的稳泡剂，加入不同量的油相，形成不同含油条件下的泡沫液，取 200mL 泡沫液，用高速搅拌机在 7000rpm 的速率下搅拌 1min，然后倒入 2000mL 量筒中，观察泡沫量，并记录半衰期。

实验用水：柳 74-60 注入水 + 不同量的油相。

实验温度：56℃。

在低含油条件下（小于 10%），泡沫体积随着含油量的影响较小。随着含油量的大幅度增加，泡沫体积迅速下降（图 4-18、图 4-19）。这是由于起泡剂对油具有一定的乳化性能，在含油量较少时可以抵消原油对泡沫的影响，当含油量大幅度增加后，乳化将消耗大量的表面活性剂，因此起泡性能降低（表 4-10）。

表 4-10　不同含油条件下泡沫性能参数表

起泡剂	含油量，%	0	2	4	10	20	30	40
CFP-1	泡沫体积，mL	980	980	980	960	890	720	550
	析液半衰期，s	807	833	890	902	910	794	532
	发泡率 φ，%	490	490	490	480	445	360	275
CFP-2	泡沫体积，mL	1070	1060	1060	1020	890	770	620
	析液半衰期，s	861	787	864	906	908	743	545
	发泡率 φ，%	535	530	530	510	445	385	310

图 4-18　不同含油条件下起泡剂 CFP-1 的发泡效果

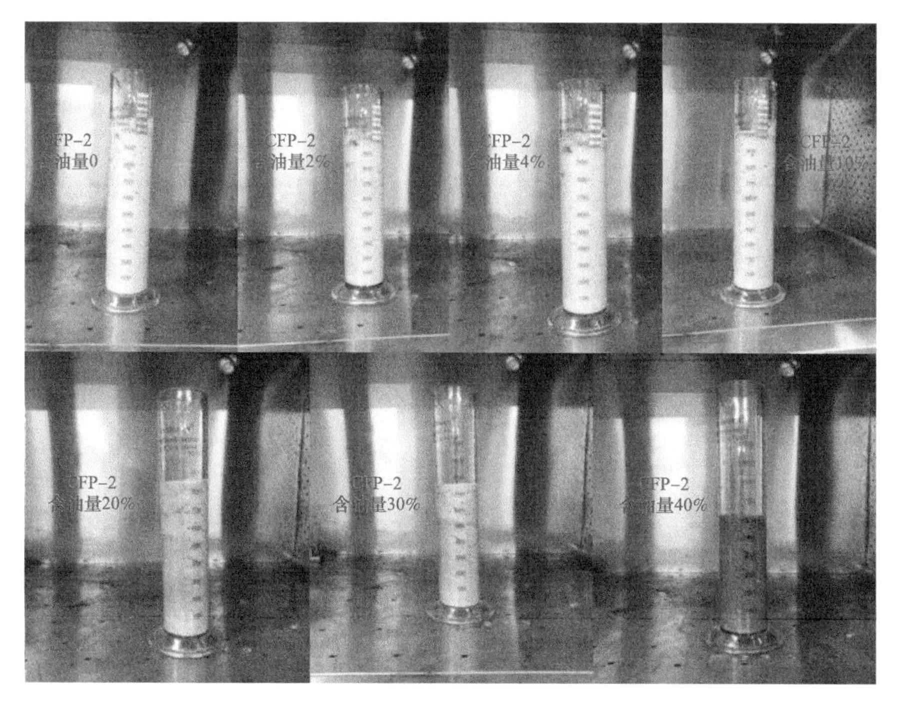

图 4-19　不同含油条件下 CFP-2 的发泡效果

图 4-20 表征了不同含油条件下对发泡率的影响，可以看出当含油量低于 10% 的含量时，发泡率的变化趋势趋于稳定，CFP-1 的发泡率保持在 500 附近，CFP-1 的发泡率保持在 530 附近，当含油量继续增加时发泡率出现了下降。这是由于当含油量增加时，起泡

剂对油产生了一定的乳化性能，在含油量较少时可以抵消原油对泡沫的影响，当含油量大幅度增加后，乳化将消耗大量的表面活性剂，导致了泡沫体积的降低。

图4-21为不同含油条件下泡沫析液半衰期的变化曲线。在低含油条件下，泡沫析液半衰期随着含油量的增加而略微增加；当油含量继续增加后，泡沫析液半衰期迅速下降。这是由于起泡剂对油具有一定的乳化性能，低量的乳液含量可以降低泡沫的排液速度，当含油量继续增加，大量的乳液形成后，不仅消耗大量的表面活性剂，而且会破坏泡沫膜的稳定性，排液速度加快，析液半衰期大幅度降低。

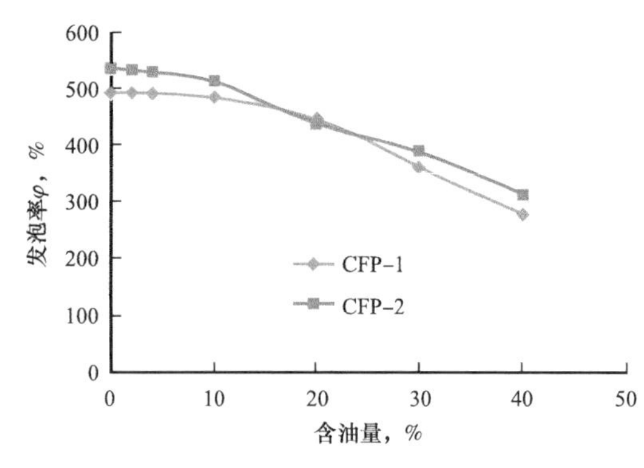

图4-20　不同含油条件下对发泡率的影响曲线

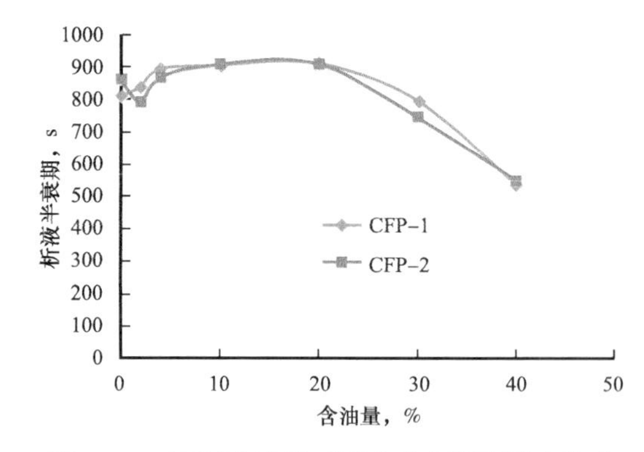

图4-21　不同含油量对析液半衰期的影响曲线

四、岩屑吸附对泡沫性能的影响

利用将五里湾试验区检查井岩心磨成石英砂粉80～100目和柳74-60注入水配制的泡沫液形成不同液固比的混合，加入具塞锥形瓶，摇晃均匀，在56℃恒温震荡水浴震荡24h，取出锥形瓶，分离出泡沫液，取200mL泡沫液，用高速搅拌机在7000rpm的速率下搅拌1min，然后倒入2000mL量筒，观察泡沫量，并记录半衰期。

实验用水：柳74-60注入水＋不同的含砂量。

实验温度：56℃。

表4-11为不同含石英砂条件下泡沫体积的变化曲线。由表4-11可知，石英砂含量较小时，泡沫体积随着含石英砂量的影响较小。随着含石英砂量的大幅度增加，泡沫体积有一定的下降。这是由于石英砂吸附了部分泡沫剂，但从泡沫体积变化来看，即使在高含砂条件下，泡沫体积降幅较小，说明起泡剂抗吸附能力较强。

当石英砂含量增加时，石英砂的含量不同对发泡率存在影响（图4-22）。当石英砂的含量低于15%时，随着石英砂的增加，发泡率的变化趋势平稳，未受到影响；当石英砂含量增继续增加时，即当石英砂的含量高于15%后，发泡率开始呈明显的下降趋势。这是由于石英砂吸附了部分泡沫剂，导致泡沫体积降低，从而导致了发泡率的降低。

不同含量石英砂条件下，泡沫析液半衰期也存在明显变化（图4-23）。由图4-23可知，在低含砂量（5%）时，泡沫析液半衰期有所提高，这是由于石英砂在水中分离出微量的小颗粒。这些小颗粒有利于泡沫的稳定性，当石英砂大幅度增加后，石英砂不仅吸附了部分起泡剂，而且吸附稳泡剂，因此消耗了一定量起泡剂和稳泡剂，泡沫稳定性下降。

表 4-11　岩屑吸附对泡沫性能的影响

起泡剂	石英砂量，%	0	5	15	25	35	45
CFP-1	泡沫体积，mL	980	960	930	830	660	550
	析液半衰期，s	807	565	445	332	284	212
	发泡率 φ，%	490	490	465	415	330	275
CFP-2	泡沫体积，mL	1070	1020	940	870	710	670
	析液半衰期，s	861	687	468	355	315	234
	发泡率 φ，%	535	540	470	435	355	335

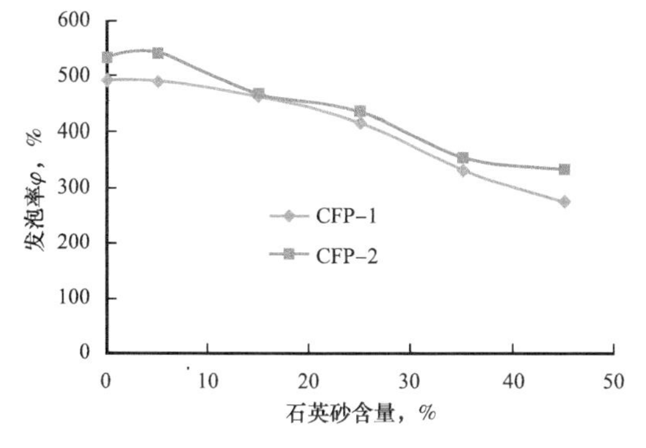

图 4-22　不同石英砂含量对发泡率的影响曲线

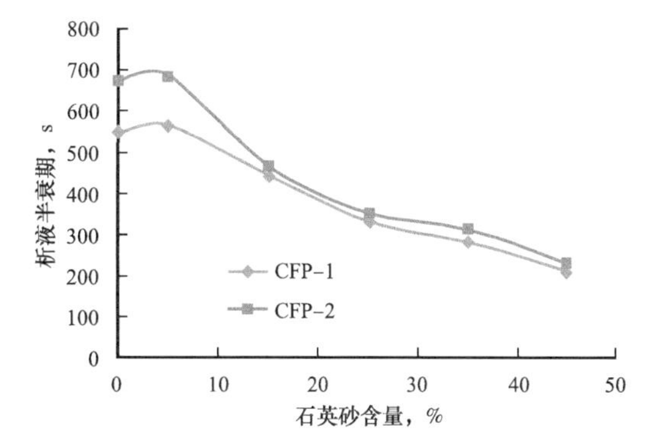

图 4-23　不同石英砂含量对析液半衰期的影响曲线

第五章　空气泡沫驱物理模拟实验

物理模拟驱替实验是空气泡沫驱评价实验的核心，因此制作和实验的模型要符合储层物理性质，以保证实验的科学性、可靠性和准确性。

本章通过优化后的泡沫体系开展物理模拟驱替实验，研究了不同泡沫段塞、气液比、注入时机以及渗透率级差对驱油效果的影响。利用试验区储层的真实砂岩进行不同介质条件下的驱油实验，了解水驱见水后改变注入剂条件下的渗流特征；利用真实砂岩开展水驱后改变注入介质微观驱油实验。通过核磁共振技术与常规岩心驱替实验方法相结合，评价了泡沫驱动用目标储层中流体的能力和特征。

第一节　空气泡沫驱驱油效果影响因素评价

本节利用单、双管驱替实验，对比分析不同注入量、气液比、注入时机、渗透率及注入速度等对提高驱油效率的影响，明确增油量和影响参数的关系，并给出了合理的注入参数范围，用于指导现场方案设计。

一、空气泡沫段塞大小对驱油效果的影响

这里利用长单根填砂管驱替实验评价泡沫段塞大小对驱油效果的影响等。用不同目数的石英砂或者天然油砂制成五组不同渗透率的填砂管模型（30mm×600mm），参数见表 5-1。根据实验流程组装好填砂管模型，在实验温度为 56℃、实验压力为 12.2MPa 条件下，分别对填砂管饱和地层水（矿化度为 29109mg/L，二价阳离子浓度为 3275mg/L），计算孔隙体积及孔隙度，测定渗透率，然后饱和原油，计算含油饱和度、孔隙度和原始含油饱和度；以一定的流速水驱至出口端，综合含水率为 98%～100% 时停止水驱，然后以相同的方法及流速进行空气泡沫驱，记录实验时两端压差、出口端液量，并计算水驱单管驱油效率。

表 5-1　不同空气泡沫段塞大小五组填砂模型（石英砂）参数表

组别	段塞，PV	渗透率，mD	孔隙度，%	原始含油饱和度，%
第 1 组	0.2	350	36.34	58.1
第 2 组	0.3	370	38.70	60.7
第 3 组	0.4	320	34.50	58.5
第 4 组	0.5	340	35.70	61.5
第 5 组	0.6	410	42.25	59.8

对长单根填砂管进行岩心驱替实验，研究不同空气泡沫段塞的驱油效果，结果见表5-2。

表5-2　不同注入量的空气泡沫驱驱油效果

组别	注入量，PV	驱油效率提高值，%
第1组	0.2	7.73
第2组	0.3	11.7
第3组	0.4	15.64
第4组	0.5	16.69
第5组	0.6	17.25

实验表明，含水率随注入量增加而上升，当注入体积达到2.5PV时，水驱结束转空气泡沫驱后出口含水率逐渐降低，结束空气泡沫驱后含水率开始缓慢上升。注入量越大，含水下降幅度越大，驱油效率增幅越大。随着注入段塞的增加，空气泡沫及后续水驱比前期水驱提高的平均采收率增加。当注入段塞从0.2PV提高到0.4PV时，提高采收率幅度最大，之后再继续增加泡沫注入量，驱油效率增加幅度上升较小，推荐最佳注入量为0.3～0.5PV。

二、不同气液比对驱油效果的影响

这里利用长管单岩心驱替实验评价不同气液比对驱油效果的影响等。用不同目数的石英砂或者天然油砂制成五组不同渗透率的填砂管模型（30mm×600mm），参数见表5-3。根据实验流程组装好填砂管模型，分别对填砂管饱和地层水，计算孔隙体积及孔隙度、测定渗透率，然后饱和原油，计算含油饱和度、孔隙度和原始含油饱和度；以一定的流速水驱至出口端，综合含水率为98%～100%时停止水驱，然后以相同的方法及不同气液比进行空气泡沫驱，记录实验时两端压差、出口端液量，并计算水驱单管驱油效率。

表5-3　不同气液比条件下五组填砂模型（石英砂）参数表

组别	气液比	渗透率，mD	孔隙度，%	原始含油饱和度，%
第1组	1.5∶1	420	44.21	59.2
第2组	2.0∶1	440	45.12	58.34
第3组	2.5∶1	390	38.92	60.7
第4组	3.0∶1	430	42.22	61.5
第5组	3.5∶1	450	46.34	64.24

对长单管填砂管进行岩心驱替实验，研究不同空气泡沫段塞气液比的驱油效果，结果见表5-4。实验结果表明，含水率随注入体积的增加而上升，当注入体积达到2.5PV时，水驱结束进行空气泡沫驱，此时含水率逐渐降低，结束空气泡沫驱后含水率开始缓慢上

升。随气液比的增大，含水下降幅度先变大后减小，空气泡沫及后续水驱比前期水驱提高的平均驱油效率先增加后降低，当注入段塞气液比为2.5：1时，提高幅度最大，之后再继续增加泡沫气液比，驱油效率幅度开始下降。推荐合理气液比范围为1.5：1～3.0：1。

表5-4　不同气液比的空气泡沫驱驱油效果

组别	气液比	驱油效率提高值，%
第1组	1.5：1	12.36
第2组	2.0：1	15.08
第3组	2.5：1	15.64
第4组	3.0：1	14.39
第5组	3.5：1	13.60

三、空气泡沫注入时机对驱油效果的影响

这里利用长单根填砂管驱替实验评价空气泡沫注入时机对驱油效果的影响等。用不同目数的石英砂或者天然油砂制成五组不同渗透率的填砂管模型（30mm×600mm），参数见表5-5。根据实验流程组装好填砂管模型，实验温度为56℃，实验压力12.2MPa，分别对五组填砂管饱和地层水，计算孔隙体积及孔隙度、测定渗透率，然后饱和原油，计算含油饱和度、孔隙度和原始含油饱和度；以一定的流速水驱至出口端，综合含水率达到设定要求时停止水驱，然后以相同的方法及流速进行空气泡沫驱，记录实验时两端压差、出口端液量，并计算水驱单管驱油效率。

表5-5　空气泡沫不同注入时机五组填砂模型（石英砂）参数表

组别	渗透率 mD	孔隙度 %	原始含油饱和度 %
第1组	330	33.42	54.2
第2组	310	31.57	50.6
第3组	340	35.32	56.7
第4组	370	37.81	58.1
第5组	290	30.54	47.5

对长单根填砂管进行岩心驱替实验，研究空气泡沫注入时机的驱油效果，结果见表5-6。从表5-6中可知，随着含水率的增加，空气泡沫及后续水驱比前期水驱提高的平均采收率呈现先增加后降低的趋势，当含水率为60%左右开始注入泡沫段塞时，提高采收率幅度最大，推荐含水率为50%～80%左右开始注入空气泡沫。

通过驱替实验表明，含水率随注入体积的增加而上升，当注入空气泡沫驱段塞过程中，含水率逐渐降低，结束空气泡沫驱后或空气泡沫驱后期含水率开始缓慢上升，采出程度增大。

表 5-6　不同注入时机的空气泡沫驱驱油效果

组别	含水率，%	驱油效率提高值，%
第 1 组	31	14.12
第 2 组	42	15.21
第 3 组	63	18.54
第 4 组	78	16.16
第 5 组	92	15.45

四、渗透率级差对驱油效果的影响

这里利用双管岩心驱替实验评价泡沫段塞大小对驱油效果的影响等。并联岩心以贝雷岩心模拟低渗透，填砂管模拟高渗透或微裂缝，进行提高采收率实验。根据实验流程组装好填砂管和贝雷岩心模型，分别对两个模型饱和地层水，计算孔隙体积及孔隙度、测定渗透率，然后饱和原油，计算含油饱和度、孔隙度和原始含油饱和度（表 5-7）。

表 5-7　不同渗透率级差五组填砂模型（石英砂）参数表

组别	参数	渗透率 mD	孔隙度 %	原始含油饱和度 %
第 1 组	高渗管	110.30	28.23	54.77
	贝雷岩心	1.23	11.75	48.22
	级差	89.67	—	—
第 2 组	高渗管	50.27	24.82	52.47
	贝雷岩心	0.91	10.89	45.81
	级差	55.12	—	—
第 3 组	高渗管	40.24	25.87	55.82
	贝雷岩心	0.98	9.35	42.17
	级差	41.46	—	—
第 4 组	高渗管	32.25	27.55	56.78
	贝雷岩心	1.25	14.38	47.49
	级差	25.86	—	—
第 5 组	高渗管	22.25	22.87	48.25
	贝雷岩心	1.52	12.78	46.87
	级差	14.62	—	—

以一定的流速水驱至出口端，综合含水率为98%时停止水驱，然后以相同的方法及流速注入空气泡沫0.4PV；记录实验时出口端液量并计算水驱非均质模型的单管采收率和综合采收率。研究不同渗透率级差条件下空气泡沫段塞的驱油效果如图5-1所示。

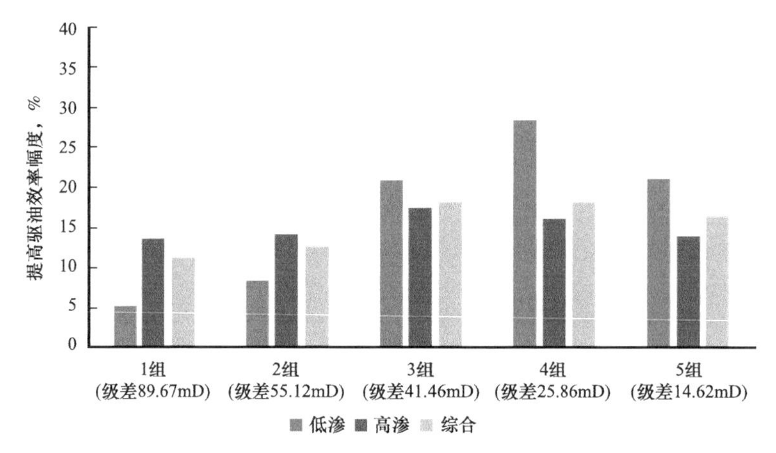

图5-1　并联模拟渗透率级差提高驱油效率幅度

从并联模拟渗透率级差提高驱油效率幅度实验结果可知：渗透率级差较大（>89.67mD）时，泡沫主要作用于提高高渗层的驱油效率，对低渗岩心提高驱油效率贡献较小；级差在14.62～41.46mD时可实现空气泡沫封堵高渗层促使低渗层的启动，有利于整体驱油效率的提高。并联岩心驱替实验表明，泡沫驱适宜的渗透率级差范围为14.62～41.46mD。

五、注入速度对驱油效果的影响

这里利用长单根填砂管驱替实验评价空气泡沫注入速度对驱油效果的影响。用不同目数的石英砂或者天然油砂制成五组不同渗透率的填砂管模型（30mm×600mm），参数见表5-8。

表5-8　不同注入速度五组填砂模型（石英砂）参数表

组别	渗透率，mD	孔隙度，%	原始含油饱和度，%
第1组	420	36.25	56.8
第2组	380	30.54	52.4
第3组	410	33.87	54.8
第4组	440	37.81	58.1
第5组	405	32.35	50.0

根据实验流程组装好填砂管模型，实验温度56℃，实验压力12.2MPa，分别对填砂管饱和地层水，计算孔隙体积及孔隙度、测定渗透率，然后饱和原油，计算含油饱和度、孔隙度和原始含油饱和度；以一定的流速水驱至出口端，综合含水率达到98%左右时停

止水驱，然后以不同的流速进行空气泡沫驱，注入速度分别为 0.2mL/min、0.5mL/min、1.0mL/min、1.5mL/min、2.0mL/min，记录实验时两端压差、出口端液量并计算水驱单管驱油效率。

对长单根填砂管进行岩心驱替实验，研究空气泡沫注入速度的驱油效果，结果见表 5-9。实验结果表明：泡沫注入速度较低时，起泡液能够和气体充分混合产生大量的气泡，随着注入速度增加，驱油效率增幅略有增加但不明显；注入速度过高，不利于泡沫的稳定性，起泡数量和起泡效果将会受到明显影响，驱油效率提高幅度有一定的降低。在该实验中，0.5mL/min 的注入速度较为合适。

表 5-9　注入速度实验结果分析表

组别	注入速度，mL/min	驱油效率提高值，%
第 1 组	0.2	14.89
第 2 组	0.5	17.06
第 3 组	1.0	12.11
第 4 组	1.5	9.99
第 5 组	2	7.63

第二节　真实砂岩不同介质驱油效果

为真实了解空气泡沫在特低渗透油藏的微观驱油机理，利用靖安油田五里湾一区空气泡沫试验区长 6 储层检查井柳检 75-60 岩心制作而成真实砂岩微观孔隙模型。岩心经抽提、烘干、切片、磨平等工序之后，粘贴在两片玻璃之间，模型尺寸约为 2.5cm×2.5cm，厚度为 0.5cm，承压能力为 0.2MPa，耐温能力为 200℃（图 5-2），由于该模型保留了试验区储层岩石本身的孔隙结构特征、岩石物理性质，使研究结果可信度较高。

该真模型实验的优点是可直接通过显微镜和图像采集系统观察流体在真实油层岩石孔隙空间的渗流特征。

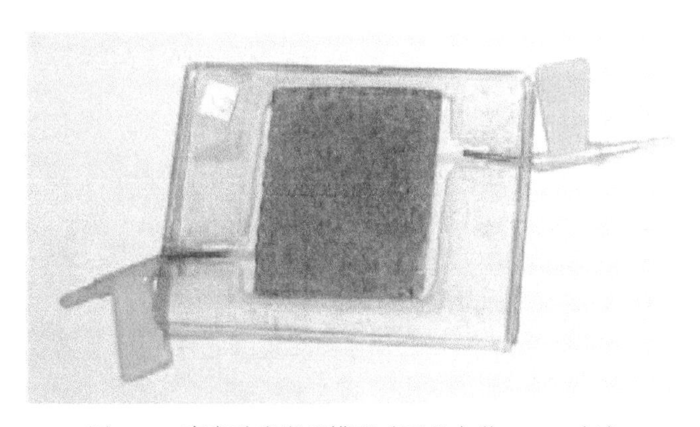

图 5-2　真实砂岩微观模型（西北大学，1997 年）

一、驱油实验设备及流程

1. 实验设备

微观模型实验装置包括抽真空系统、加压系统、显微镜观察系统、图像采集系统四个部分组成。实验装置和流程如图5-3所示。

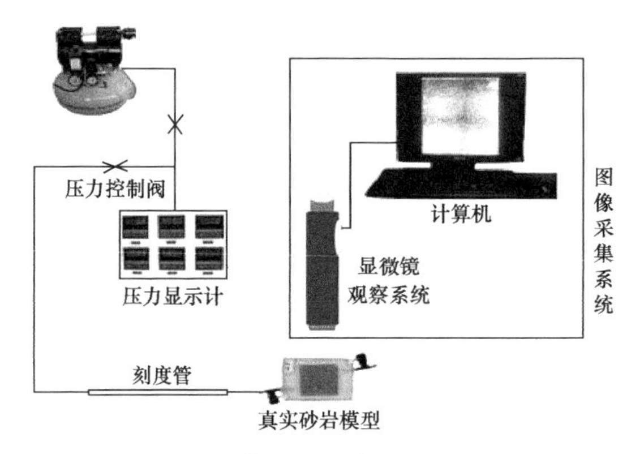

图5-3 微观模型实验装置和流程示意图

（1）抽真空系统。

利用真空泵对模型进行抽真空，使模型孔隙中的空气分子排出，使其处于真空状态，避免人为因素造成两相渗流时的贾敏效应。

（2）加压系统。

采用空气压缩机加压，数字压力仪显示压力大小。

（3）显微观察系统。

以尼康显微镜为主，配有数码照相、摄像系统。实验中可以随时观察各种现象并同时照相或摄像，以便对重要的现象进行实时观察记录。

（4）图像采集系统。

该体系配有高分辨率数码照相机和摄像头，可以将视频信号从摄像头中采集到计算机。

2. 实验条件及流程

（1）流体及模型。

本次实验用的流体为模拟油、模拟水及表面活性剂等注入水以外的其他驱替介质。模拟油是根据实际地层原油的性质配制而成的。为了实验便于观察，在模拟油中加入红色染色剂，呈红色；模拟水用实际地层水或注入水，同样为易于观察在其中加入蓝色染色剂，使其呈蓝色，表面活性剂为现场用起泡剂CFP-1。

在模拟产出端见水后改变注入剂对改善微观驱替效果的评价中，共采样、制备了试验区长6油层柳检75-60共计10个模型。模型样品基本上覆盖了主力层的不同深度，可代表储层的微观渗流特征。为便于实验比较，部分模型进行了重复实验。试验模型基本参数见表5-10。

表 5-10　实验模型基本参数表

编号	模型号	长，cm	宽，cm	厚，mm	V，mL	PV	渗透率，mD
1	LJ75-60-2（1）	2.73	2.86	0.59	0.46	0.055	0.38
2	LJ75-60-2（2）	2.74	2.83	0.61	0.47	0.057	0.55
3	LJ75-60-3（1）	2.82	2.72	0.47	0.36	0.043	0.45
4	LJ75-60-3（2）	2.81	2.62	0.61	0.45	0.054	1.16
5	LJ75-60-4（1）	2.82	2.71	0.62	0.47	0.057	0.14
6	LJ75-60-4（2）	2.85	2.87	0.66	0.54	0.065	0.96
7	LJ75-60-5（1）	2.74	2.92	0.63	0.5	0.06	0.01
8	LJ75-60-5（2）	2.82	2.8	0.64	0.51	0.061	0.03
9	LJ75-60-6（1）	2.7	2.82	0.64	0.49	0.058	0.45
10	LJ75-60-6（2）	2.86	2.75	0.61	0.48	0.058	0.77
11	LJ75-60-7（1）	2.73	2.78	0.65	0.49	0.059	0.88
12	LJ75-60-7（2）	2.72	2.85	0.6	0.47	0.056	0.42
13	LJ75-60-8（1）	2.77	2.8	0.62	0.48	0.058	0.31
14	LJ75-60-8（2）	2.89	2.98	0.65	0.56	0.067	0.32
15	LJ75-60-9（1）	2.66	2.77	0.64	0.47	0.057	0.22
16	LJ75-60-10（1）	2.82	2.72	0.47	0.36	0.043	0.27
17	LJ75-60-10（2）	2.82	2.82	0.61	0.49	0.058	0.22
18	LJ75-60-12（1）	2.78	2.78	0.63	0.49	0.058	0.47
19	LJ75-60-12（2）	2.78	2.85	0.63	0.5	0.06	0.24
20	LJ75-60-13（1）	2.74	2.78	0.61	0.46	0.056	0.48

（2）实验步骤。

实验主要是模拟实际水驱见水后改变注入介质的条件下驱油效率、残余油赋存状态和量的变化（图 5-4）。

具体实验步骤如下：

① 模型抽真空饱和水；

② 油驱水至束缚水饱和度；

③ 水驱油：逐级加压进行，水驱油至出口见水；

④ 不同驱替剂驱油：待水驱油出口见水后改用不同驱替介质驱替，如气驱、表面活性剂驱、泡沫驱。

在驱替过程中实时观察驱替渗流特征、残余油形态及变化，并照相和录像。

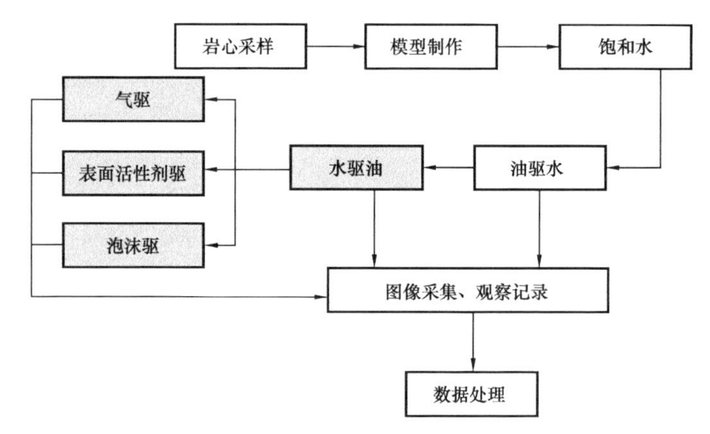

图 5-4　实验流程和步骤简图

二、水驱后不同驱替介质微观驱油特征

1. 气驱

由于气体分子之间的距离大，有较大的压缩性、膨胀性和较小的内聚力以及极强的变形能力，因此气驱油与水驱油的渗流特征截然不同。气体在模型中的通道中渗流特征如下：

气驱油主要是活塞式的。但由于气、油之间的流动速度差导致在孔隙表面留下一层薄厚不等的油膜，气体必须克服毛细管阻力才能进入孔道驱油，孔隙喉道半径越大，毛细管压力越小，反之就越大。这些孔道中的油就有可能成为残余油富集的地方。

气驱后的残余油主要分布在气体未波及的喉道阻力较大的孔隙中以及非均质模型中的中低渗透部位，气驱后岩心驱油效率变化明显。

2. 表面活性剂驱

当表面活性剂溶液注入地层后，由于表面活性剂与储层及其中的流体相互作用，会在一定程度上降低油水界面张力，改变油的乳化特性，同时也可改变地层岩石表面的润湿性，一方面可以形成较稳定的油水乳状液，另一方面还可以减小油对地层表面的黏附力，从而提高了洗油能力。

表面活性剂微观驱油实验发现，表面活性剂表现出对原油较强的剥离能力。驱油体系对剩余油的剥离主要表现为两种形式：一是拉丝剥离，这是主要的形式；二是分散形成的油滴会对油膜有推拉作用，也会使油膜减少。之所以会有这些界面现象发生，可能是表面活性剂软化了油水界面膜所致。

孔隙中的水驱油渗流特征的变化表现在以下三个方面：

（1）表面活性剂体系对原油具有较强的乳化能力，在水油两相流动剪切的条件下，能迅速将岩石表面的原油分散、剥离，形成水包油（O/W）型乳状液，从而改善油水两相的流度比 M 值，提高波及系数。同时，由于表面活性剂在油滴表面吸附而使油滴带有电荷，油滴不易重新吸附到孔喉表面，被活性水携带着流向产出端，从而提高了驱油效率。

（2）驱油的表面活性剂吸附在油滴和岩石表面上，可提高表面的电荷密度，增加油滴与岩石表面间的静电斥力，使油滴易被驱替介质带走，提高了驱油效率。

（3）表面活性剂水溶液驱油时，一部分表面活性剂溶入油中，吸附在原油中大分子质点上，可以增强其溶剂化外壳的牢固性，减弱质点间的相互作用，削弱原油中大分子的网状结构，从而改善原油的流变性，降低其黏度和极限动剪切应力，提高驱油效率。

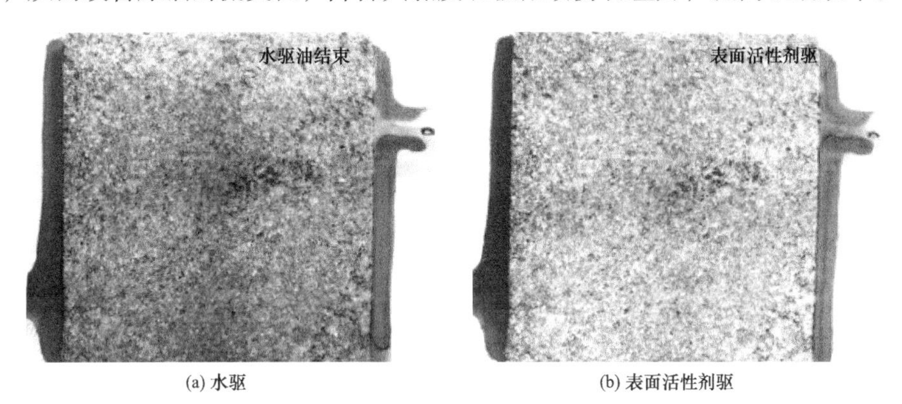

(a) 水驱　　(b) 表面活性剂驱

图 5-5　表面活性剂驱与水驱全视域对比照相

从图 5-5 可以看出，表面活性剂驱时孔隙中的水驱油渗流特征以均匀状驱替为主。然而，表面活性剂驱主要是通过乳化作用来剥离原油，对驱替液不能进入的细小孔道，则无法将其中的残余油驱出，因而提高波及系数的能力有限。

3. 泡沫驱

（1）乳化。

在泡沫驱前期，泡沫驱与表面活性剂驱一样，都会形成大量乳状液。这些乳状液既有水包油型的，也有油包水型的，注入水突破后，在模型中主要生成水包油型的乳状液。乳状液主要由以下机制形成：

① 在水力学和表面活性剂水溶液降低界面张力、软化界面膜的综合作用下，残余油滴被拉断或拉成油丝；

② 泡沫钻进油滴中由于膨胀作用，使油滴变成油膜，这些油膜在泡沫的聚并、分散过程中容易变成小油滴（图 5-6）；

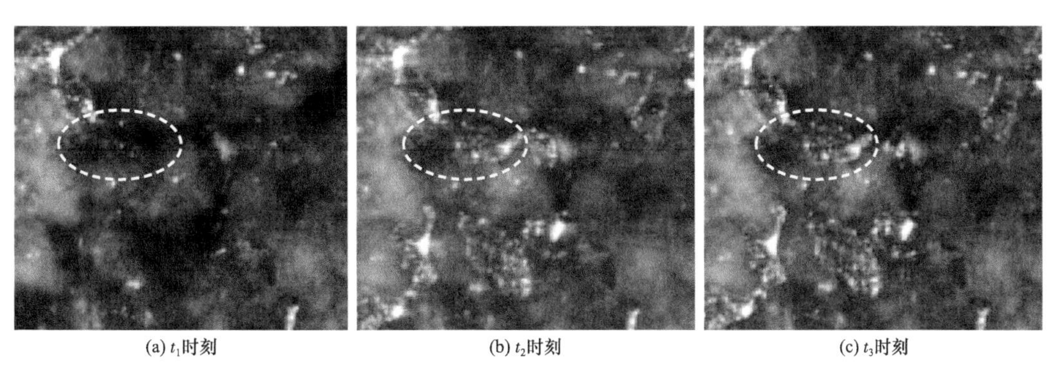

(a) t_1时刻　　(b) t_2时刻　　(c) t_3时刻

图 5-6　泡沫使油滴变成油膜

③ 泡沫对残余油的挤压剪切作用，使残余油突起，进而分离形成油滴。实验过程中发现，在泡沫驱过程中，由于泡沫不断聚并、破裂，造成孔隙和喉道内周围局部压力的骤变，使占据孔隙和喉道中的泡沫出现短程快速往复运动，由此产生的扰动作用有利于乳状液的形成。

（2）贾敏效应。

在注水开发过程中，注入水主要驱替大孔道中的原油，当水流大通道形成后，在小孔隙中的残余油就波及不到。而进行泡沫驱时，泡沫首先进入流动阻力较小的高渗透大孔道，随着不同大小泡沫占据了大孔道后，产生叠加的贾敏效应（图5-7），从而使大孔道中流动阻力随泡沫量的增加而增大，当流动阻力增加到超过小孔道中流动阻力后，泡沫便越来越多地流入中低渗透小孔道，最大限度地提高了驱替液的波及系数。同时在驱替速度不变的情况下，孔隙中的泡沫基本不动，只有被驱出的原油和乳化油滴在后续液流的驱替下，沿着泡沫的液膜边缘，绕过泡沫的阻挡，不断向前运移。从生产角度考虑，这种贾敏效应的选择性堵塞作用有利于更多地驱赶、剥落小孔隙内及残余在孔隙岩壁的原油，从而提高原油采收率。

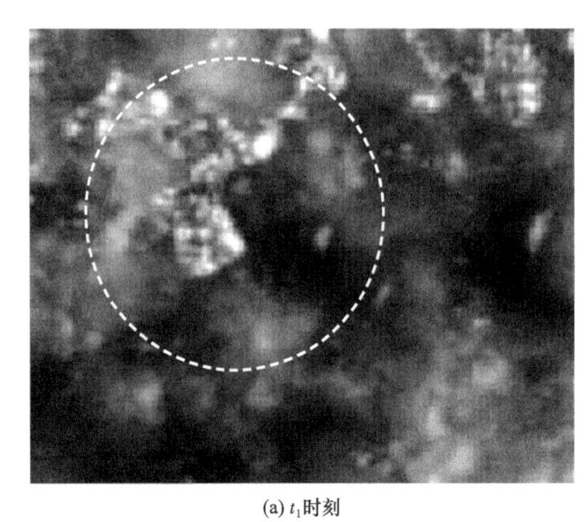
(a) t_1时刻

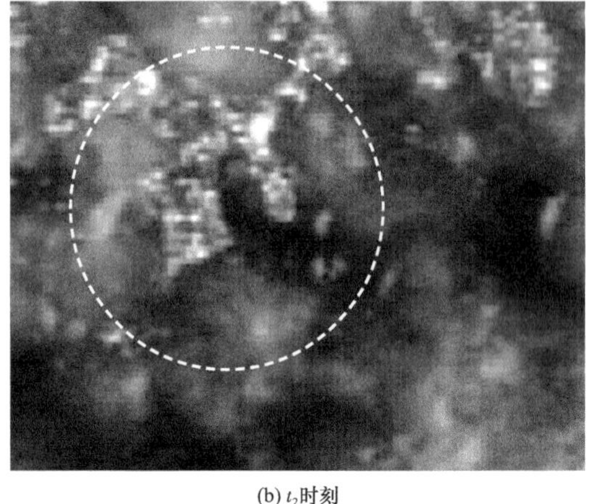
(b) t_2时刻

图5-7　泡沫通过贾敏效应增大波及系数

由于泡沫能够在孔隙中产生贾敏效应的选择性堵塞作用，使泡沫驱的驱替效果比相同表面活性剂驱替效果更好，因此泡沫驱较表面活性剂驱优势更明显。

（3）泡沫的挤压携带作用。

在泡沫驱过程中，泡沫对管壁剩余油、盲管剩余油的拉、拽、挤压作用，对提高采收率有重要贡献。从微观驱油实验中观察到，对一般较规则的连通孔道而言，大的泡沫首先占据孔道，在压力的作用下，大的泡沫对孔隙旁路的油进行挤压，继而将油携带出去。当孔隙喉道内都占据了泡沫时，在驱替压力的作用下，泡沫挤压孔壁上的残余油，使油膜变薄、分散并被泡沫挤走。对于盲端孔隙残余油而言，小泡沫先被快速移动的大泡沫挤入盲端入口，接着被后来的泡沫顶入盲端深部，并占据油滴的空间，盲端里的残余油则沿泡沫液膜的边缘排出（图5-8）。

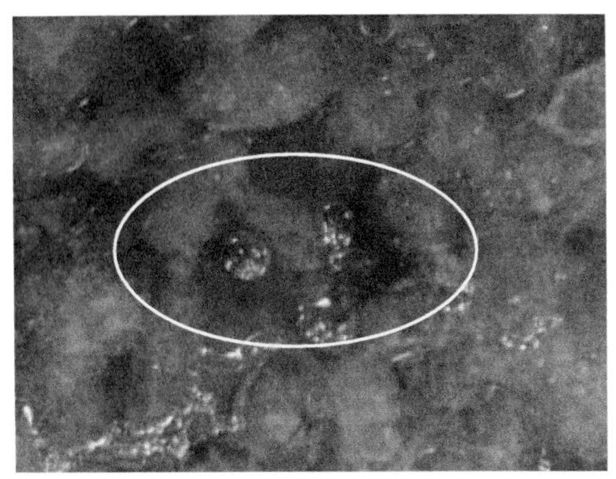
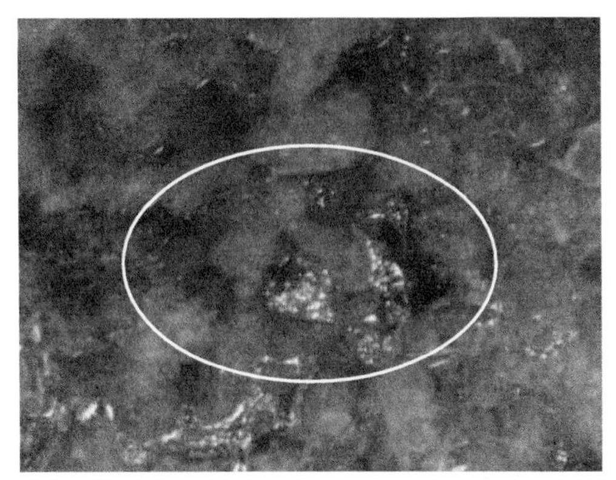

(a) 泡沫的挤压作用

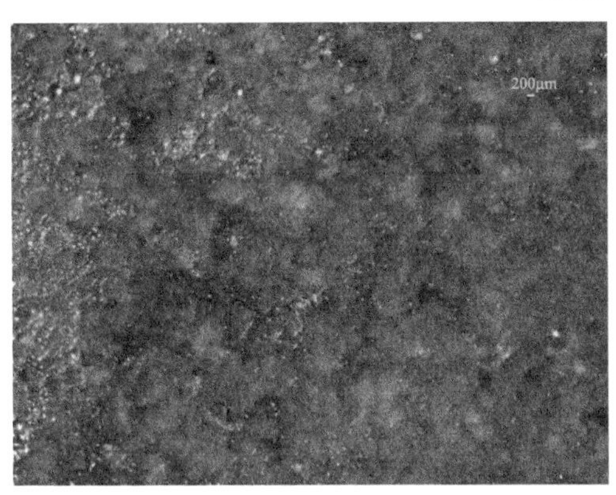

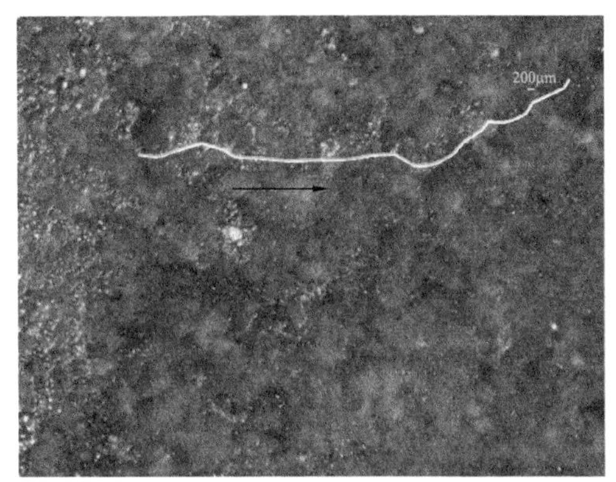

(b) 泡沫的携带作用

图 5-8　泡沫微观不同驱油机理

三、水驱后不同驱替介质驱油残余油形态

残余油是油田开发研究的重要问题之一，也是影响采收率大小的重要因素。残余油的形成与孔隙介质的结构及其表面性质有关，与油水的性质有关，也与驱替条件有关。所以，残余油形成机理是复杂的。对于不同物性储层水驱油过程中，残余油的形成方式和类型也不相同。

1. 水驱油后残余油形态

试验区储层水驱油残余油以绕流形成的簇状、片状为主，油膜、角隅状残余油及盲孔中残余油也较为常见，但含量有限。其残余油形态特征如图 5-9 至图 5-12 所示。

簇状及片状残余油是试验区储层水驱油后的一种主要残余油类型，其形成主要是由模型微观非均质造成的。水驱油时注入水主要是沿阻力较小的渗流通道前进而发生绕流形成的，簇状残余油在小范围绕流发生时产生，而片状残余油是由于发生了大面积的绕流而形成的（图 5-9）。

残余油以油膜形式附着于颗粒表面，这是由于研究区储层部分表面具有弱亲油或中性，在水驱油过程中水主要沿孔道中央前进，不会像亲水储层一样把油从岩石颗粒表面剥离，使得油膜普遍存在。随着注入压力和注入倍数的不断增强，洗油能力也不断提高，孔道壁被冲洗得更干净，更多的油被水带走，油膜明显减薄或基本全被带走，出现以活塞式驱油为主的驱替方式（图5–10）。

残余油滴的形成条件一般是亲水性孔道注入水沿孔道边缘前进速度大于孔道中央流速，当连续的油相从较粗的孔隙流经较细的喉道时，就容易被喉道卡断产生串珠状或孤立状残余油，驱油不彻底（图5–11）。

若孔喉比非常大时，油滴无法继续向前移动，则形成盲孔中的残余油而堵塞通道（图5–12）。

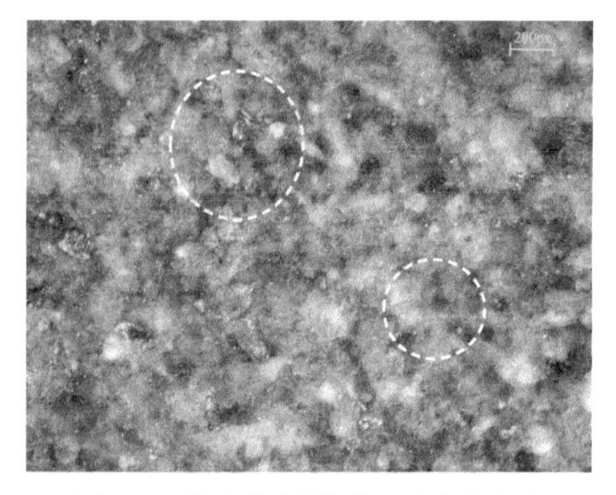

图5–9　绕流形成的簇状、片状残余油

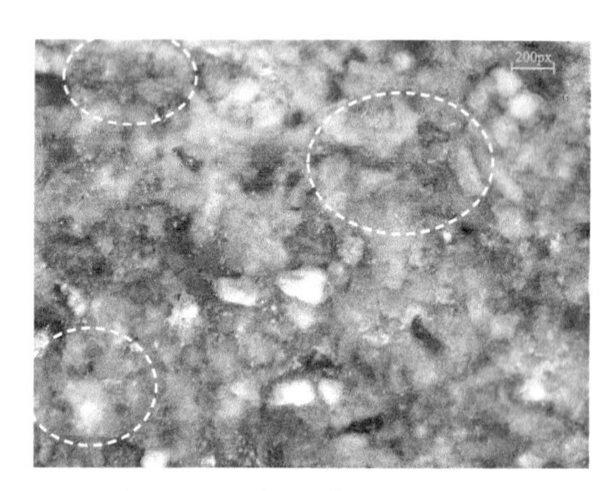

图5–10　孔道壁残余的膜状残余油

图5–11　串珠状、孤立状残余油

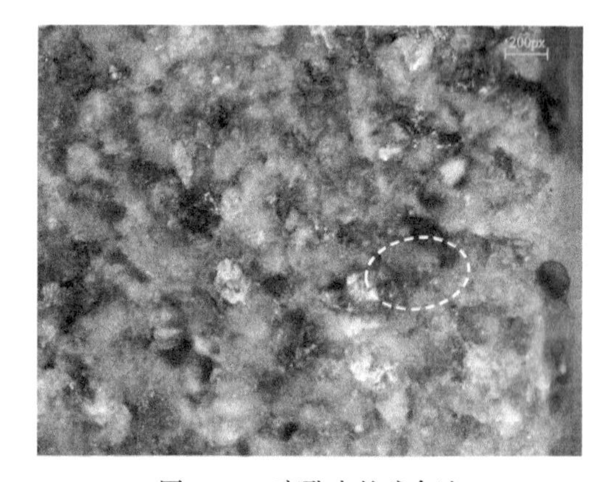

图5–12　盲孔中的残余油

2. 气驱后残余油形态

由于气、油之间的流动速度差导致在孔隙表面留下一层薄厚不等的油膜，气体必须克服毛细管阻力才能进入孔隙驱油。孔隙喉道越粗压力越小，反之就越大。这些孔隙中的油极有可能成为残余油。气驱后的残余油主要在气体未波及的喉道阻力较大的孔隙以及非均质模型中的较低渗透层中以簇状残余油形态存在，气驱过的孔隙中，则在孔道表面以油膜形式存在（图5–13、图5–14）。

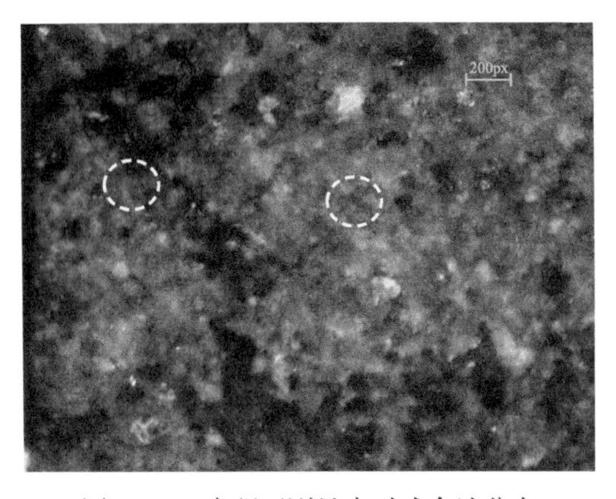

图 5-13　水驱至刚见水时残余油分布

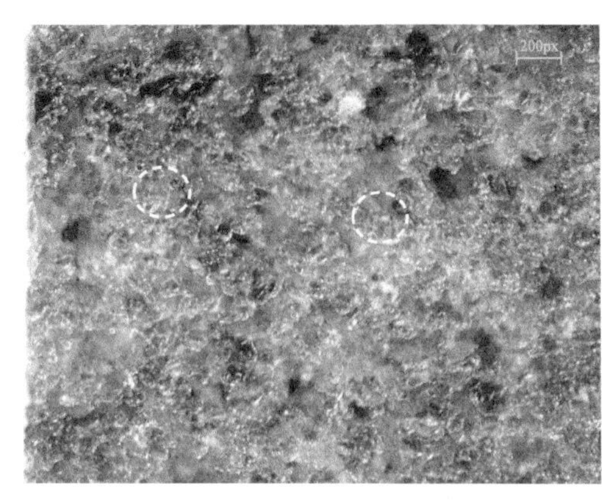

图 5-14　气驱后残余油分布

3. 表面活性剂驱后残余油形态

表面活性剂驱与水驱的不同驱油机理导致了微观剩余油的不同分布。水驱时，片状、簇状残余油残留在通畅的大孔道所包围的小喉道孔隙簇中，由于水的摩擦力小，这部分难以采出，而表面活性剂体系对原油具有较强的乳化能力，在水油两相流动剪切的条件下，能迅速将岩石表面的原油分散、剥离，可驱替出大部分残余油（图 5-15）。但由于油层局部的低渗等原因，这类残余油数量较大。

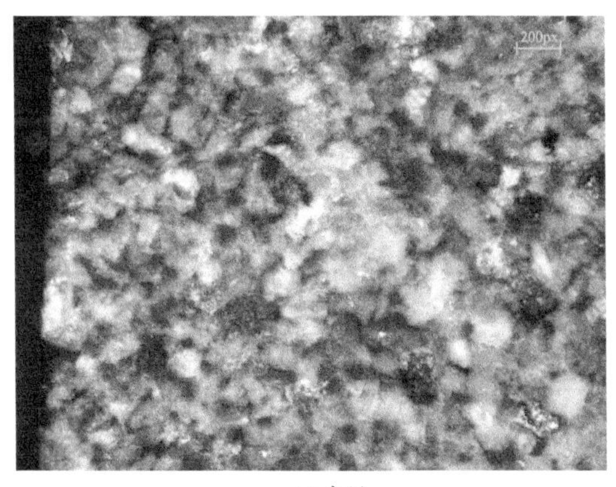

(a) 水驱

(b) 表面活性剂驱

图 5-15　水驱与表面活性剂驱后小孔喉残余油形态对比

部分亲油岩石表面的油膜状残余油紧紧地吸附在岩石壁面，水驱效果较差；表面活性剂体系可改变岩石表面的润湿性，减小油对地层表面的黏附力，提高了洗油能力。在表面活性剂驱之后，这类残余油数量大幅度降低。

盲孔中残余油呈孤立的段塞状或柱状残留在连通孔隙的喉道处，由于表面活性剂乳化了原油，在盲端口处的残余可以形成较稳定的油水乳状液，增强流体的流动性，可驱出一部分残余油（图 5-16），而在表面活性剂不可及的孔隙中，残余油仍被“卡”在喉道处。

角隅状残余油呈孤立的滴状残存在水驱的孔隙死角处，表面活性剂驱后，这种残余油在表面活性剂的乳化作用下被剥离，部分可被驱替出来。

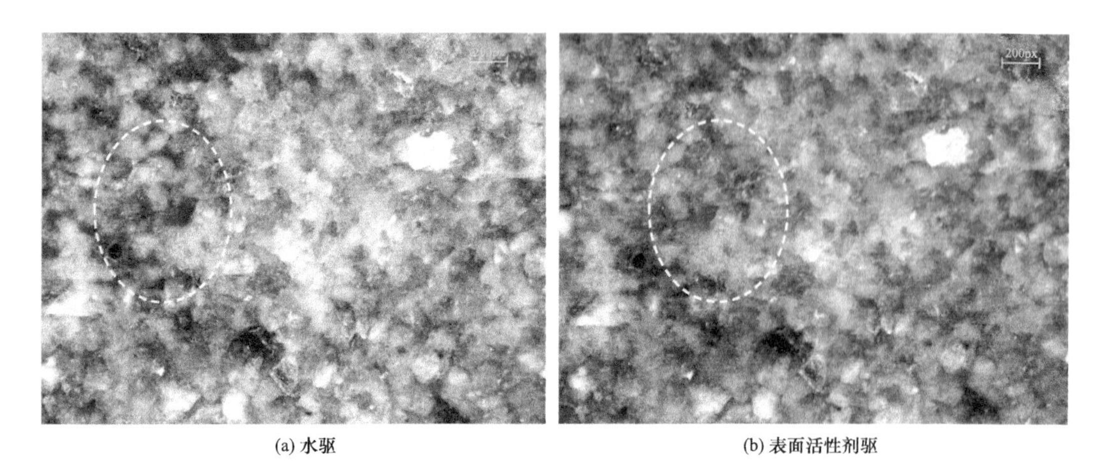

(a) 水驱　　(b) 表面活性剂驱

图 5-16　水驱与表面活性剂驱结束后盲孔中残余油形态

4. 泡沫驱后残余油形态

泡沫驱微观驱油机理有乳化作用、贾敏效应和泡沫的挤压剪切作用，而表面活性剂驱主要是通过改变油的乳化特性和岩石表面的润湿性达到剥离原油的目的。泡沫驱和表面活性剂驱相比，泡沫驱具有贾敏效应，能够对水流大通道进行有效封堵，从而提高了驱替剂的波及系数。

泡沫驱时，驱油的主要动力是泡沫的挤压携带作用，驱油的阻力是不连通孔隙的遮挡和毛细管力，而原油对孔壁的黏滞力在表面活性剂的作用下已得到明显改善。在这些力的共同作用下，水驱后不同类型的微观剩余油，在泡沫驱后的微观分布不同。水驱替过的岩心，剩余油多是水包油型，油水混合；泡沫驱后的岩心，剩余油量大为减少，岩石骨架较为清晰，零星分布的剩余油较多（图 5-17）。

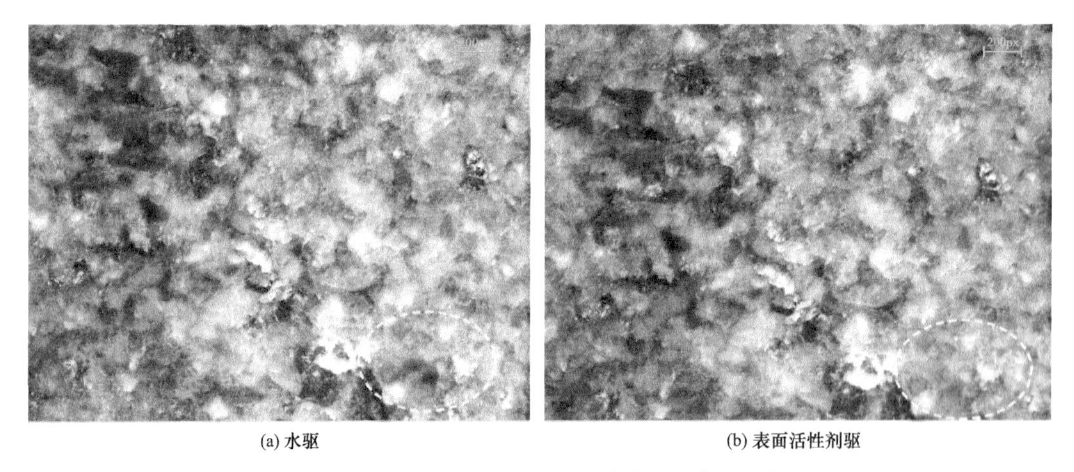

(a) 水驱　　(b) 表面活性剂驱

图 5-17　水驱与表面活性剂驱结束后残余油状态

泡沫驱后几种微观剩余油的形成和变化如下所述：

（1）簇状残余油。

水驱时，这种微观残余油残留在被通畅的大孔道所包围的小喉道孔隙簇中。泡沫驱可在贾敏效应的作用下，将这类残余油驱替出来。虽然泡沫驱可使大部分这类残余油被驱替出，但仍不彻底；而相比于表面活性剂驱，这类残余油数量有所减少（图 5-18）。

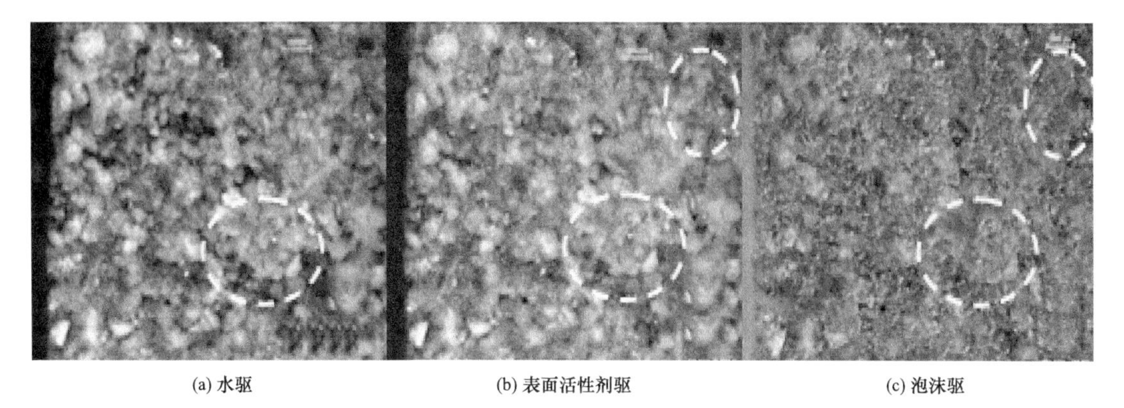

图 5-18　水驱、表面活性剂驱和泡沫驱簇状残余油形态比较

（2）亲油岩石表面的油膜状残余油。

在润湿性偏亲油或中性的多孔介质的水驱油中，水的剪切应力难以将油膜状残余油驱替出来；在水力学和表面活性剂水溶液降低界面张力、软化界面膜的综合作用下，残余油滴被拉断或拉成油丝，经过泡沫驱，这种剩余油将大大减少，而且泡沫驱后，岩石表面变得更亲水，驱油效果进一步增强，因此这种剩余油残存量较少（图 5-19）。

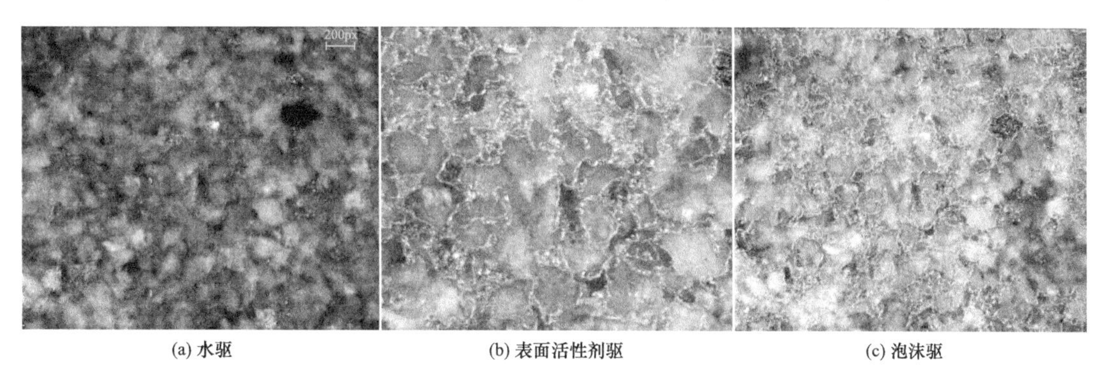

图 5-19　水驱、表面活性剂驱和泡沫驱膜状残余油形态比较

（3）角隅残余油。

这种残余油在水驱时，呈孤立的滴状残存在注入水驱扫的孔隙死角处。泡沫驱后，这种残余油受泡沫的挤压携带作用，有一部分被驱替出来，但仍然有一定量的残余（图 5-20）。

（4）盲孔中残余油。

水驱残余油呈孤立的塞状或柱状残留在连通孔隙的喉道处，由于泡沫的膨胀作用，钻进油滴中使油滴变成油膜。这些油膜在泡沫聚并、分散过程中容易变成小油滴，可拉拽出一部分这类残余油（图 5-21）。

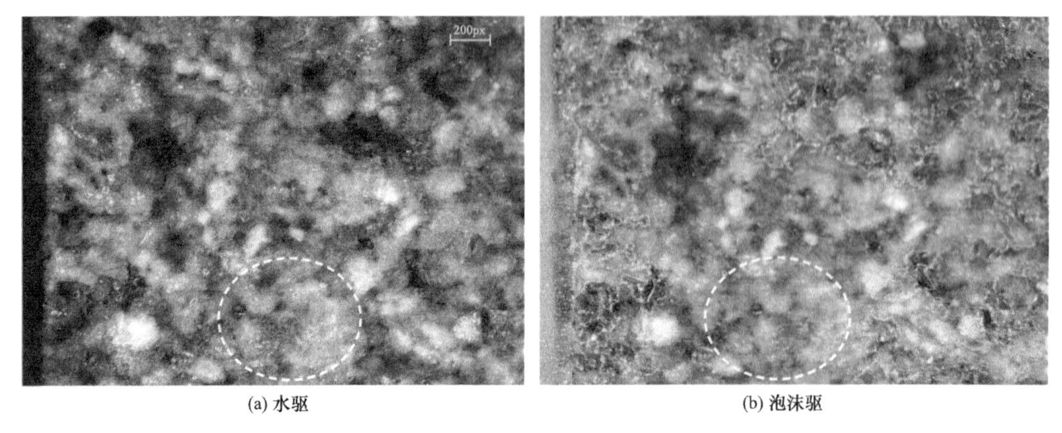

(a) 水驱　　(b) 泡沫驱

图 5-20　水驱和泡沫驱膜状残余油形态比较

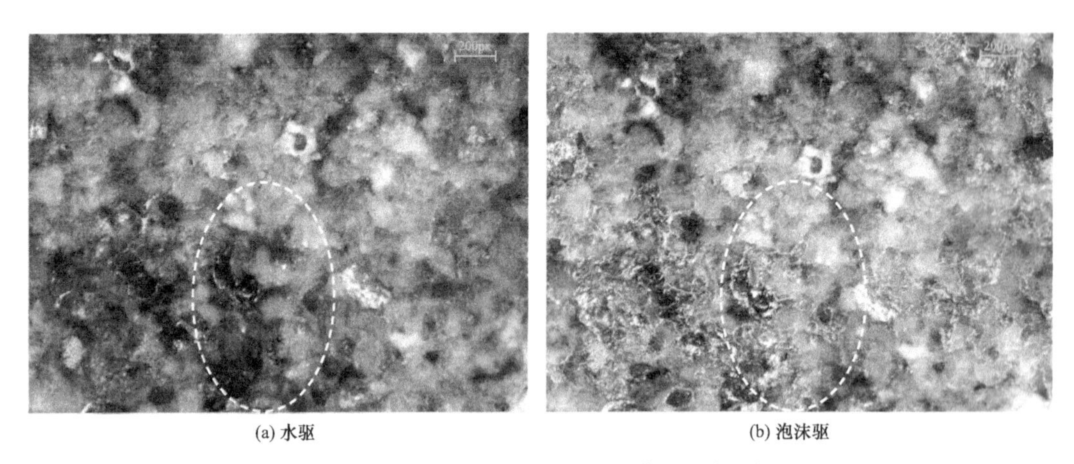

(a) 水驱　　(b) 泡沫驱

图 5-21　水驱和泡沫驱盲孔中残余油形态比较

四、不同驱替介质驱油效率提高幅度

一般来说，水驱之后仍有大量剩余油赋存，利用不同驱替介质可采出部分剩余油，以达到进一步提高采收率的目的。下面以水驱后通过改变驱替介质再进行驱替分析不同模型提高驱油效率的幅度。

1. 空气驱

实验研究表明，注气的时机不同，则驱油效果也不同。本次实验将水驱油过程中模型出口刚见水即开始注气视为早期注气，将水驱油至残余油饱和度（见水后再驱 3PV）再注气视为晚期注气，通过 4 组模型进行对比研究（表 5-11），了解水驱早期注气和水驱晚期注气对驱油效率的影响。实验结果如图 5-22、图 5-23 所示。

2 号模型驱油实验表明，提高驱油效率作用主要体现在开始注气阶段，实验表明，见水后连续注气驱油要优于高含水后注气驱，且渗透率越大，驱油效率越高。但随着注气量的增加，提高驱油效率程度降低（图 5-24）。

表 5-11　注气时机对驱油效率的影响

注气时间	编号	模型号	渗透率，mD	驱油效率增量，%
早期注气	2 号	LJ75-60-10（2）	0.55	7.48
	15 号	LJ75-60-9（1）	0.22	7.94
	12 号	LJ75-60-7（2）	0.40	29.41
	18 号	LJ75-60-12（1）	0.47	32.76
	平均		0.41	19.40
晚期注气	7 号	LJ75-60-5（1）	0.10	2.13
	19 号	LJ75-60-12（2）	0.24	6.35
	3 号	LJ75-60-3（1）	0.45	12.02
	11 号	LJ75-60-7（1）	0.88	25.35
	平均		0.42	11.37

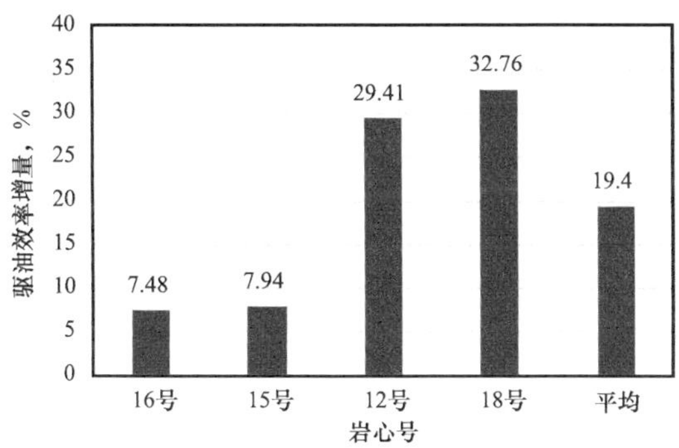

图 5-22　见水后注气对驱油效率的影响

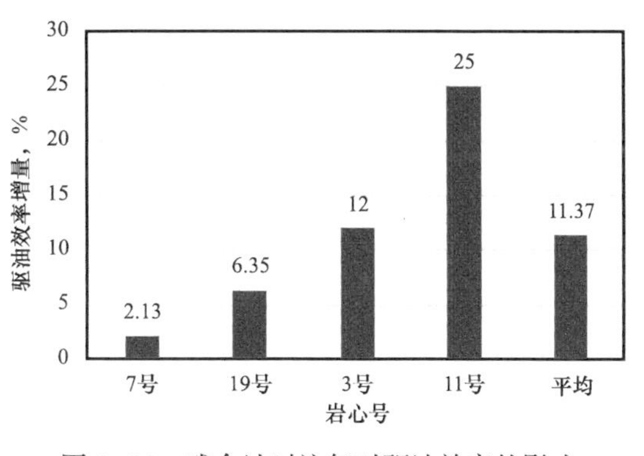

图 5-23　残余油时注气对驱油效率的影响

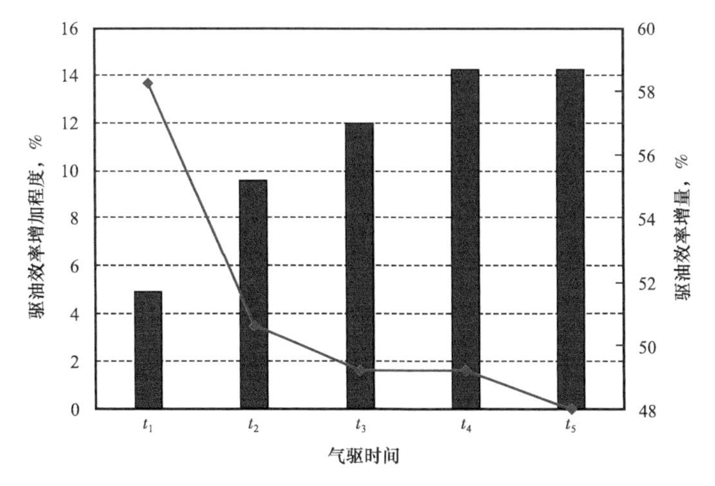

图 5-24　气驱时间对驱油效率的影响（2 号模型）

2. 表面活性剂驱

由表面活性剂驱驱油期孔隙微观渗流特征及残余油形态可知，表面活性剂驱相比水驱有更高的驱油效率。实验结果表明，在不同含油饱和度条件下，表面活性剂驱最终驱油效率可达50%～70%，较水驱可提高驱油效率幅度为5.0%～14.3%，表面活性剂驱之后模型的残余油饱和度在22%～35%之间（表5-12）。

表5-12　相同压力条件下表面活性剂驱与水驱驱油效率比较

模型编号	原始含油饱和度，%	水驱油效率，%	表面活性剂驱油效率，%	驱油效率提高幅度，%	残余油饱和度，%
13号	70.0	35.7	50.0	14.3	35.3
1号	52.0	46.2	57.7	11.5	22.0
9号	80.0	65.1	70.0	5.0	24.0
平均	67.3	49.0	59.2	10.3	27.0

一般来说，水驱油效率低的模型，表面活性剂驱时驱油效率提高的相对较多，这主要是因为表面活性剂体系可改变岩石表面的润湿性，减小了原油对储层表面的黏附力，使膜状残余油数量大幅度降低。

从上述实验得出以下结论：

（1）表面活性剂注入时机对驱油效率的影响不大，可考虑无水期刚结束时开始进行表面活性剂驱；

（2）水驱后进行表面活性剂驱，驱油效率可提高2.86%～14.29%，主要贡献为膜状残余油数量大幅度降低。

3. 泡沫驱

由泡沫驱微观渗流特征及残余油形态可知，泡沫驱相比于水驱有更高的驱油效率。同时，表面活性剂驱主要是通过乳化作用来剥离原油，对于驱替液不能进入的细小孔道，则无法将其中的残余油驱出，提高波及系数的能力有限。

泡沫驱既有表面活性剂提高洗油效率的作用，又可依靠泡沫叠加的贾敏效应提高驱油剂的波及系数。因此，相比于水驱和表面活性剂驱，泡沫驱提高采收率的机理较为全面。

与水驱相比，泡沫驱的驱油效率可达50%～79.49%，驱油效率提高幅度可达2.56%～27.69%，表面活性剂驱之后模型的残余油饱和度在14%～29%之间（表5-13）。水驱时，簇状残余油残留在被通畅的大孔道所包围的小喉道孔隙簇中。泡沫驱可在贾敏效应的作用下，将这类残余油大部分驱替出来；在水力学和表面活性剂水溶液降低界面张力、软化界面膜的综合作用下，液膜状残余油数量大幅度降低。同时盲孔中残余油以及角隅状残余油的减少对驱油效率的提高也有不同程度的贡献。

从表5-13可得出以下结论：

（1）泡沫注入时机对驱油效率的影响不大；

表 5-13　相同压力下泡沫驱油与水驱油效率比较

模型号	原始含油饱和度，%	水驱油效率，%	泡沫驱油效率，%	驱油效率提高，%	残余油饱和度，%
14 号	63.0	58.27	74.14	15.87	15
1 号	52.0	54.39	60.16	5.77	19
13 号	70.0	51.43	57.14	5.71	30
10 号	78.0	76.92	79.49	2.56	16
平均	65.8	60.3	67.7	7.5	20

（2）水驱后进行泡沫驱，驱油效率可提高 2.56%～27.69%，主要贡献来自簇状残余油、膜状残余油的大幅降低。

第三节　泡沫驱岩心核磁共振实验

岩心是一种非透明材料，利用常规岩心驱替实验方法无法观察到岩心内部流体的流动特征，仅能获取压力和流量的监测数据，无法对泡沫驱油的特征进行可视化观测。本节将核磁共振技术与常规岩心驱替实验方法相结合，通过核磁共振 T_2 谱反映流体在岩心中所处的孔隙尺寸变化以及岩心中流体的质量变化，利用核磁共振图像直观反映泡沫在岩心中的驱油特征。

一、流体在多孔介质中弛豫机制

在核磁共振现象中，弛豫是指射频脉冲停止后，发生共振且处在高能状态的原子核将恢复到原来低能状态时的一种现象，恢复过程即为弛豫过程，是一种能量转换过程。核磁共振弛豫分为纵向弛豫过程和横向弛豫过程。对于多孔介质中的流体，横向弛豫过程和纵向弛豫过程均有三种不同的弛豫机制：自由弛豫机制、表面弛豫机制和扩散弛豫机制。

（1）自由弛豫机制。

自由弛豫机制是液体的固有特性，它取决于液体的物理特性，自由弛豫时间由式（5-1）确定。

$$T_{1b} \approx T_{2b} \approx 3\left(\frac{T_K}{298\mu}\right) \tag{5-1}$$

式中　T_{1b}、T_{2b}——分别为纵向自由弛豫时间和横向自由弛豫时间，ms；

T_K——开尔文温度，K；

μ——流体黏度，mPa · s。

（2）表面弛豫机制。

当流体存在于岩心中，由于流体分子的扩散运动使得分子与岩石微孔道壁面多次发生碰撞，这种流体分子与岩石微孔道壁面的相互作用产生表面弛豫。表面弛豫机制主要与岩石矿物成分、孔隙尺寸等有关。表面弛豫时间的计算见式（5-2）和式（5-3）。

$$T_{1s}=\frac{1}{S_1}\left(\frac{S}{V}\right)_{\text{pore}}^{-1} \tag{5-2}$$

$$T_{2s}=\frac{1}{S_2}\left(\frac{S}{V}\right)_{\text{pore}}^{-1} \tag{5-3}$$

式中 T_{1s}、T_{2s}——分别为纵向表面弛豫时间和横向表面弛豫时间，ms；

S_1、S_2——分别为岩石微通道壁面纵向弛豫强度和横向弛豫强度，m/ms；

S/V——孔隙表面积与流体体积之比。

（3）扩散弛豫。

大量的流体分子在无规则运动过程中会产生不同的相位分散，这种相位分散产生扩散弛豫。扩散对纵向弛豫时间没有影响，对横向弛豫时间有明显的影响。横向扩散弛豫时间为

$$T_{2d}=\frac{12}{D_s(\gamma_{sm}G_1T_g)^2} \tag{5-4}$$

式中 T_{2d}——横向扩散弛豫时间，ms；

D_s——扩散系数，cm^2/ms；

γ_{sm}——旋磁比，1/（ms·Gs）；

G_1——场强梯度，Gs/cm；

T_g——回波时间，ms。

由于以上三种弛豫机制的作用，多孔介质中流体的纵向弛豫时间 T_1 和横向弛豫时间 T_2 可以表示为：

$$T_1=\frac{1}{1/T_{1b}+1/T_{1s}} \tag{5-5}$$

$$T_2=\frac{1}{1/T_{2b}+1/T_{2s}+1/T_{2d}} \tag{5-6}$$

由于纵向弛豫不能体现扩散弛豫机制对它的影响，而且在实际测试中时间较长且测点数较少，因此通常通过测试横向弛豫曲线（T_2 谱）来分析岩心样品的物性。

岩心微孔隙由大小不同的孔道组成，液体在每种尺寸的孔隙中均有其自己的横向弛豫时间 T_{2i}，因此，在岩石中存在多种指数衰减过程。通过 CPMG（CarrPurcell-Meiboom-Gill）序列记录到的自旋回波串不是单个 T_2 值衰减，而是 T_2 值的分布。用式（5-7）表示：

$$\boldsymbol{M}(t)=\sum M_i(0)e^{t/T_{2i}} \tag{5-7}$$

式中 $\boldsymbol{M}(t)$——t 时刻的磁化矢量；

$\boldsymbol{M}_i(0)$——为第 i 个弛豫分量在初始时刻的磁化矢量。

当流体存在于不同孔径大小的孔隙中时［图 5–25（a）］，孔径越大 T_2 值越大，孔径越小 T_2 值越小［图 5–25（b）］。每种孔径对应的自旋回波串都表现为单指数衰减［图 5–25（c）］。当流体同时存在于多个孔隙尺寸的结构中时［（图 5–25（d）］，对应多个与孔隙尺寸有关的 T_2 值［图 5–25（e）］，其合成的自旋回波串表现为与孔隙尺寸相关的多指数衰减［图 5–25（f）］。当孔隙中只含单一液体时，T_2 值与孔隙尺寸成正比，信号幅度与液体质量成正比。

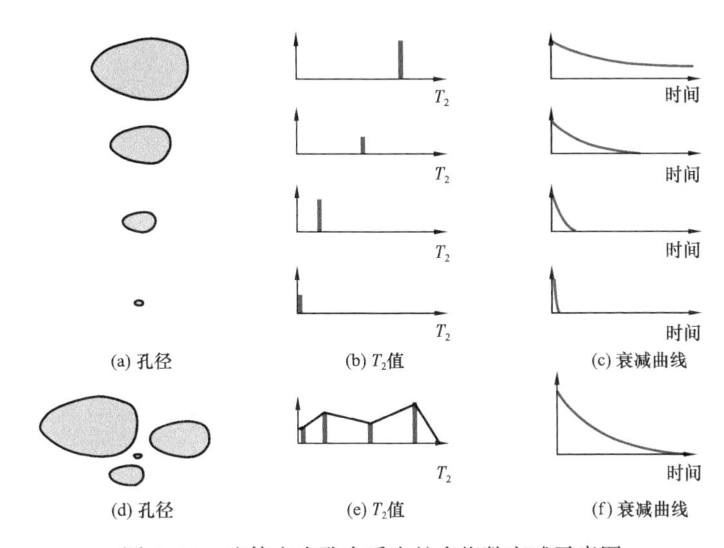

图 5–25　流体在多孔介质中的多指数衰减示意图

可见三种弛豫机制对于弛豫时间的影响主要取决于流体的类型、孔隙尺寸、表面弛豫强度等，利用核磁共振 T_2 谱可以对样品进行一系列的物性分析。实验岩样实际测试获取的 T_2 谱如图 5–26 所示，弛豫曲线中峰顶点对应的 T_2 值与岩心内液体所处的孔隙尺寸成正比，信号幅度与弛豫时间围成的峰面积与岩心内液体质量成正比。

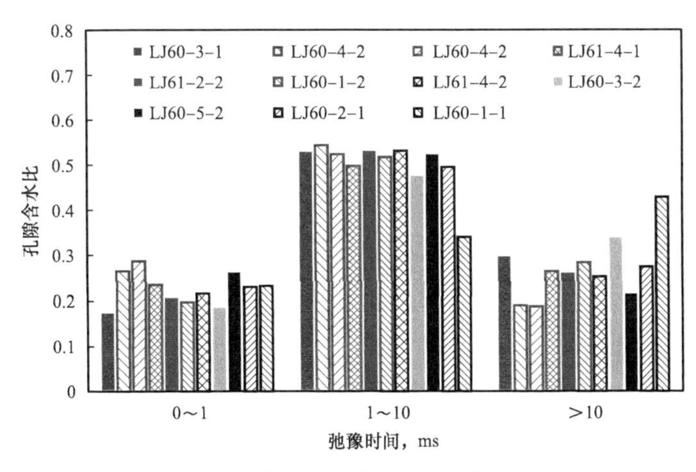

图 5–26　部分测试岩样孔隙含水比分布

二、泡沫驱核磁共振测试方法

将核磁共振技术与传统驱替实验方法相结合，形成一种泡沫驱油核磁共振化可视化实验装置。该实验装置如图5-27所示，主要包括气源、气体增压泵、气体流量控制器、中间容器、泡沫发生器、特种岩心夹持器、核磁共振单元、控制单元和计量单元等。空气泡沫驱实验方案见表5-14。

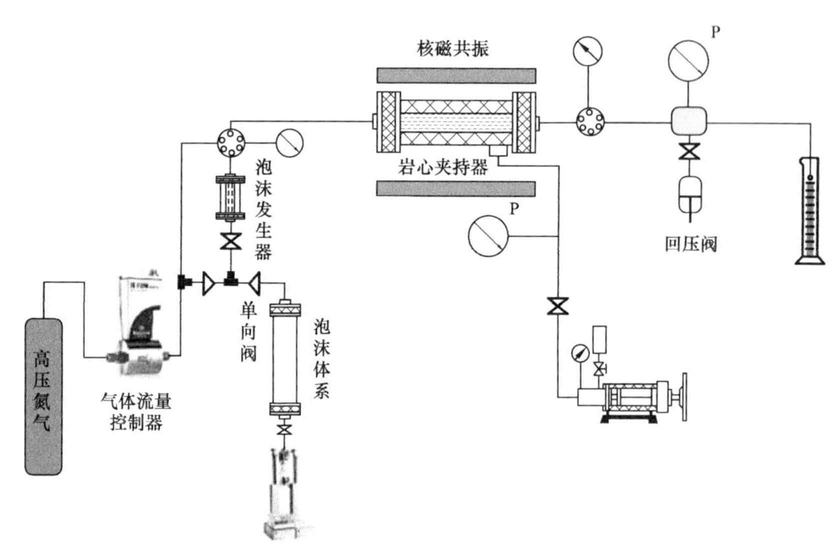

图5-27　空气泡沫驱实验装置

表5-14　空气泡沫驱实验方案

岩心编号	束缚水饱和度 %	孔隙度 %	渗透率 mD	备注
S1	38.90	11.47	4.757	模拟高含水阶段
S2	42.01	12.64	4.479	
S3	52.23	13.76	2.811	
S4	48.61	11.91	1.492	模拟中含水阶段
S5	48.41	11.22	1.982	
S6	45.46	11.46	2.054	

实验过程中，气体流量控制器主要负责控制气体进入泡沫发生器的流量；中间容器中通常装有驱替所需的起泡剂、水、油等驱替介质或被驱替介质；泡沫驱时，气体与起泡剂同时进入泡沫发生器产生泡沫。与传统泡沫驱替实验装置相比，该实验装置的特殊组成部分为核磁共振单元和特种岩心夹持器。

1. 实验材料

实验材料主要包括蒸馏水、重水、模拟油、空气、真实砂岩岩心、现场用起泡体系、聚合物类稳泡剂。其中模拟油由过滤后的煤油和白油按照 10：1 的质量比进行配制，25℃时黏度为 1.1mPa·s。

2. 实验方法

泡沫驱油核磁共振驱替实验中，为了直观研究泡沫的驱油特征，需要在获取的核磁共振 T_2 谱能够明确区分水和油以及泡沫和油对应的谱线和图像分布。

水驱油时，由于油和水的核磁共振弛豫时间有重叠部分，导致两者的核磁信号不能明确区分，使实验获得的 T_2 谱中无法区分油峰和水峰，图像中也无法区分油和水的分布。相关实验结果表明，使用重水溶液代替水进行驱替时，二者弛豫时间不再有重叠，从而达到区分油、水核磁信号的目的。

为研究不同渗透率、不同气液比、不同含水率和不同驱替介质后泡沫驱的驱油情况，这里利用核磁共振泡沫驱油装置进行了多组岩心泡沫驱油实验。为了降低实验的不确定性，实验开始之前对岩心进行了完全饱和水的核磁共振测试，得到其 T_2 谱曲线及孔隙峰的分布。

从图 5-28 中可以看出，LJ60 井和 LJ61 井两口井共 20 块岩样的孔隙度分布范围在 10.2%～13.4% 之间，平均值为 11.38%。渗透率分布在 0.12～5.96mD 之间，平均值 1.81mD（图 5-28）；

如图 5-29 所示，核磁共振曲线呈现出单峰特征，峰值在 10ms 左右，孔隙半径主要以中大孔为主：

大孔（峰值大于 10ms）含量在 18.8%～42.8% 之间，平均值为 27.2%；

中孔（峰值为 1～10ms）含量在 34.0%～54.4% 之间，平均值为 50.1%；

小孔（峰值为 0～1ms）含量在 17.4%～28.8% 之间，平均值为 22.7%，岩心说明岩心的孔隙结构相似，能够满足实验的需要。

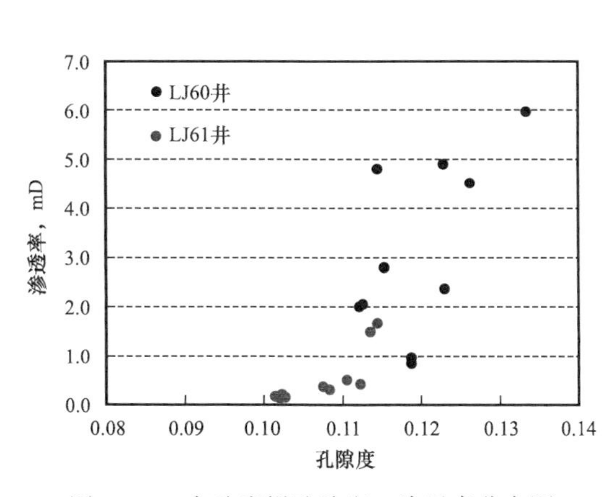

图 5-28　实验岩样孔隙度、渗透率分布图

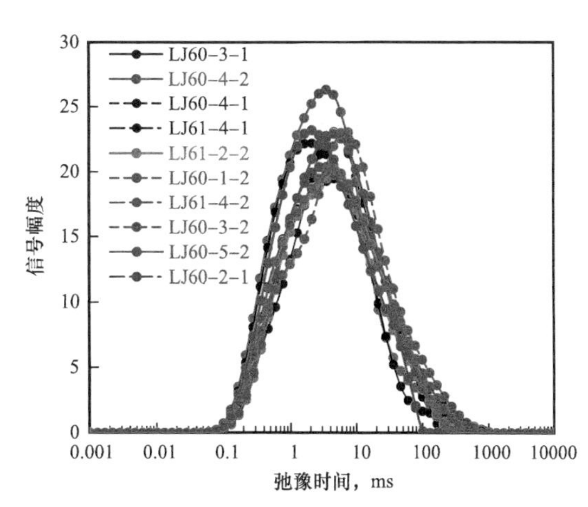

图 5-29　岩样饱和水核磁共振结果

核磁共振泡沫驱油实验方法和步骤如下：

（1）饱和原油。

样品抽空饱和重水，在20MPa压力下加压饱和48h后，测量饱和样品的重量，建立束缚饱和度。

（2）水驱。

岩心饱和油后，然后以1mL/min的流速将地层水注入到含油岩心中，水驱至标定的含水率，并记录出口端出液情况。

（3）空气泡沫驱。

在气液比为1∶1、2∶1和3∶1的条件下，在夹持器中以一定气液比恒定注入速度同时向岩心中注入泡沫体系和空气，记录驱替过程中的入口出口端压差及出口段产液情况。

3. 实验结果

（1）高含水泡沫驱油效果。

前期水驱过程中，主要动用的是中大孔隙中的原油，小孔中的原油动用较少在前期水驱油基础上，空气泡沫驱进一步动用了各级孔隙中的原油，主要动用大孔隙和小孔隙中的原油，提高气液比，各级孔隙中原油的动用程度均增加（表5-15、图5-30）。

表5-15　高含水空气泡沫驱试验结果

岩心编号	束缚水饱和度 %	孔隙度 %	渗透率 mD	水驱油效率 %	泡沫驱替效率，%				总驱替效率 %	气液比
					小孔	中孔	大孔	合计		
S1	38.9	11.47	4.757	57.69	5.26	4.82	9.24	19.27	76.97	3∶1
S2	42.01	12.64	4.480	51.34	3.9	0.77	8.90	13.56	64.90	2∶1
S3	52.23	13.76	2.800	56.5	1.3	0.5	7.1	8.96	65.54	1∶1

（2）中含水泡沫驱油效果。

前期水驱过程中，主要动用的是大孔隙中的原油，小孔中的原油动用较少在前期水驱油基础上，空气泡沫驱进一步动用中大孔隙中的原油，小孔隙少有动用，降低气液比，大孔隙中原油动用程度增加在空气泡沫驱过程中，改变气液比对原油动用程度影响较小，仅提高了约2个百分点（图5-31）。中含水空气泡沫驱试验结果见表5-16。

表5-16　中含水空气泡沫驱试验结果

岩心编号	束缚水饱和度 %	孔隙度 %	渗透率 mD	水驱油效率 %	泡沫驱替效率，%				总驱替效率 %	气液比
					小孔	中孔	大孔	合计		
S4	48.61	11.91	1.490	44.29	0.14	1.81	5.43	7.38	51.67	3∶1
S5	48.41	11.22	1.980	46.85	0.08	2.50	11.14	13.73	60.58	2∶1
S6	45.46	11.46	2.050	52.29	0.31	0.50	15.44	16.24	67.13	1∶1

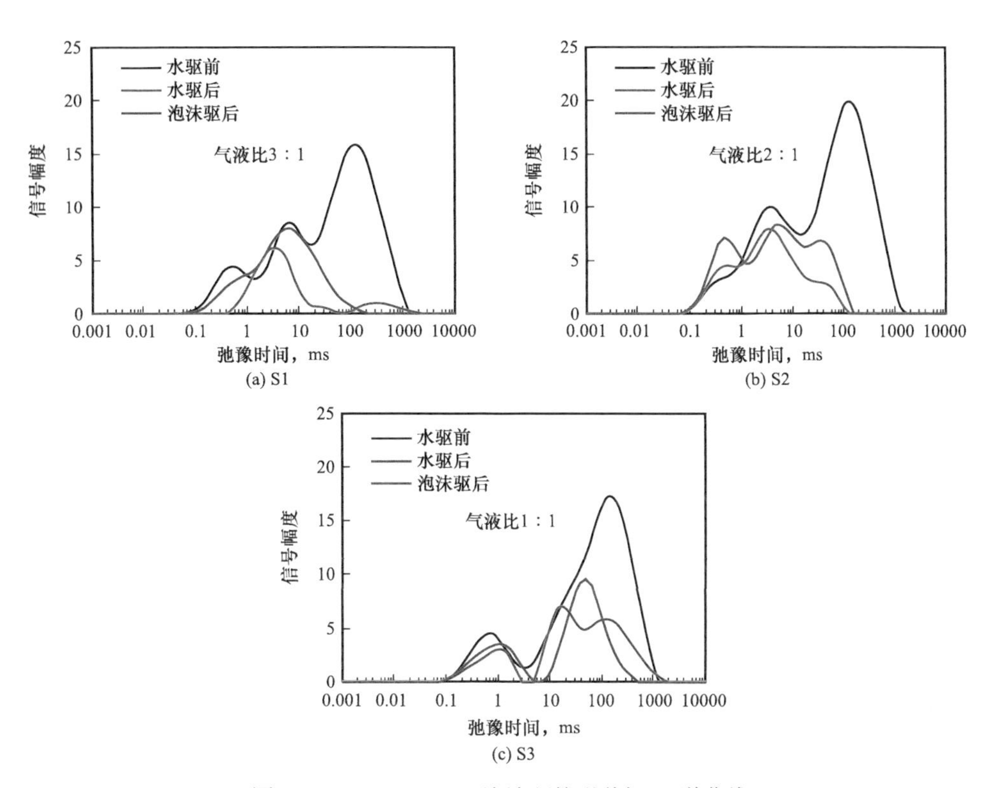

图 5-30　S1、S2、S3 泡沫驱核磁共振 T_2 谱曲线

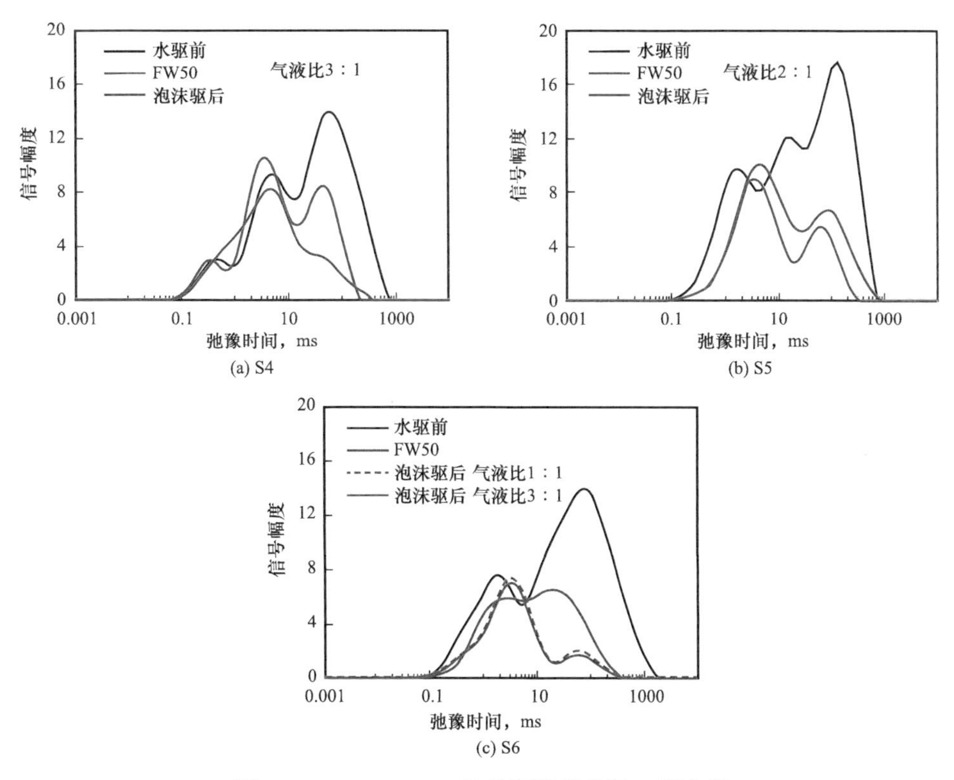

图 5-31　S4、S5、S6 泡沫驱核磁共振 T_2 谱曲线

第六章　试验区空气泡沫驱数值模拟

油藏数值模拟是以渗流力学、数学物理方程和计算方法为理论基础，集石油地质、油气储层、油层物理、油藏工程、计算机软件等多学科于一体的综合性工程应用学科。多年的应用证明，油藏数值模拟技术是一项将油田开发重大决策纳入严格科学管理轨道的关键性技术，在开发机理研究、优化开发方案及调整方案、地下剩余油分布研究和提高采收率方法研究方面发挥了重要作用，是一项少投入、多产出、可获得巨大经济效益的新技术。

油藏数值模拟研究包括三维地质模型建立、数值模拟模型转化和修正、生产动态历史拟合和开发指标预测等几个方面。数值模拟模型的建立过程是整合油藏三维地质模型、岩心及流体实验数据和各方面开发动态资料的过程，包括三维地质模型的粗化、岩心实验资料的归一化处理和生产动态资料的整理等一系列基础工作。生产动态拟合过程是修正地质模型和岩心流体实验数据，使模型计算动态和实际生产动态相一致的过程。最后，依据经历史拟合修正后模型的计算结果认识油藏目前的剩余油分布状况，确定下一步开发调整技术对策，制订下一步开发调整方案，预测油藏开发指标。

CMG 油藏数值模拟软件是由加拿大计算机模拟软件集团（CMG）开发的。其中 STARS 是蒸汽驱、热采以及其他提高采收率方法的油藏模拟软件，包括蒸汽驱、溶剂、空气以及化学驱。对空气泡沫驱来说，STARS 模块可以很好地模拟油、气、水三相在地层中的渗流问题，同时也可以模拟注空气低温氧化及泡沫的反应过程。具有计算稳定、运算速度快的优点，且具有完善的前、后处理功能，达到了静态数据和动态数据可视化，可靠性高，在国内外都受到普遍的认可。

第一节　数值模拟模型建立

三维储层地质模型可直接输入至模拟器进行油藏数值模拟，但受计算机内存和速度的限制，动态的数值模拟不可能处理太多的节点，模型网格节点数一般不超过 100 万个，而精细地质模型的节点数可达到百万甚至千万个。因此，需要对地质模型进行粗化。模型粗化是使细网格的精细地质模型“转化”为粗网格模型的过程。在这一过程中，用一系列等效的粗网格去“替代”精细模型中的细网格，并使该等效粗网格模型能反映原模型的地质特征及流动响应。

数值模拟所需的三维构造及属性模型是在三维随机建模成果的基础上，对地质建模数据体进行粗化得到。

一、地质模型及粗化

根据油藏模拟的需求，三维地质模型建模范围为靖安油田五里湾一区东南部，主要为水下分流河道、河口坝微相，砂体大面积连片分布，砂体主要呈北东—南西向展布，平均厚度为12～30m，其中长6_2^1是本区的主要含油层系。

该区基本为1998—2002年产建井，地面主要归五里湾第二作业区管理，试验区包含了西南部ZJ52井区（油藏中部和南部部分）、南部ZJ60井区、北部ZJ41井区部分井组，其中试验区ZJ52井区采用330m×330m正方形反九点井网，ZJ60采用480m×165m矩形井网，北部井区采用330m×330m菱形反九点井网，主力油层均为长6_2^1。

如图6-1所示，试验区覆盖五里湾一区ZJ53、ZJ41、ZJ52、ZJ60井区，目前有注水井77口、采油井244口，其中一期覆盖30口注水井、101采油井。4个区块油层厚度、储层物性、油藏流体性质及渗透特征等相近。

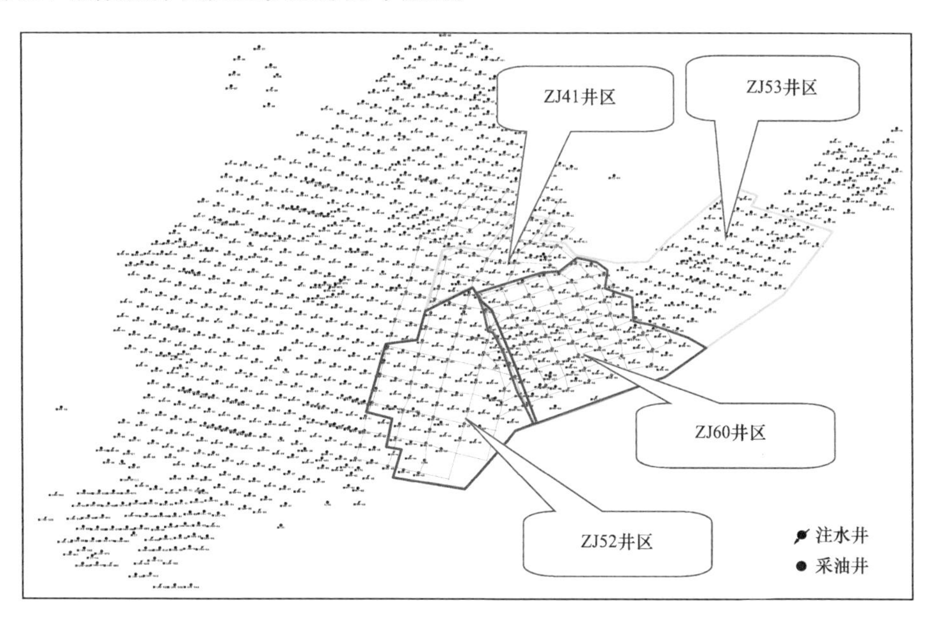

图6-1 五里湾空气泡沫模拟工区区域平面布图

本次数值模拟研究在网格划分上采用角点网格，X方向共划分380个网格，平均网格步长30m；Y方向共划分为175个网格，平均网格步长为30m；Z方向即纵向上，根据砂体和隔夹层分布情况共划分为18个模拟层。数值模拟模型的总网格数为380×175×18=1197000。

根据油藏数值模拟的要求，需要输入的地质模型粗化参数包括净毛比、孔隙度、渗透率等。净毛比和孔隙度参数均为标量，采用体积加权算术平均方法进行粗化。渗透率为矢量，而且变异性强，一般不能使用算术平均法进行粗化。通常采用全张量（Full tensor）方法进行渗透率的粗化。该方法不仅考虑了渗透率的方向性，而且应用达西渗流原理考虑待粗化的细网格间的流体渗流特性。

粗化后的孔隙度及渗透率模型如图6-2、图6-3所示。从粗化前后孔隙度及渗透率分布直方图（图6-4、图6-5）来看，粗化前后孔隙度及渗透率分布概率基本一致，粗化后模型基本保持了精细模型的参数分布特征，达到数模精度要求。将三维地质模型导入CMG数值模拟软件（图6-6、图6-7），即可得到试验区数值模型，用于下一步数值模拟。

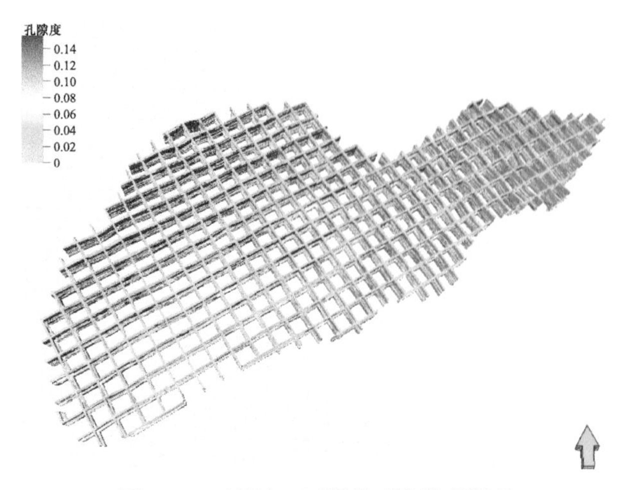

图 6-2　五里湾一区粗化后孔隙度模型

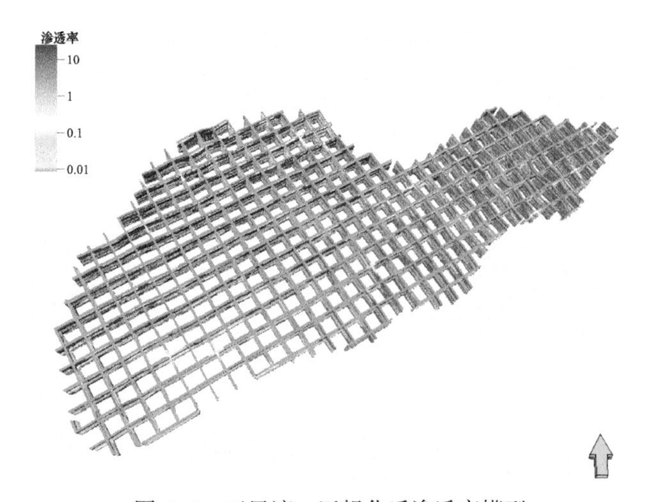

图 6-3　五里湾一区粗化后渗透率模型

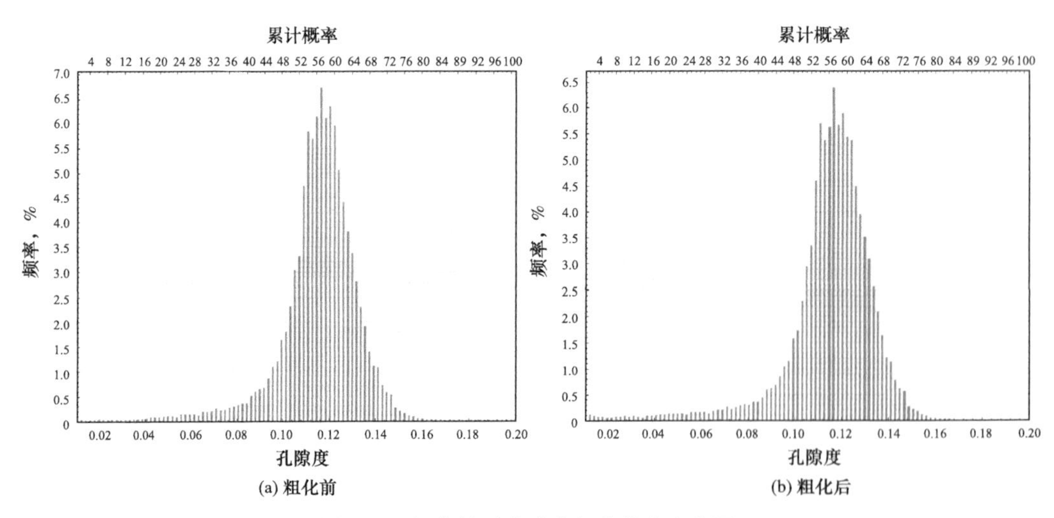

图 6-4　粗化前后孔隙度概率分布直方图

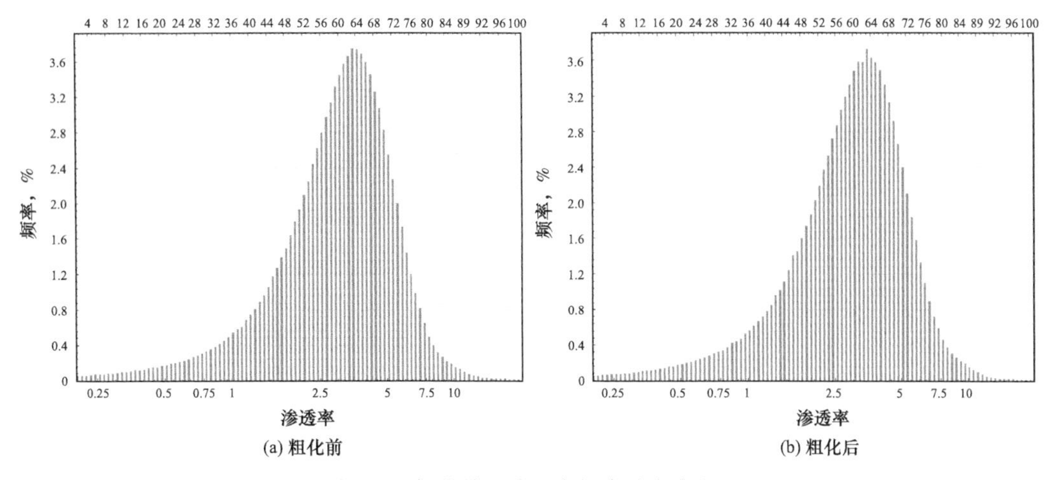

图 6-5　粗化前后渗透率概率分布直方图

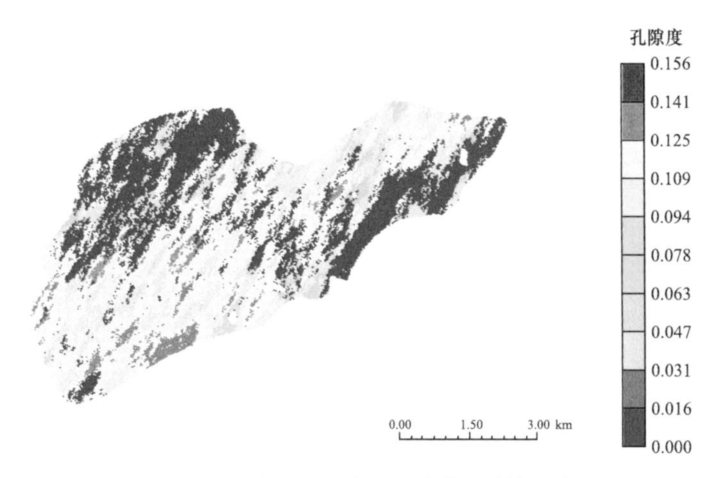

图 6-6　五里湾一区孔隙度数值模型（第 5 小层）

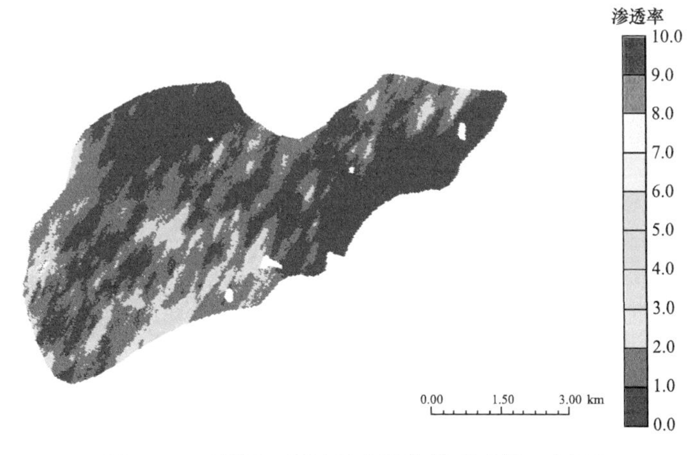

图 6-7　五里湾一区渗透率数值模型（第 5 小层）

二、流体及岩石性质

数值模拟研究所需的流体性质包括油、水的地面性质和地层性质，主要包括油、水的地面密度以及地层条件下的体积系数、压缩系数和黏度。岩石性质主要为岩石的压缩系数。流体及岩石压缩系数是反映流体弹性能量的重要参数。流体黏度是反映流体流动能力的重要参数。数值模拟研究所需的流体及岩石性质均根据该区的实验数据取值。用于水驱数值模拟的流体基础参数见表6-1。

表6-1 流体基础参数

地层原油密度，g/cm^3	0.767	地层原油黏度，mPa·s	2.0
地面原油密度，g/cm^3	0.856	地面原油黏度，mPa·s	7.69
气油比，m^3/t	70.0	原油体积系数	1.21
原始地层压力，MPa	12.26	原油饱和压力，MPa	7.50

三、相对渗透率曲线

相对渗透率是反映不同饱和度下油相、水相、气相各自的相对渗流能力的参数。根据五里湾一区岩心实验测试结果，获得了油水及气液相渗曲线，分别如图6-8、图6-9所示。

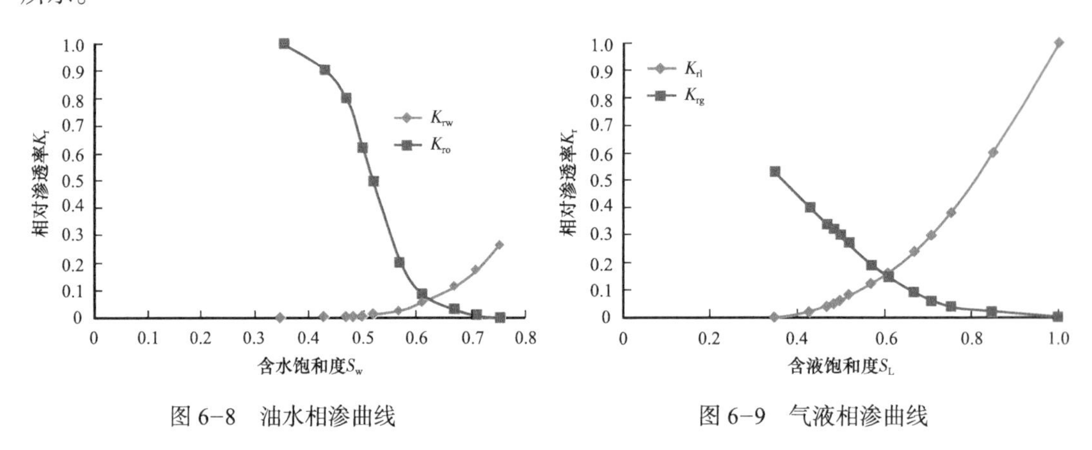

图6-8 油水相渗曲线　　图6-9 气液相渗曲线

四、生产动态数据

动态数据是一切与时间有关的数据，包括完井、油气水产量、压力及井措施等。收集整理五里湾扩大试验区322余口油水井完井、油气水产量、压力及井措施等单井生产动态数据，建立动态模型并按月拟合。

工业化试验区水驱历史拟合日期为1996年10月至2018年3月。其中ZJ53验区的水驱历史拟合日期为1999年8月至2009年12月，空气泡沫驱历史拟合日期为2009年12月至2018年3月。

五、模型的初始化

综合相渗曲线、储层物性、油藏压力和油水界面等参数，采用垂向重力平衡得出油藏初始油饱和度场及压力分布场，对模型储量进行了拟合。

根据容积法储量计算结果，其中 ZJ53 试验区地质储量为 437.8×10^4t，工业化试验区地质储量为 1462.8×10^4t，合计为 1900.6×10^4t；根据数值模拟计算 ZJ53 试验区拟合储量为 442.2×10^4t，工业化试验区拟合储量为 1500.6×10^4t，合计为 1942.8×10^4t。

模型误差为 2.22%（表 6–2），达到了数值模拟精度的要求。

表 6–2　模型储量拟合

区块	地质储量，10^4t	拟合储量，10^4t	误差，%
ZJ53 试验区	437.8	442.2	1.01
工业化试验区	1462.8	1500.6	2.58
合计	1900.6	1942.8	2.22

第二节　水驱历史拟合

为了取得与油藏实际生产动态一致的油藏参数，提高模型预测结果可信程度，在数值模拟前期要把模拟计算的动态跟实际动态进行比较、吻合，称之为动态历史拟合。

历史拟合的过程就是将数值模拟计算得到的开发动态与生产动态进行比较，找出两者之间存在的差距，在了解掌握油田实际资料的前提下，通过对影响开发动态的参数进行调整，使计算动态和实际动态相符合，通过对生产历史的计算拟合，达到核实地质模型、研究地下流体运动的规律的目的。历史拟合是模拟研究的一个十分重要的环节，它是预测油田开发动态的基础。

一、拟合范围及原则

历史拟合是数值模拟的关键，拟合的科学性和准确性直接影响到剩余油分布认识的可靠性。历史拟合包括储量拟合和生产动态拟合，而在生产动态拟合中，除了拟合模型整体的指标，还需要拟合单井的指标。

由于五里湾一区开发时间较早，生产时间长，且井数较多，单井的指标拟合难度较大。为了确保历史拟合能真实反映地下流体的分布状况和渗流特征，在单井历史拟合中，依循以下原则：

（1）逐井逐层进行动态分析，分析见水原因，判断小层和各井组之间的注采关系及液流方向；

（2）重点拟合开发时间长，注入和采出量大的井；

（3）对开发最后一个阶段进行重点拟合，这对剩余油和后期指标预测均有较大的影响。

二、模型参数调整

历史拟合过程中，由于模型参数数量多，可调的自由度很大，为了避免或减少修改参数的随意性，在历史拟合开始时，必须确定模型参数的可调范围。

1. 孔隙度

孔隙度一般来源于储层参数的精细解释，具有较高的准确度，加之储量对孔隙度参数较敏感，一般情况下把孔隙度视为确定参数，即使修改，范围也不宜过大。

2. 渗透率

渗透率在任何油藏都是不确定参数，这不仅是由于测井解释的渗透率值与岩心分析值误差较大，而且根据渗透率的特点，井间的渗透率分布也是不确定的，因此对渗透率可允许在 1/3～3 倍甚至更大范围内修改。

3. 岩石与流体压缩系数

通常情况下流体的压缩系数是由实验室测定的，变化范围很小，认为是确定的参数。岩石的压缩系数虽然也是由实验室测定的，但受岩石内饱和流体和应力状态的影响，有一定变化范围，考虑这部分影响，允许岩石压缩系数在较大范围内进行调整。

4. 初始流体饱和度和初始压力场

通常认为是确定参数，必要时允许在局部范围作小范围的调整。

三、动态参数拟合

根据上述参数调整原则，完成了空气泡沫试验区及工业化试验区开发动态指标的历史拟合。采用定产液量的方式，主要对油产量及含水率进行了历史拟合。历史拟合结果如图 6-10 至图 6-35 所示。其中图 6-10 至图 6-12 为 ZJ53 试验区。

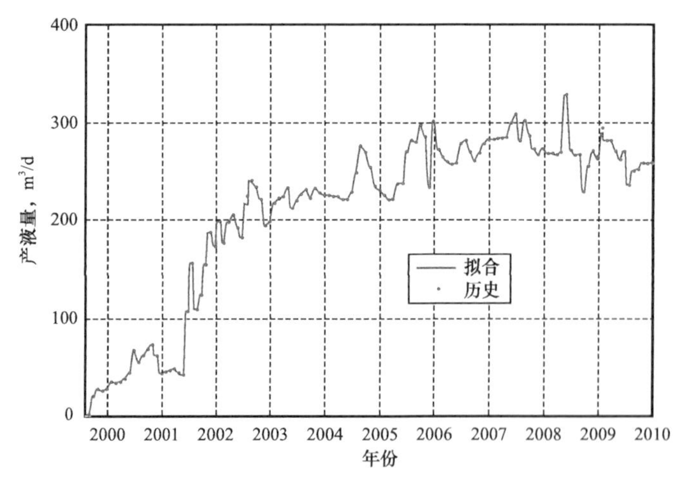

图 6-10　ZJ53 试验区产液量拟合（水驱部分）

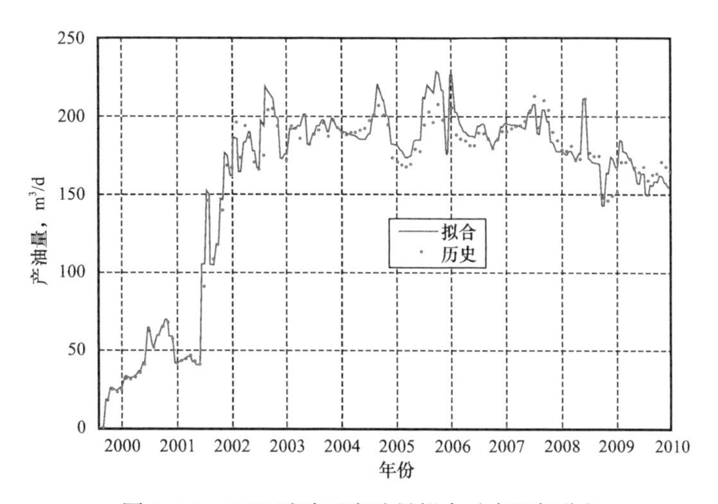

图 6-11　ZJ53 试验区产油量拟合（水驱部分）

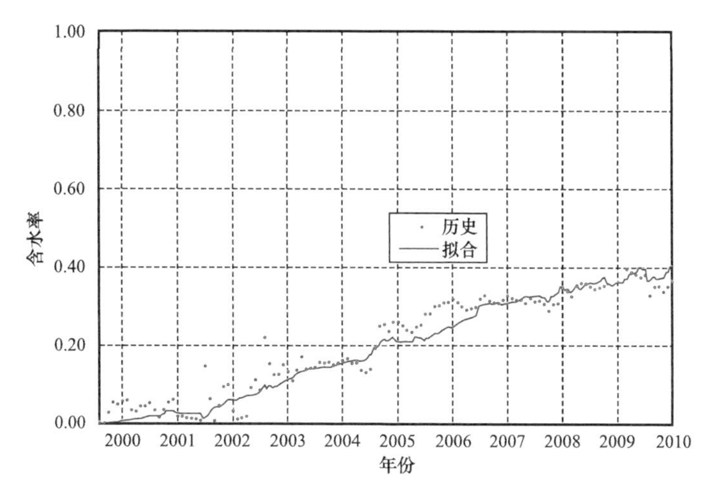

图 6-12　ZJ53 试验区含水率拟合（水驱部分）

图 6-13 至图 6-15 为工业化试验区。

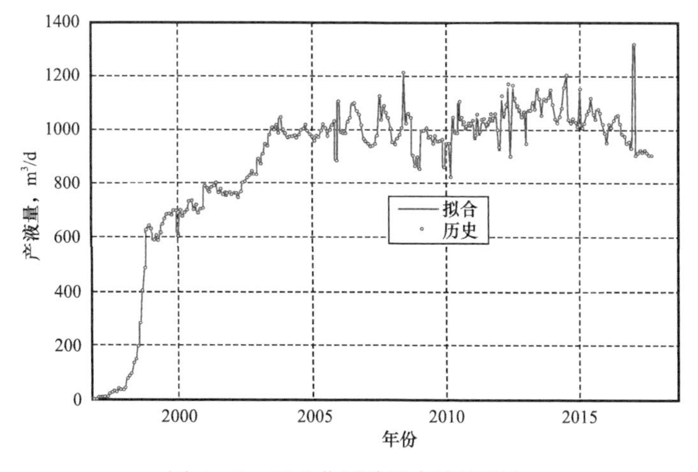

图 6-13　工业化试验区产液量拟合

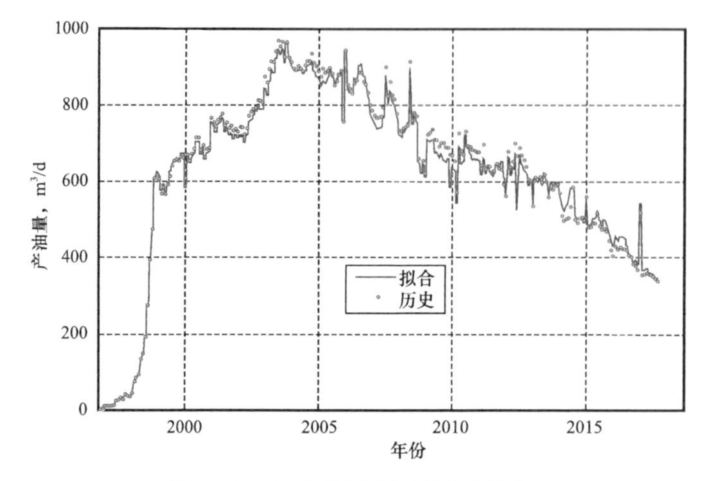

图 6-14　工业化试验区产油量拟合

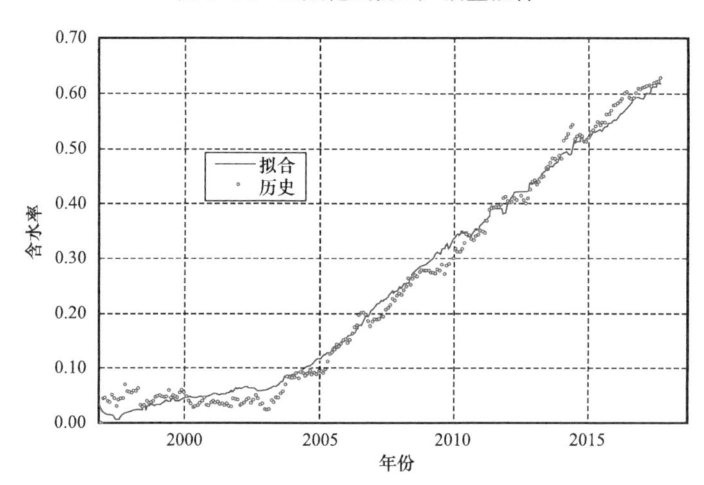

图 6-15　工业化试验区含水率拟合

图 6-16 至图 6-18 为 ZJ53、ZJ60、ZJ52 及 ZJ41 等整体试验区。

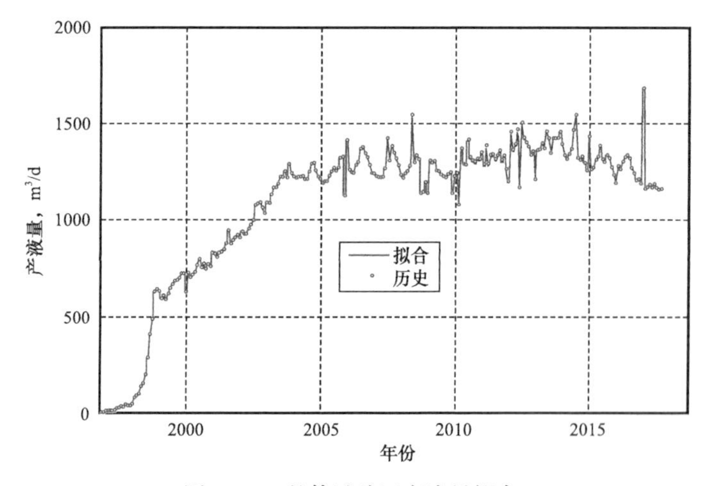

图 6-16　整体试验区产液量拟合

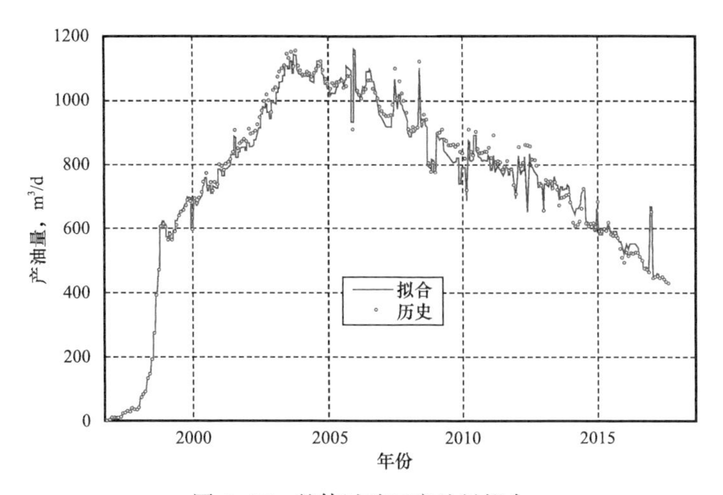

图 6-17　整体试验区产油量拟合

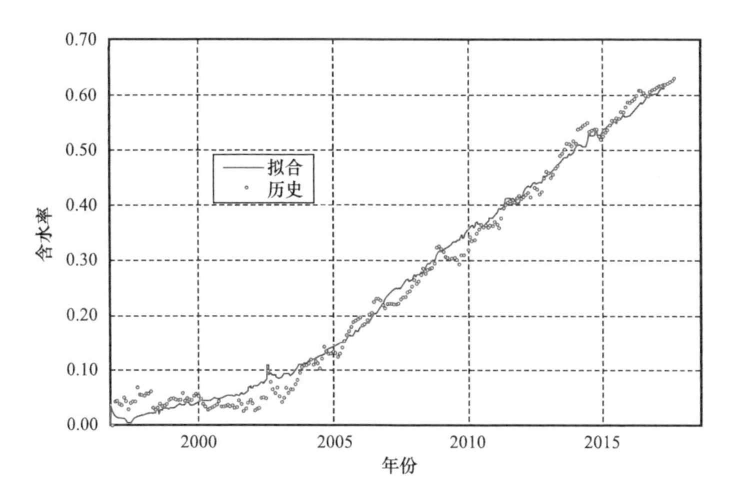

图 6-18　整体试验区含水率拟合

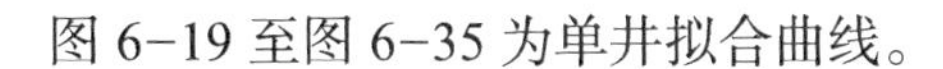

图 6-19 至图 6-35 为单井拟合曲线。

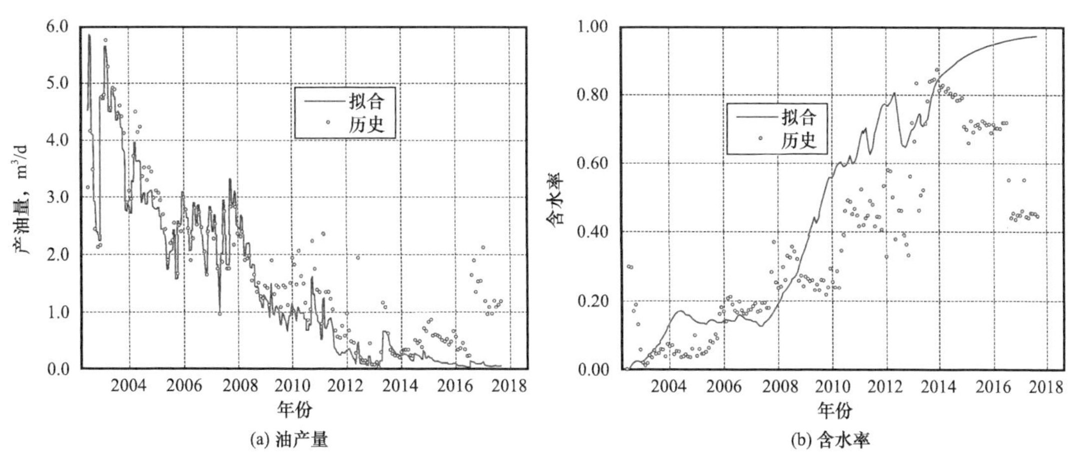

图 6-19　柳 71-67 井历史拟合

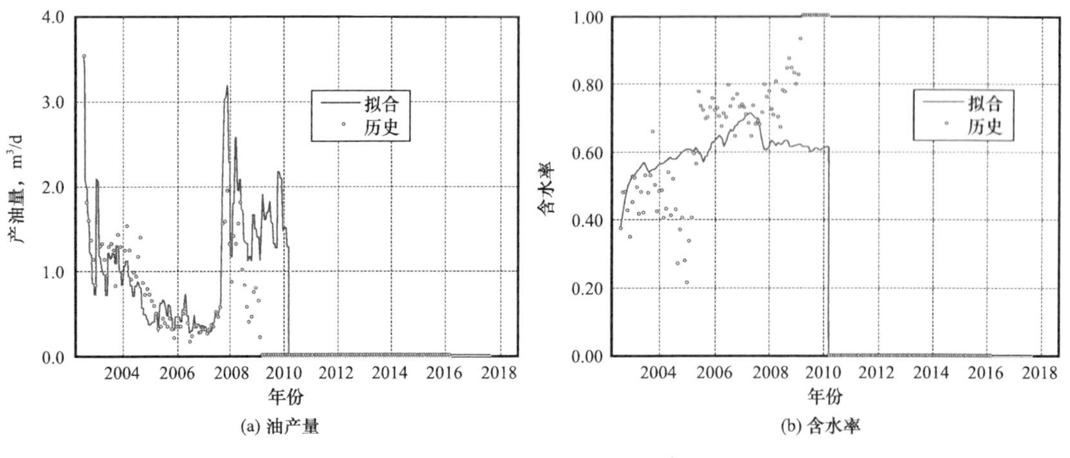

图 6-20　柳 73-66 井历史拟合

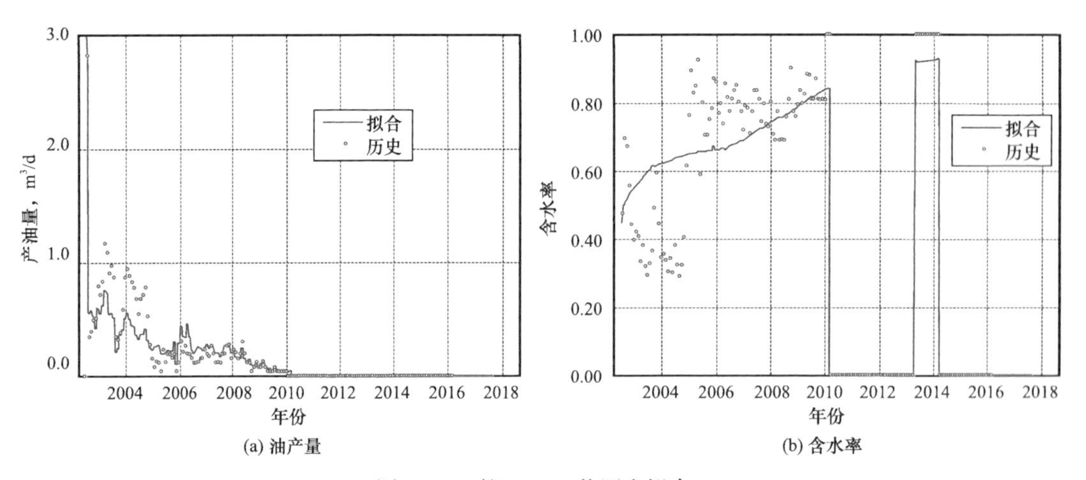

图 6-21　柳 75-66 井历史拟合

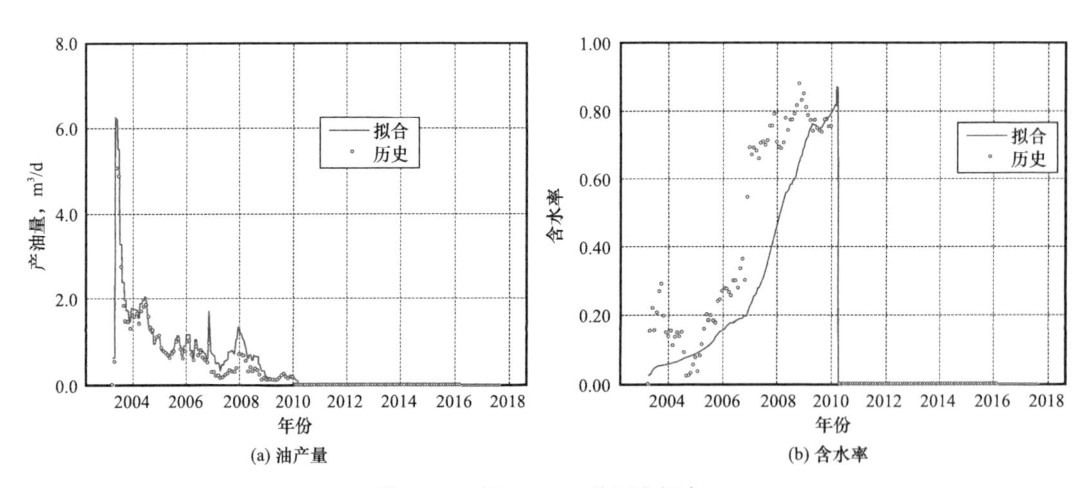

图 6-22　柳 77-501 井历史拟合

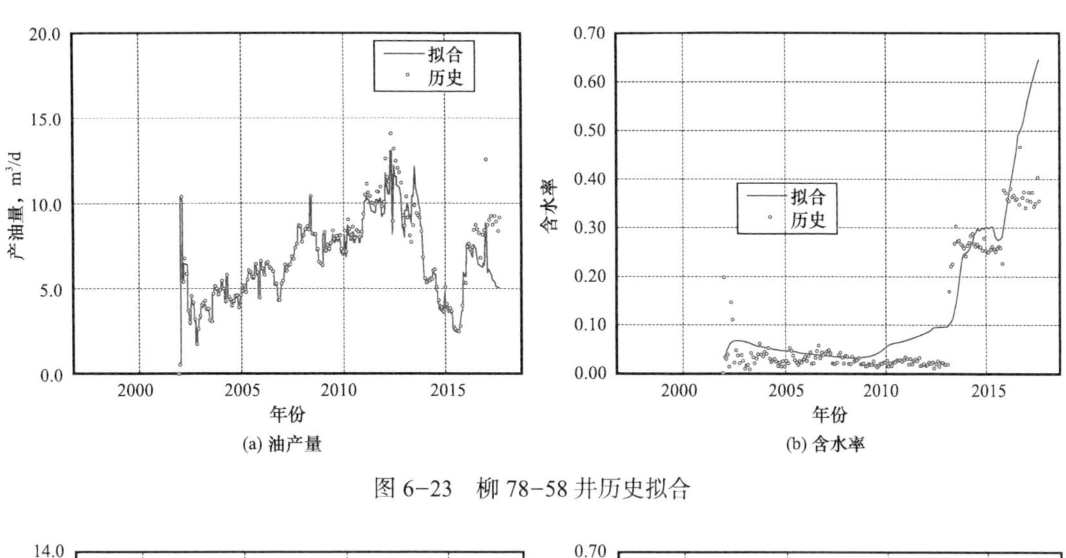

(a) 油产量 (b) 含水率

图 6-23 柳 78-58 井历史拟合

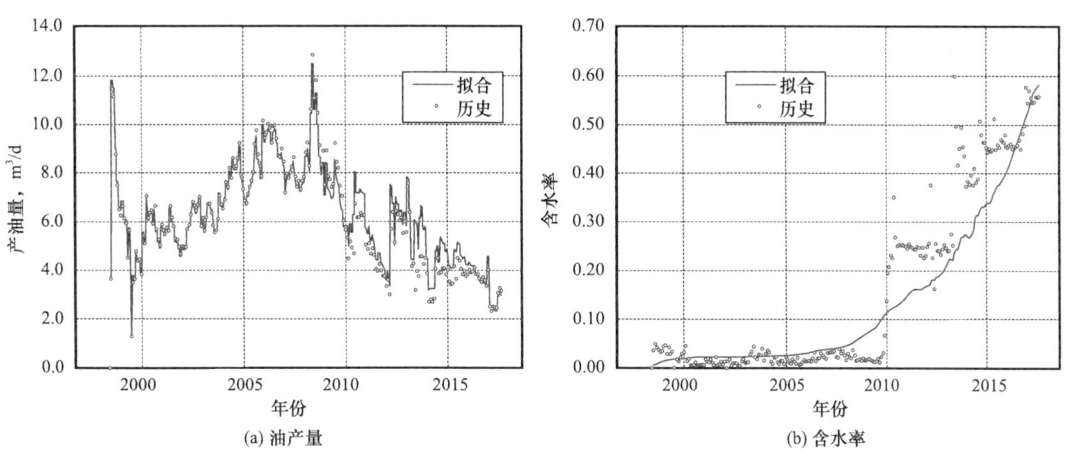

(a) 油产量 (b) 含水率

图 6-24 柳 79-54 井历史拟合

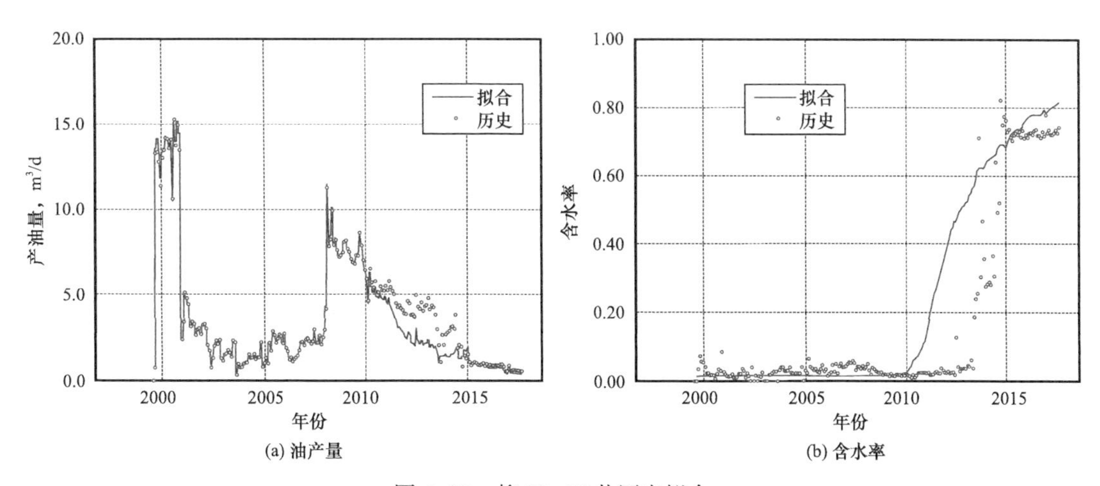

(a) 油产量 (b) 含水率

图 6-25 柳 79-55 井历史拟合

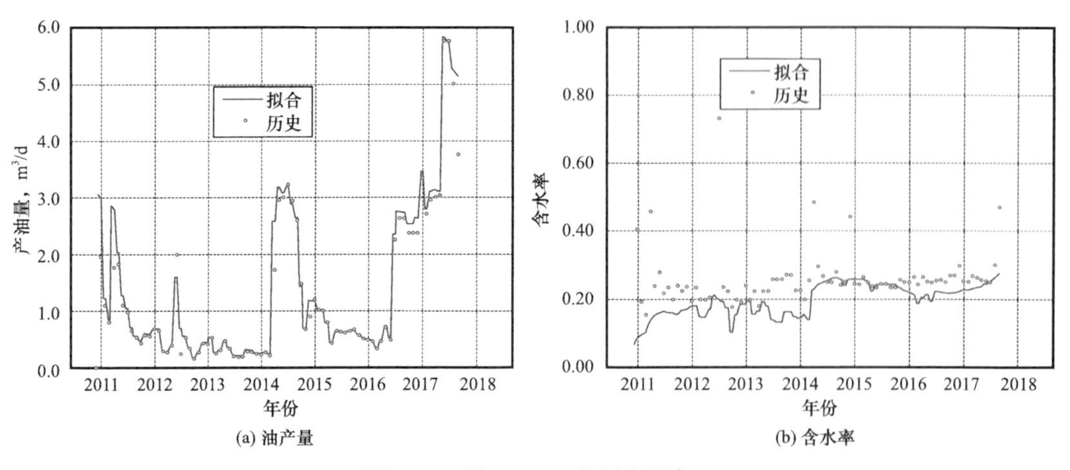

(a) 油产量　　(b) 含水率

图 6-26　柳 80-591 井历史拟合

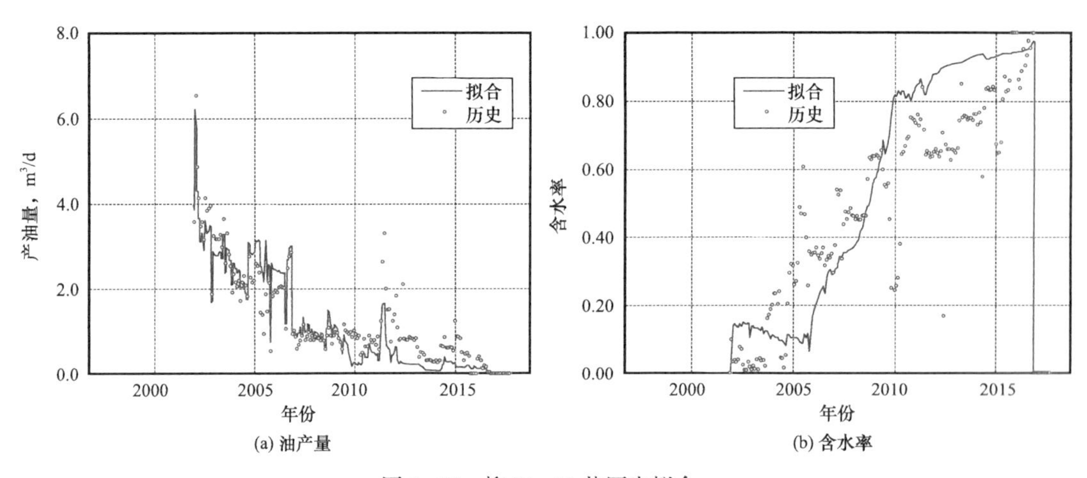

(a) 油产量　　(b) 含水率

图 6-27　柳 81-43 井历史拟合

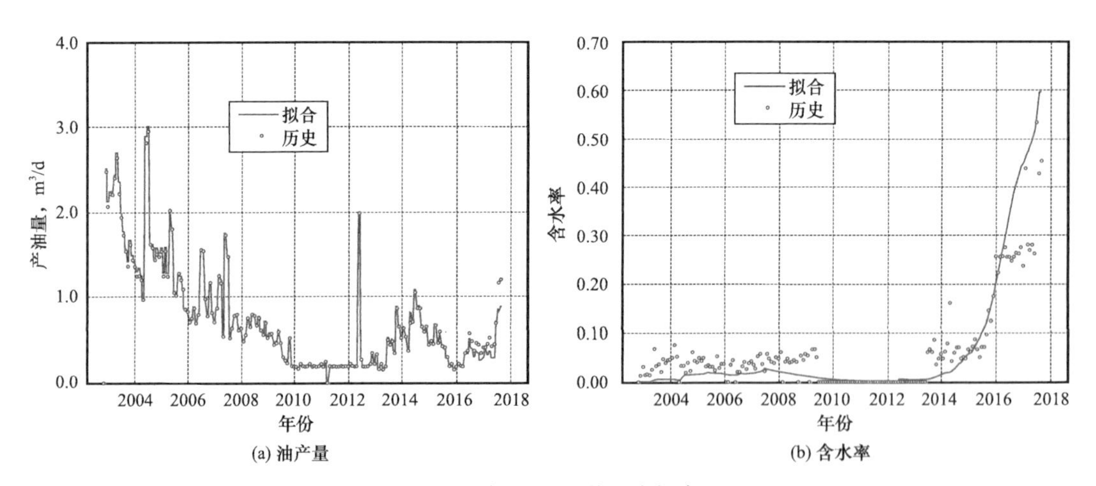

(a) 油产量　　(b) 含水率

图 6-28　柳 81-45 井历史拟合

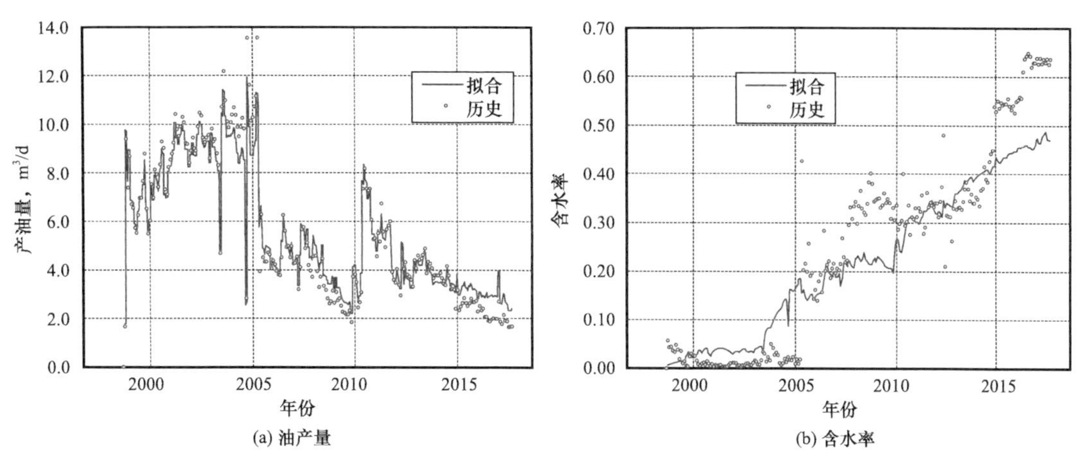

(a) 油产量　　(b) 含水率

图 6-29　柳 83-52 井历史拟合

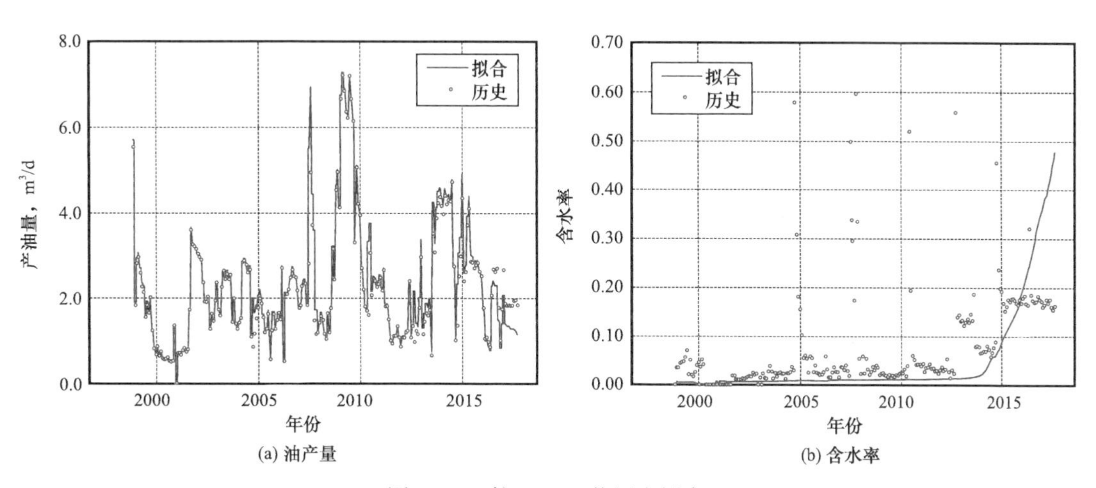

(a) 油产量　　(b) 含水率

图 6-30　柳 83-56 井历史拟合

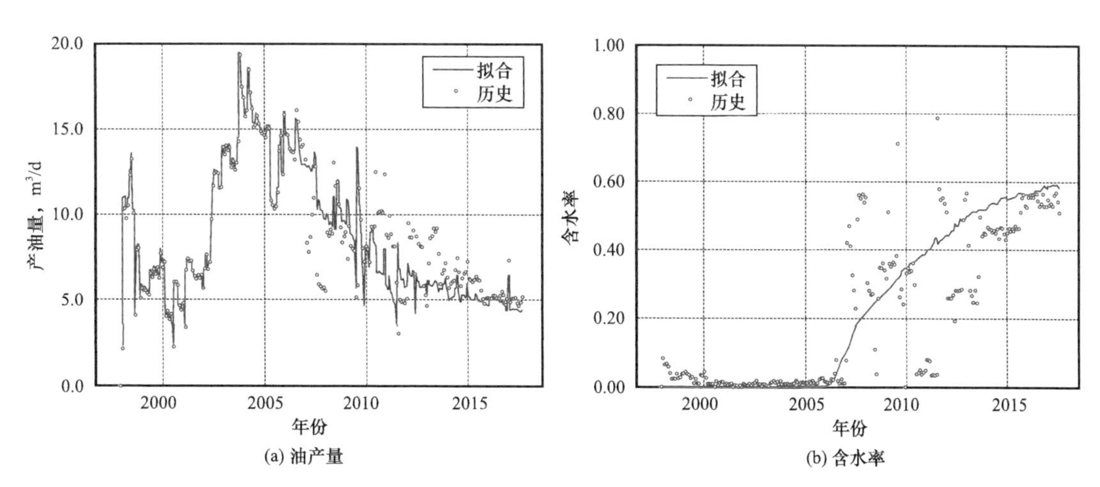

(a) 油产量　　(b) 含水率

图 6-31　柳 85-42 井历史拟合

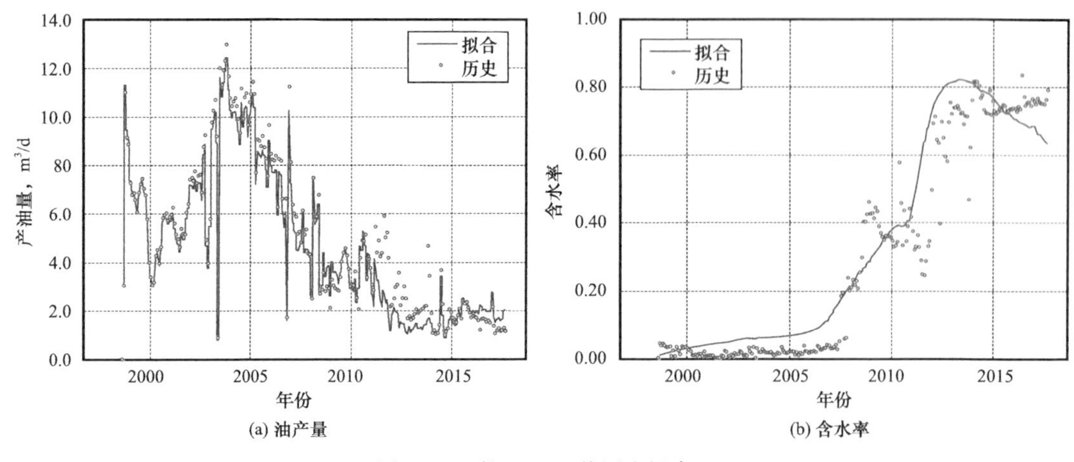

(a) 油产量　　(b) 含水率

图 6-32　柳 85-45 井历史拟合

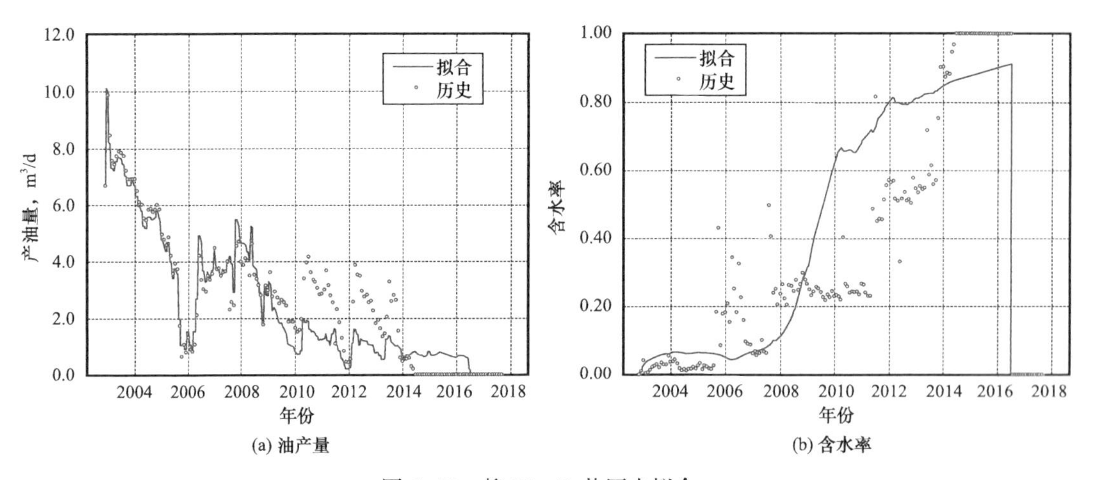

(a) 油产量　　(b) 含水率

图 6-33　柳 87-49 井历史拟合

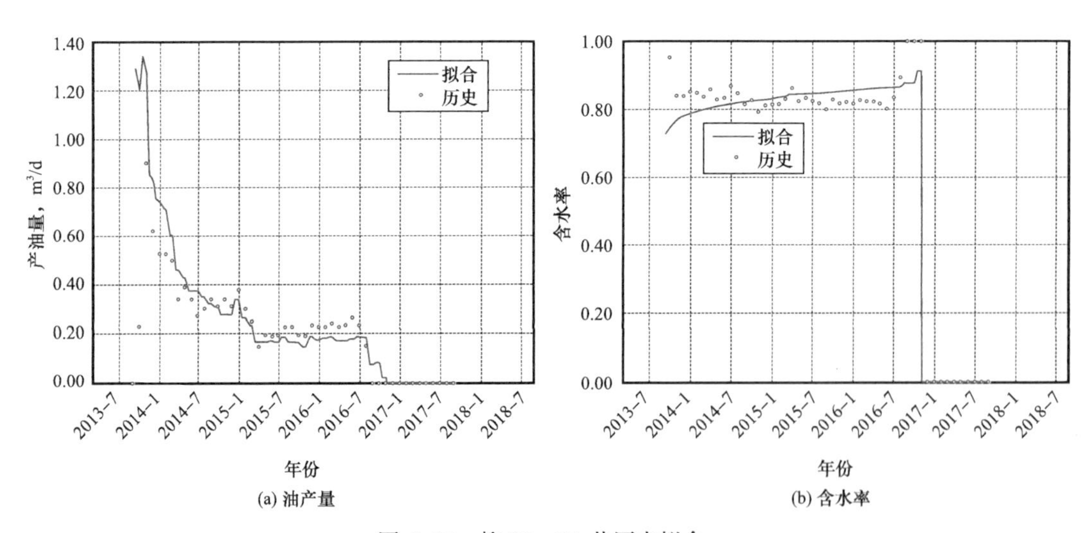

(a) 油产量　　(b) 含水率

图 6-34　柳 89-481 井历史拟合

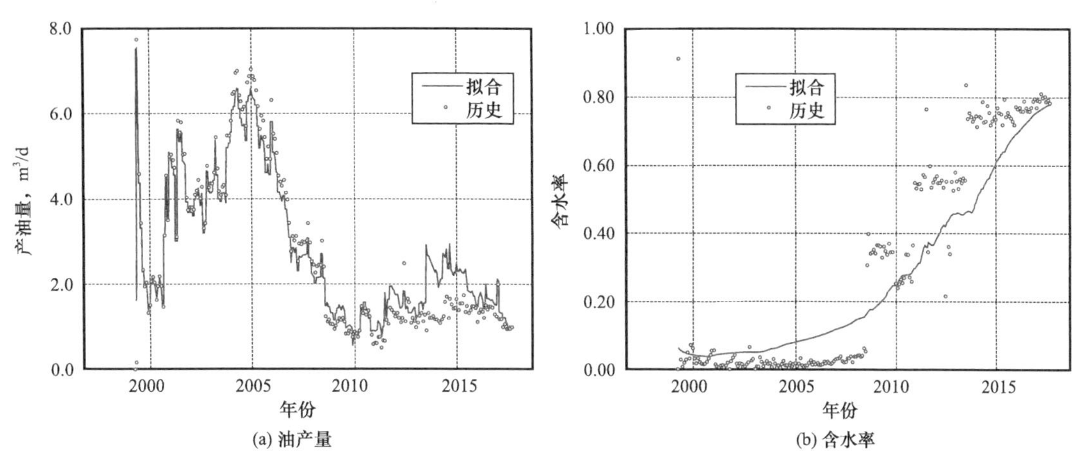

图 6-35　柳 93-43 井历史拟合

从总体上看，历史拟合效果较好，与实际数据的符合程度达到 90% 以上。

四、剩余油分布规律

空气泡沫试验区及工业试验区含油饱和度分布如图 6-36 和图 6-37 所示。从整体上看，剩余油分布具有以下特征：

（1）剩余油主要分布在主应力侧向、水驱优势方向侧向。如图 6-38 所示，水驱优势渗流方向为北东—北西向，注入水易于沿该方向推进，在其侧向留下剩余油。

（2）现有井网控制不住的小砂体具有较多剩余油。如图 6-39 所示，由于砂体平面展布的非均质性，长 6_2^{1-1} 层局部存在分布不规则、连通性较差、目前井网控制不住的小砂体，具有较多的剩余油；由于砂体的垂向非均质性，井网控制不住的部分小层留有剩余油。

（3）注采系统不完善的区域具有较多剩余油。柳 76-64 井—柳 77-63 井—柳 85-581 井剖面（图 6-40），在柳 85-581 井左侧，注水井较少，剩余油较多。长 6_2^{1-3} 层局部井网中注采井不规则，采油井受效方向少，剩余油较富集（图 6-41）。

图 6-36　长 6_2^{1-2} 剩余油饱和度分布（数模 11 小层）

图 6-37　长 6_2^{1-3} 剩余油饱和度分布（数模 14 小层）

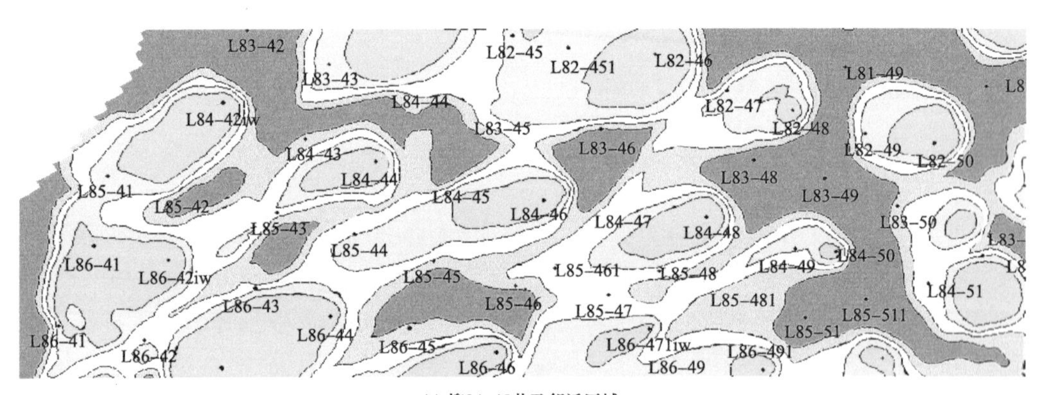

(a) 柳84-45井及邻近区域

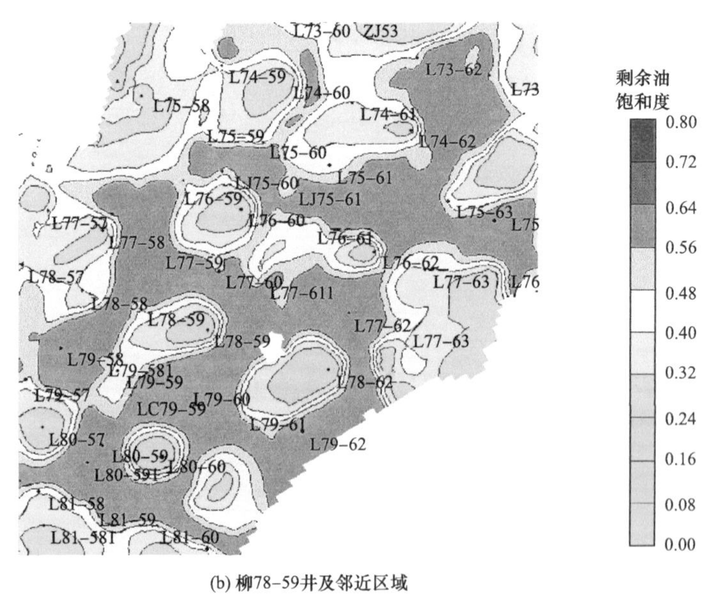

(b) 柳78-59井及邻近区域

图 6-38　主应力侧向及水驱优势方向侧向的剩余油饱和度分布（长 6_2^{1-2} 层局部）

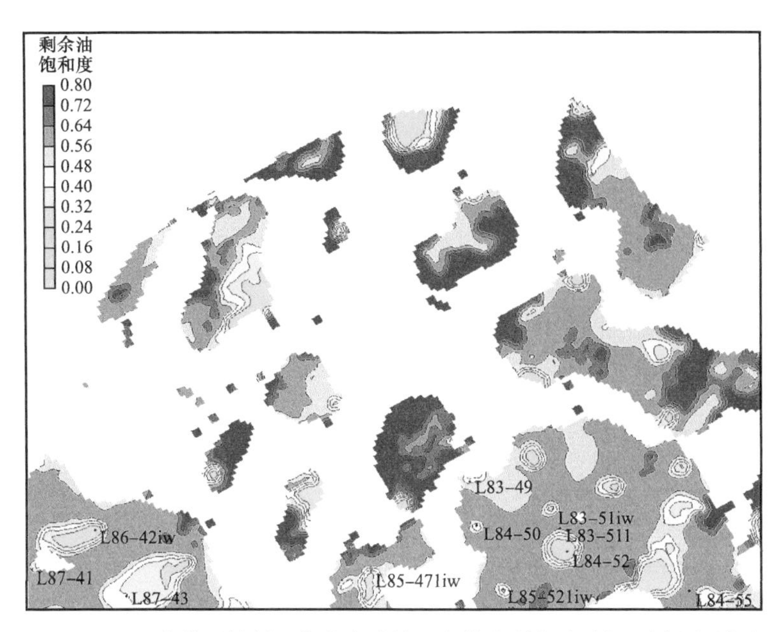

图 6-39　现有井网控制不住的小砂体具有较多剩余油（长 6_2^{1-1} 层局部）

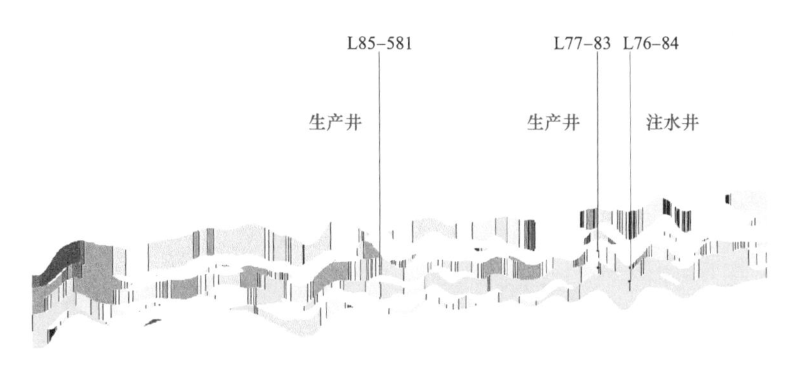

图 6-40　剩余油剖面分布（柳 76-64 井—柳 77-63 井—柳 85-581 井剖面）

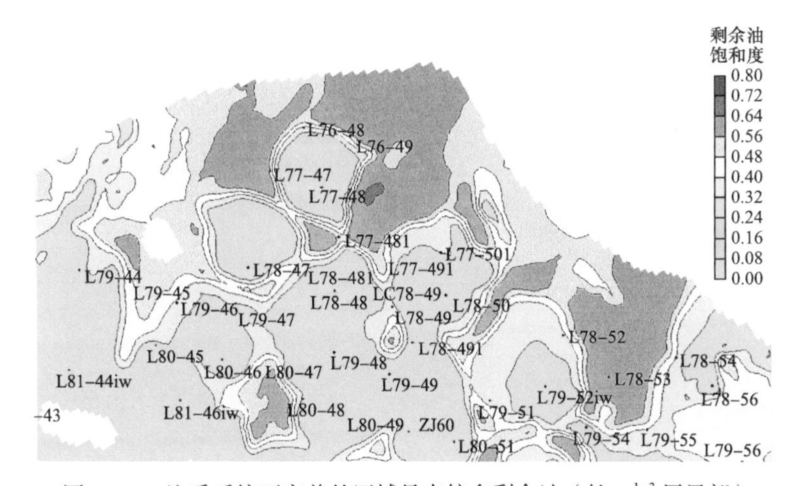

图 6-41　注采系统不完善的区域具有较多剩余油（长 6_2^{1-3} 层局部）

五里湾一区原始地质储量主要分布在长 6_2^1 层，合计 1571.61×10^4t，占原始总地质储量的 82.69%（表 6-3）。产油主要集中在 6_2^{1-2}、6_2^{1-3} 及 6_2^2 层，截至 2019 年 3 月，已累计产油 484.56×10^4t，占总产量的 97.55%。从纵向上剩余油分布来看，剩余储量主要集中在 6_1^2、6_2^{1-2} 及 6_2^{1-3}，合计 1191.45×10^4t，占总剩余储量的 84.87%（图 6-42 至图 6-45）。

表 6-3　五里湾一区整体试验区剩余储量计算表

分层	原始储量 10^4t	累计产油量 10^4t	采出程度 %	剩余储量 10^4t
长 6_1^1	3.95	0.91	22.97	3.05
长 6_1^2	219.74	2.42	1.10	217.32
长 6_2^{1-1}	151.92	8.86	5.83	143.05
长 6_2^{1-2}	849.47	191.42	22.53	658.04
长 6_2^{1-3}	570.22	254.14	44.57	316.08
长 6_2^2	105.30	39.00	37.04	66.30
合计	1900.60	496.75	26.14	1403.84

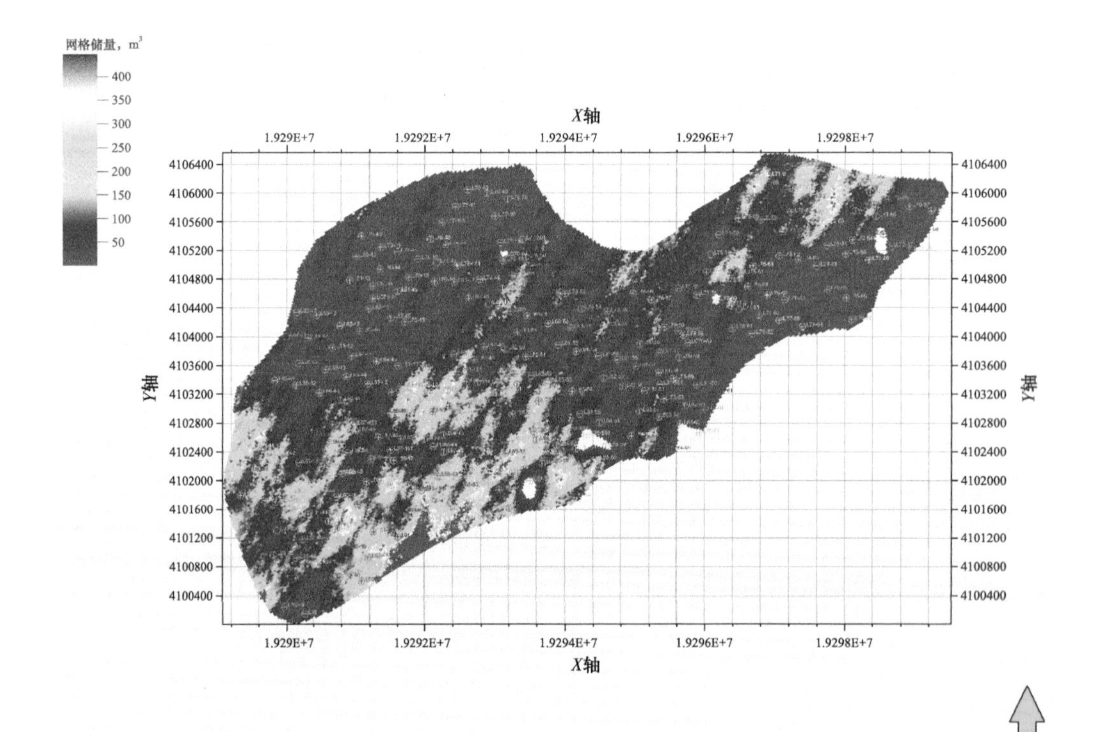

图 6-42　长 6_1^2 剩余储量分布

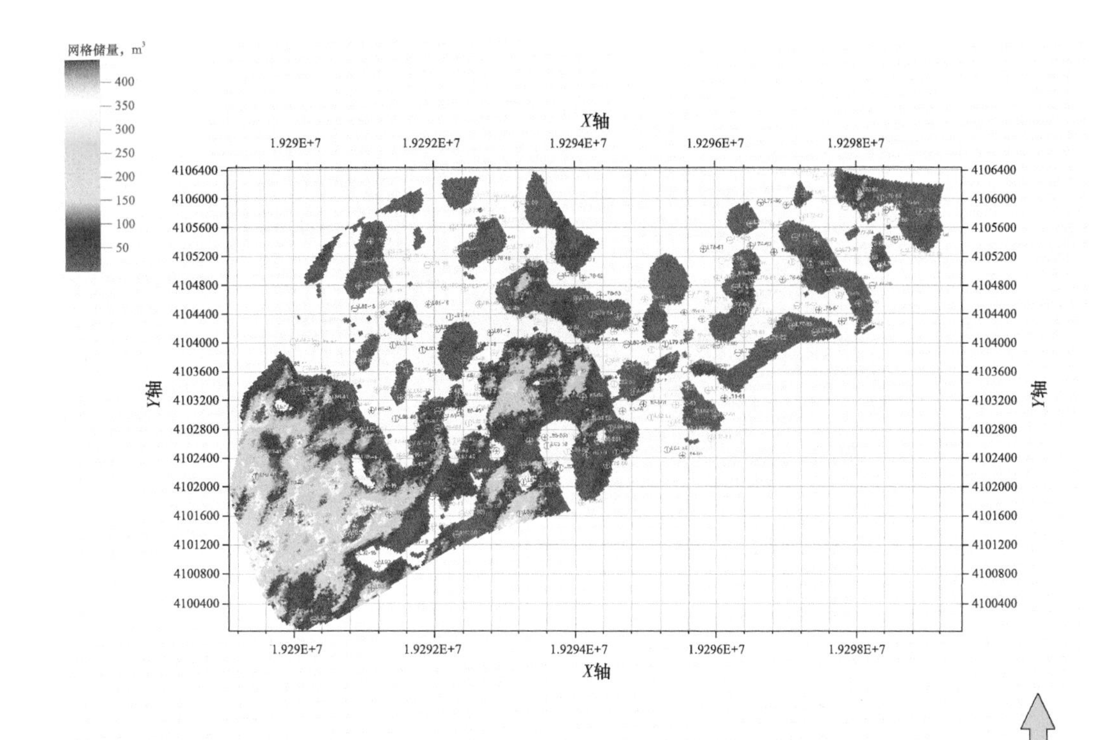

图 6-43　长 6_2^{1-1} 剩余储量分布

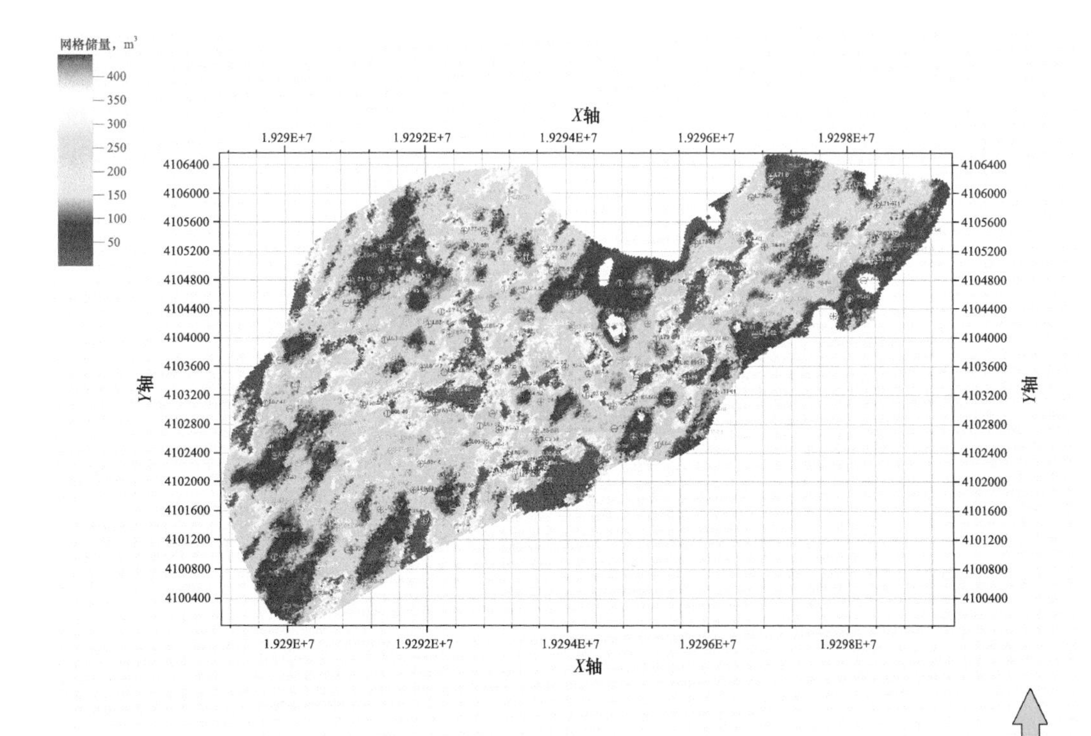

图 6-44　长 6_2^{1-2} 剩余储量分布

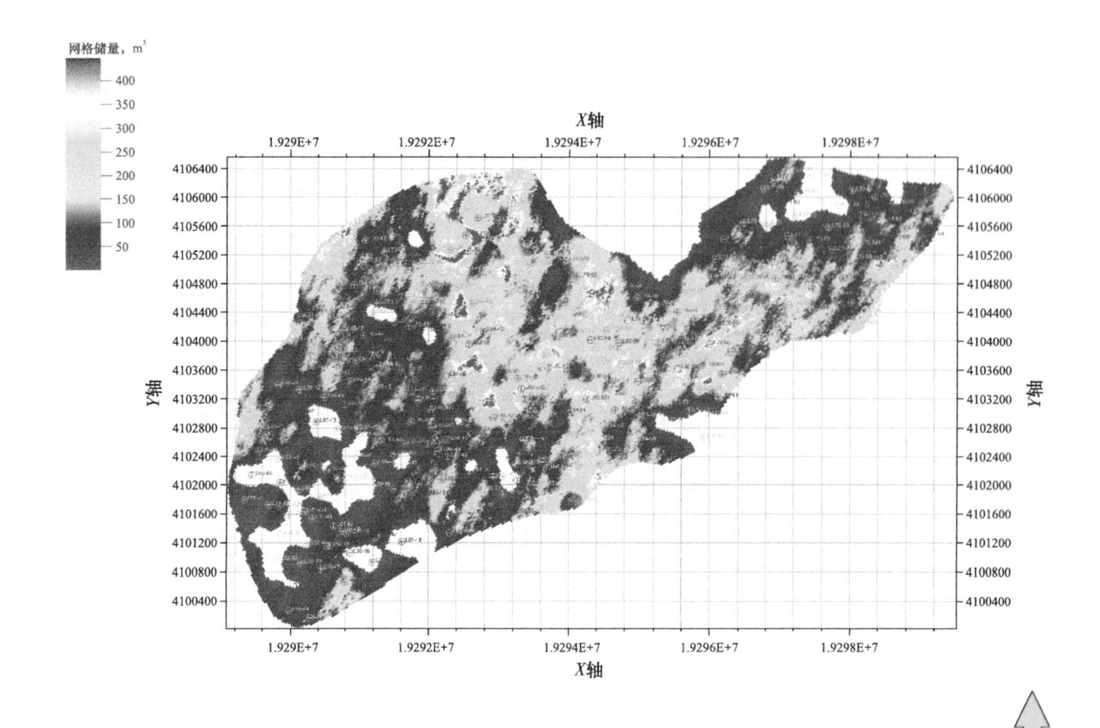

图 6-45　长 6_2^{1-3} 剩余储量分布

模拟结果表明：随着注水开发的进行，剩余油饱和度在平面上分布不均，反映出注入水沿优势渗流通道突进，部分油井过早水淹，平面矛盾较突出，目前依靠常规的治理手段挖潜剩余油难度较大。通过分析和模拟基本弄清了五里湾一区平面及纵向上油水饱和度的变化特征及剩余油分布规律，为下一步空气泡沫驱综合优化调整技术奠定了基础。

第三节　空气泡沫驱模拟参数设置

为了提高空气泡沫驱数值模拟的准确性，利用室内岩心空气泡沫驱替实验的各种原始数据对其进行参数拟合。整个拟合过程包括水驱油及空气泡沫驱两个过程，拟合得到的概念模型与实验结果吻合度高，建立了空气泡沫驱概念模型，可以用于空气泡沫驱的数值模拟的敏感性分析和方案设计。

一、模型组分设置

在模拟空气泡沫驱方面主要有以下特点：

（1）作为三维四相（油、气、水、固）多组分模型，可以在模型中实现油、水、起泡剂、注入气等不同组分的组合驱替机理。

（2）对空气泡沫驱的主要驱油机理——对优势渗流通道的调剖作用，堵水不堵油的选择封堵作用，改变界面张力、降低残余油的驱油作用，提高驱替相的流度控制作用，其他包括起泡剂的滞留损失等都能准确模拟。

（3）考虑了空气泡沫驱过程中各种重要的物化现象，如界面张力变化、起泡剂的吸附损失、低界面张力对相渗曲线的影响、泡沫对不同驱替流体的影响等。

本次研究共设置三相八组分模型（表6-4、图6-46），分别为水（WATER）、表面活性剂（SURF）、低温氧化之前的油（OIL）、低温氧化之后的油（OIL2）、氮气（N_2）、氧气（O_2）、二氧化碳（CO_2）、液膜或泡沫（LAMELLA）。其中，液相中包括水（WATER）、表面活性剂（SURF）和泡沫（LAMELLA），表面活性剂只存在于水相中，由于其浓度很小，忽略其对各相密度、黏度的影响。气相中包括氮气、氧气、二氧化碳三个组分。注入流体和油藏流体渗流满足广义达西定律。表面活性剂（SURF）可表示CFP-2和CFP-1，其分子量分别为287和332。

表6-4　模型组分设置（三相8组分）

水相			油相		气相		
WATER	SURF	LAMELLA	OIL	OIL2	N_2	O_2	CO_2

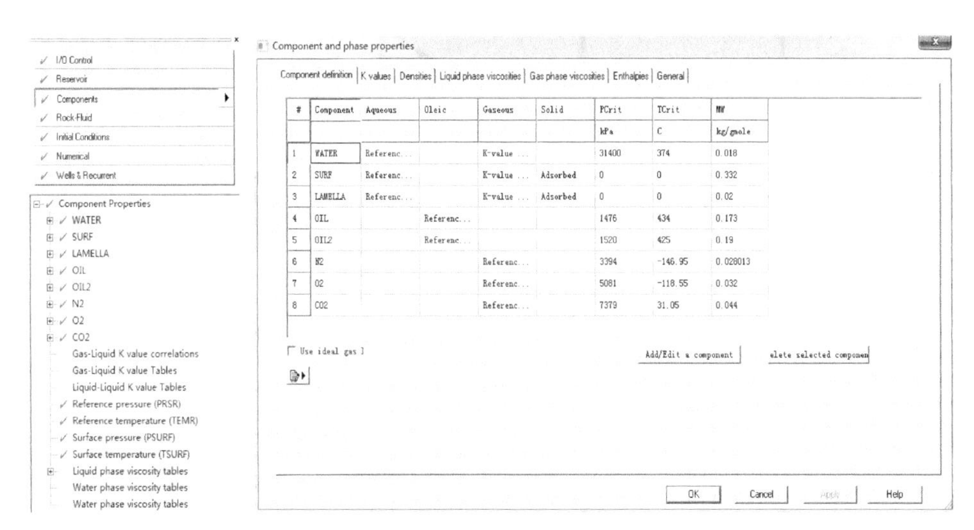

图6-46　模型组分设置

在STARS中，把气泡和液膜看作一种稳定的分散组分，把泡沫的各种特征作为该分散组分的性质来处理，包括吸附特性、封堵孔道的特性、黏度特性等。通过合理选择输入数据，适当地选取该分散组分的性质，可以描述泡沫流现象。

二、泡沫的基本性能

（1）泡沫的PVT性能。

高温高压全可视PVT测试仪、高压计量泵、数字气量计、空气瓶、中间容器、高压配套系统（图6-47）。

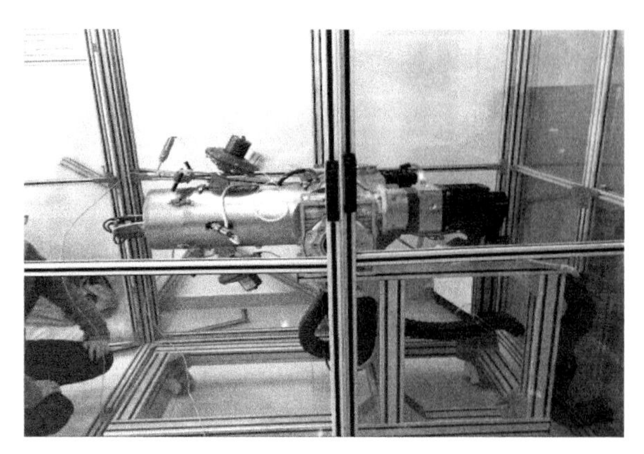

图 6-47　可视化 PVT 装置

相态特征测定的核心装置为高温高压全可视 PVT 测试仪，全部可视，可清晰观测筒内相态的变化。

实验药品：在模拟地层水中加入 0.5% 起泡剂和 0.05% 稳泡剂 HPAM。

实验用水：模拟地层水（柳 74-60 井注入水）。

实验温度：56℃。

实验步骤：首先，将 PVT 筒内温度升至规定温度，然后按照确定的泡沫体系以一定的气液比向 PVT 筒内泵入一定体积的泡沫，再向 PVT 筒中冲入相应体积，逐渐增加 PVT 筒内压力，观测不同压力条件下的泡沫体系变化，测量筒内泡沫体系的体积。

不同气液比条件下泡沫密度与压力的关系如图 6-48 至图 6-50 所示。从实验结果看出随着压力的增加大，泡沫体积逐渐减小，密度逐渐增大，但密度总是小于 $1000kg/m^3$，这是由空气泡沫体系的组成所决定的。随气液比增大，泡沫密度变小；随压力增大，密度增大，但增加幅度逐渐变小。

五里湾油藏条件下，泡沫密度值为 $466kg/m^3$。STARS 中泡沫密度输入界面如图 6-51 所示。地下气液比为 2.5：1 时泡沫的密度与压力关系如图 6-52 所示。CMG 流体特征输入界面如图 6-53 所示。

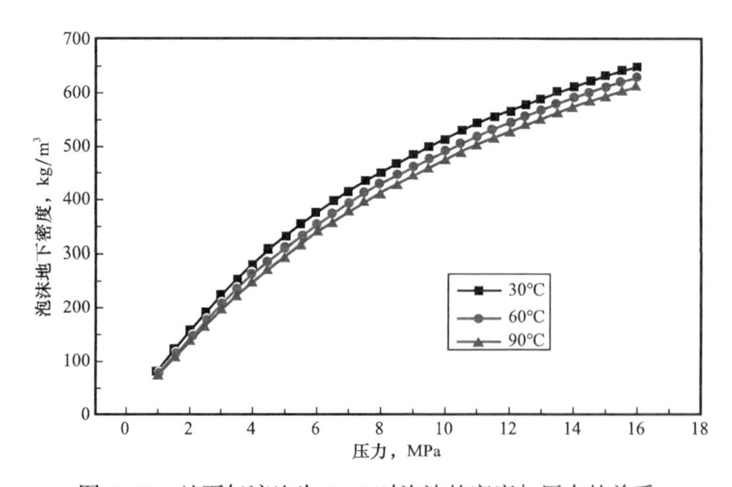

图 6-48　地下气液比为 1：1 时泡沫的密度与压力的关系

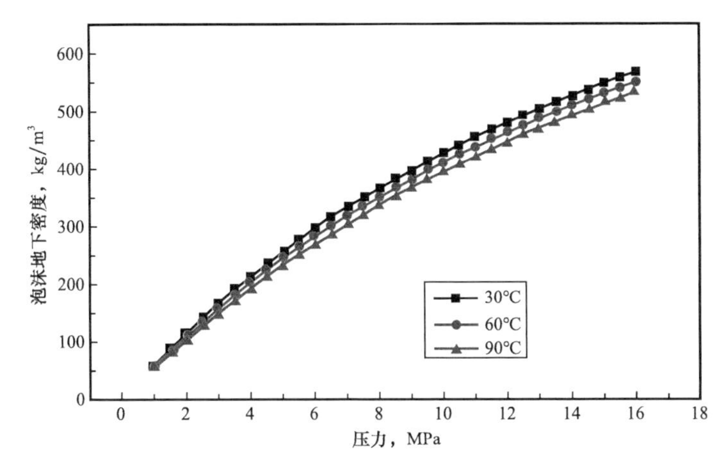

图 6-49　地下气液比为 1.5：1 时泡沫的密度与压力的关系

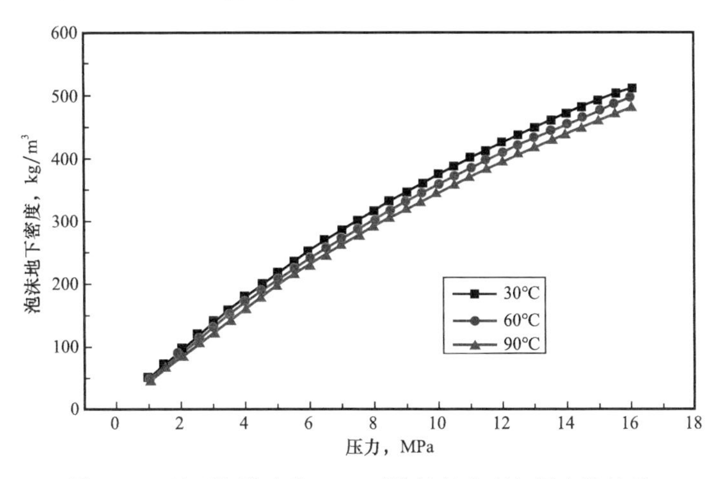

图 6-50　地下气液比为 2：1 时泡沫的密度与压力的关系

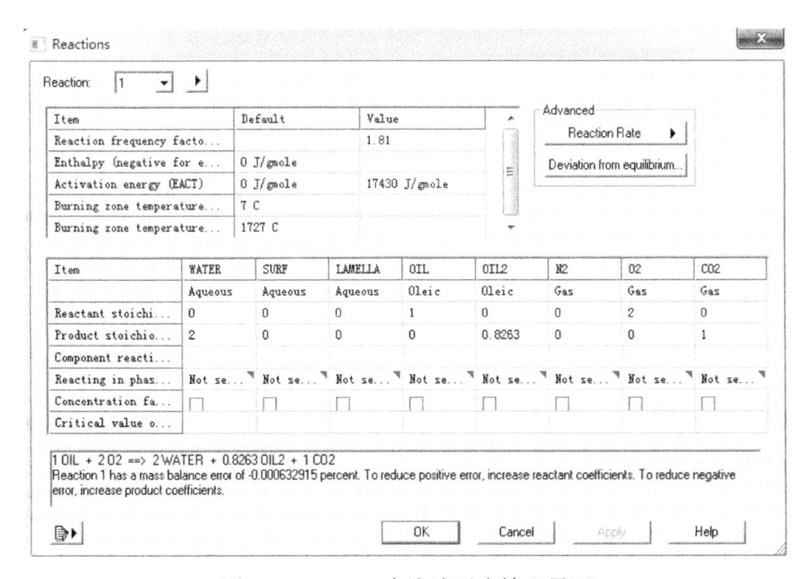

图 6-51　CMG 中泡沫反应输入界面

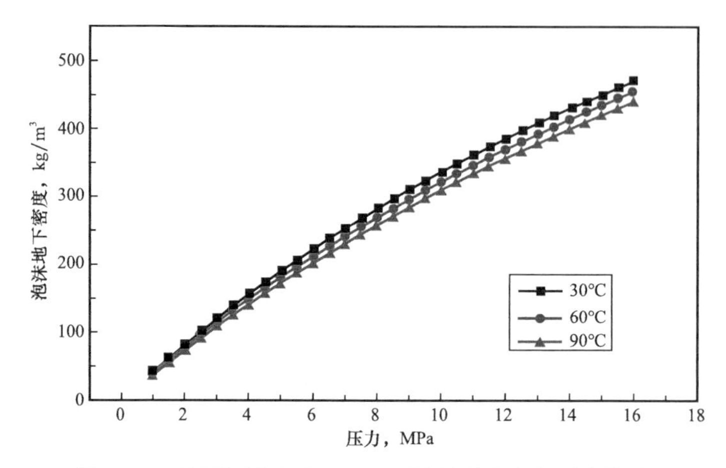

图 6-52　地下气液比为 2.5：1 时泡沫的密度与压力关系

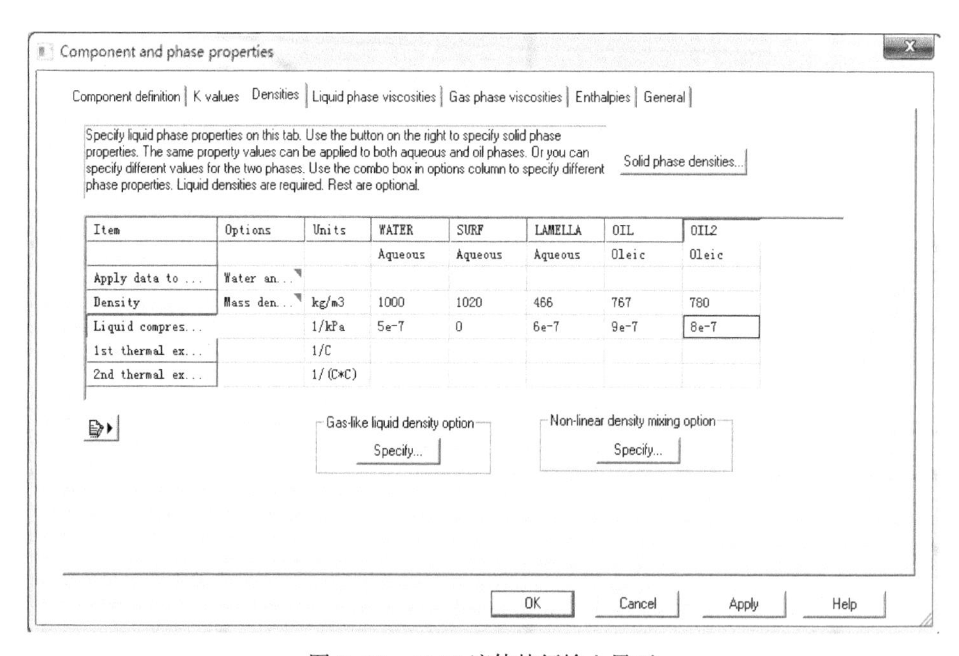

图 6-53　CMG 流体特征输入界面

（2）泡沫的流变性能。

泡沫的黏度是指泡沫的表观视黏度，用来表征泡沫的流动性。一般来说，泡沫的黏度越大，流动性越差，表观黏度体现了气泡与气泡间、气泡与连续相液体间的相互作用的强弱。为了反映泡沫在多孔介质（类似于毛细管）中的流动特征，采用毛细管黏度计测试泡沫黏度。

实验流程：通过驱替泵注入煤油介质进入活塞容器中驱动气体和液体，气液通过泡沫发生器混合后生成泡沫，进入细管径的毛细管中，最后经回压阀流出，在气体和泡沫发生器之间接有在线高压气体质量流量计，在毛细管的两端接有精密的传感器（图 6-54）。

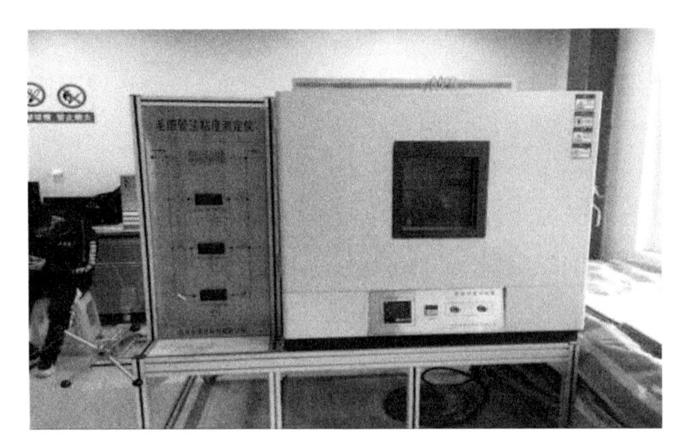

图 6-54　高温高压毛细管黏度计

测定了不同气液比条件下的泡沫的视黏度如图 6-55 所示。随着气液比的升高，泡沫的表观黏度也逐渐升高，在气液比为 4 : 1（即 80% 含气量）左右处达到最高值，而当液量极少的情况下，泡沫的表观黏度急剧下降。

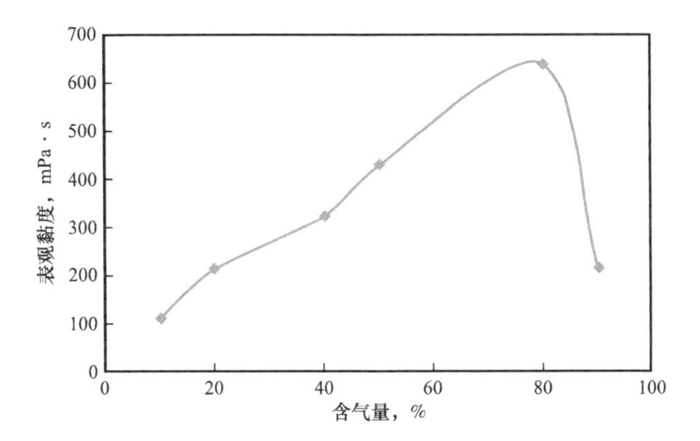

图 6-55　表观黏度与气液比（含气量）的关系曲线

STARS 中泡沫黏度输入界面如图 6-56 所示。

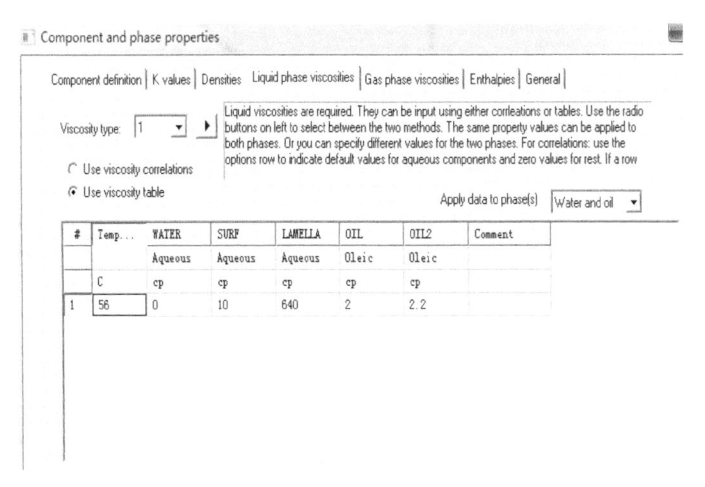

图 6-56　泡沫黏度输入界面

（3）消泡后起泡剂界面张力。

起泡剂本身是一种表面活性剂，能降低油水界面张力，改善岩石表面润湿性，使原来呈束缚状的油通过油水乳化、液膜置换等方式成为可流动的油。在数值模型中是通过不同界面张力对应的油水相对渗透率曲线进行插值表征低张力体系驱油过程的。根据实验室优选出的起泡体系，表面活性剂浓度与界面张力的关系见表6–5。数据表明，表面活性剂能在一定程度上降低原油的界面张力，使驱替效率提高。

表6–5　表面活性剂浓度与界面张力关系

表面活性剂浓度，%	表面张力，mN/m		界面张力，mN/m	
	CFP–1	CFP–2	CFP–1	CFP–2
0	64.5	64.5	16.12	16.12
0.05	32.8	28.6	1.56	1.21
0.15	25.8	25.3	0.65	0.54
0.4	24.9	24.7	0.51	0.47
0.50	24.6	24.2	0.50	0.45
0.8	25.3	24.5	0.51	0.50

STARS中界面张力输入界面如图6–57所示。

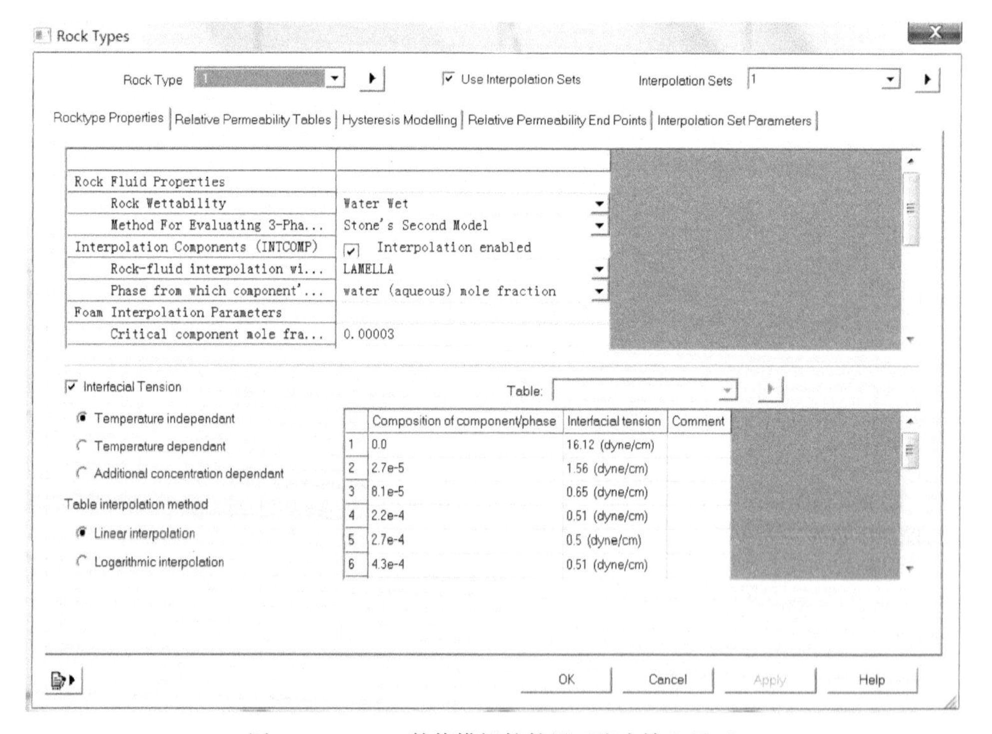

图6–57　CMG数值模拟软件界面张力输入界面

（4）起泡剂在岩石表面的吸附性能。

驱油过程中，化学剂在油层岩砂上的吸附损耗将导致其浓度下降。对于低渗油层来说，岩石的比表面积大，表面活性剂在岩石表面上的吸附滞留量更高，因此有必要开展起泡剂吸附测试实验。

所选用的起泡剂 CFP−1 和 CFP−2 均为阴离子型表面活性剂，在 NaAc−HCl 缓冲溶液中，利用刚果红和溴化十六烷基吡啶与阴离子表面活性剂 CFP−1 和 CFP−2 的显色反应，建立了测定阴离子表面活性剂的方法，用于快速测定水体中阴离子表面活性剂的含量。

在 10mL 比色管中，分别移取刚果红溶液（1×10^{-4}mol/L）2.0mL，溴化十六烷基吡啶（1×10^{-4}mol/L）1.0mL，pH 1.80 的 NaAc−HCl 缓冲溶液 1.0mL 以及适量阴离子表面活性剂，用蒸馏水稀释至刻度，摇匀。放置时间 20min，使用 1.0cm 比色皿，于波长 570nm 处以相应试剂空白作参比，测定其吸光度（图 6−58）。

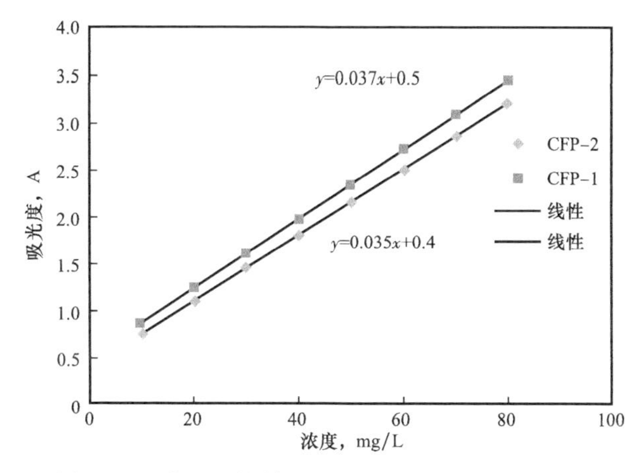

图 6−58 表面活性剂 CFP−1 和 CFP−2 的标准曲线

表面活性剂 CFP−1 和 CFP−2 在岩石碎屑表面的吸附测定步骤如下：

① 用蒸馏水配制不同浓度表面活性剂溶液，它们所代表的就是吸附前的初始浓度，用 C_0 来表示；

② 将岩石粉末分别与表面活性剂溶液按 20：1 的液固比加入带塞的安瓿瓶中，振摇混匀后盖好瓶塞，并用密封带进一步将瓶口密封好；

③ 将安瓿瓶置于恒温水浴槽中保持震荡 24h，使吸附剂与表面活性剂溶液充分接触；

④ 取出安瓿瓶，将其中的溶液倒入离心管中，用离心机（2000r/min）离心分离约 30min；

⑤ 用移液管移取 2mL 的上层清液，加入容量瓶中并稀释到所测的浓度范围；

⑥ 倒入比色皿中，用紫外分光光度计测其吸光度，并记录吸光度值，吸光度值对应的浓度就是吸附达到平衡时的平衡浓度，用 C 来表示。

吸附量 F 按照下式计算：

$$F=\frac{(C-C_0)V}{W} \tag{6-1}$$

式中 C——表面活性剂吸附前的浓度，mg/L；

C_0——表面活性剂吸附后的浓度，mg/L；

V——溶液体积，L；

W——岩石或矿物的质量，g。

从图 6-59 可以看出，两条吸附曲线都符合 Langmuir 吸附规律，吸附量随质量浓度的增加而迅速上升，到某浓度后吸附达到平衡。因表面活性剂的物性不同，达到平衡时的溶液浓度也不同，平衡吸附量也有很大差别，CFP-2 表活剂为 1.55mg/g，CFP-1 为表活剂 1.36mg/g。

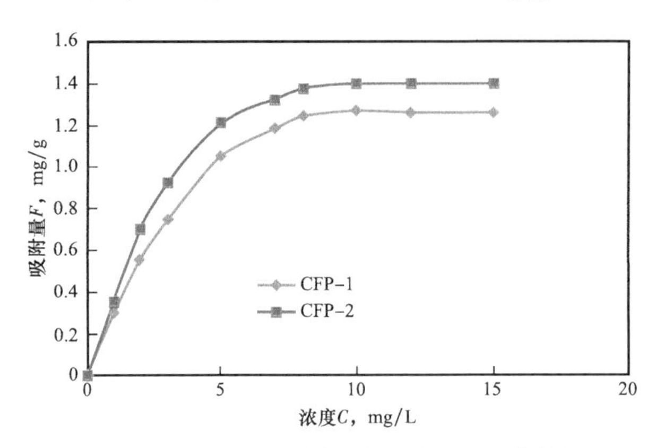

图 6-59 表面活性剂在石英砂表面的吸附特征

三、低温氧化反应及参数设定

空气注入油层后，空气中的氧气与原油接触，在油藏条件下可以发生高温氧化（HTO）和低温氧化（LTO）两种反应。高温氧化只发生在温度高于 300℃时，这些反应导致碳氢化合物链被破坏，生成二氧化碳、一氧化碳和水。在低温时发生低温氧化反应，导致氧原子和碳氢化合物分子连接，所生成的羧酸、醛、酮、醇以及过氧化物会被继续氧化生成氧化物和水。

原油与氧气的低温氧化原理也将适用于注空气泡沫驱。通过原油与空气泡沫室内氧化实验，证明当空气以空气泡沫的形式存在时也可以同原油发生低温氧化反应，只不过由于空气泡沫气泡液膜的存在，延缓了其中的空气与原油的接触。由此导致的结果是其反应的压力降比原油与空气反应压力降滞后，相同时间下体系压力降低得更少。这与空气泡沫的强度是紧密相关的。空气泡沫遇油或达到一定寿命时就会破裂释放出空气，与原油发生低温氧化反应。

根据原油分析化验，计算得原油 OIL 分子量平均值为 173。化学反应方程系数根据各物质分子量配平而得到，由此可建立低温氧化反应方程：

$$1OIL+2O_2 \longrightarrow 2H_2O+0.8236OIL_2+CO_2 \quad (6-2)$$

原油反应速度与活化能之间的关系为：

$$v=k_0 e^{-E/RT} \quad (6-3)$$

公式两边取对数，简化得到：

$$\ln v = \ln k_0 - \frac{E}{R} \cdot \frac{1}{T} \tag{6-4}$$

式中　v——原油反应速度，mol/（h · mL）；

k_0——反应速率常数；

E——活化能，J；

R——通用气体常数，即 8.314J/（mol · K）；

T——绝对温度，K。

将实验测试得到的低温氧化反应速度的对数与反应温度的倒数作图，回归直线斜率和截距（图 6–60），得到原油低温氧化反应活化能 E=17.43KJ/mol，阿伦纽斯常数 k_0 为 1.81。

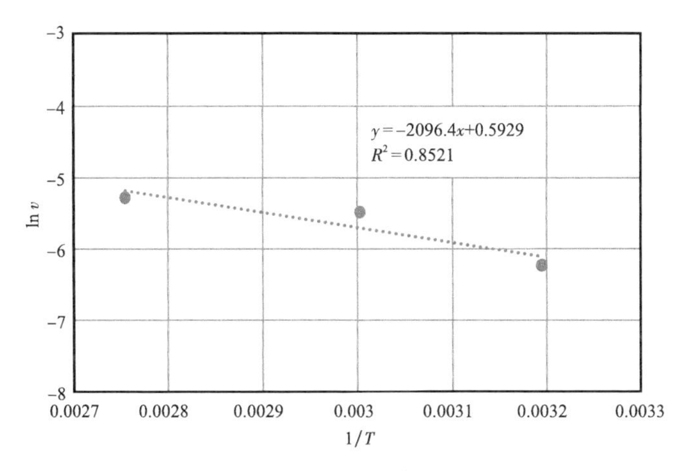

图 6–60　原油低温氧化反应速率与温度之间的关系

低温氧化反应参数输入界面如图 6–61 所示。

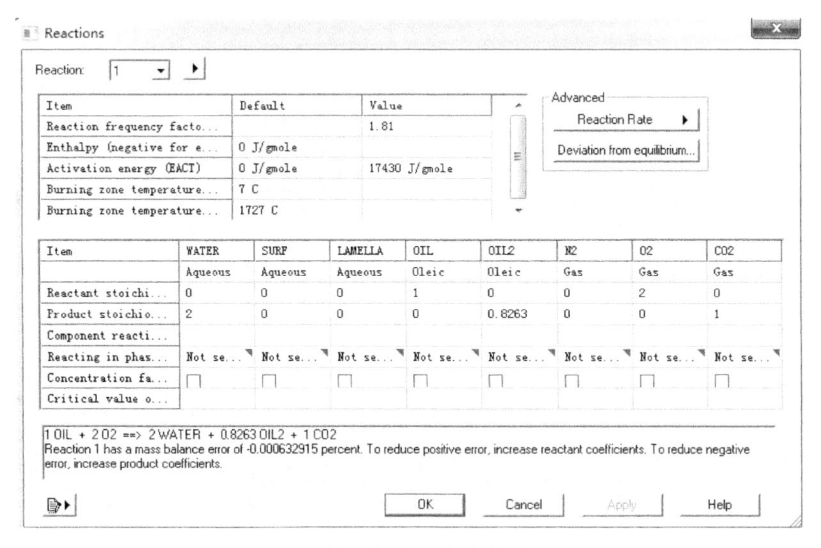

图 6–61　低温氧化反应参数输入界面

四、物化现象描述及参数

泡沫是在起泡剂作用下气体（空气、氮气等）在液相中形成的一种分散体系，气体为分散相，液体为连续相。大部分的气泡都需要起泡剂，使其能维持更长时间，起泡剂通常是表面活性剂、高分子或分散固体。泡沫在多孔介质运移过程中会不断地破灭、再生，是动态平衡过程，应考虑以下三个化学反应。

（1）泡沫的生成。

在表面活性剂作用下，气体分散在液体中形成气泡。气泡表面所吸附的做定向排列的表面活性剂吸附到一定浓度时，气泡壁就会形成一层坚固的薄膜。表面活性剂吸附在气/液界面上，降低界面张力，从而增加了气/液接触面，使气泡不易合并，即气泡的表面需要形成一个表面活性剂保护层，避免气泡与其他泡沫聚并，从而生成稳定的泡沫。

可用如下化学反应方程式表示泡沫生成：

$$\mathrm{WATER}+2.15\times10^{-5}\mathrm{SURF}+1\mathrm{N_2}\longrightarrow 1\mathrm{LAMELLA}+1\mathrm{N_2} \quad (6-5)$$

式（6-5）表示水与表面活性剂在气相存在的条件下生成泡沫，该反应的速率相对较快，综合反应速率实验估测与数值岩心拟合结果，取值为0.1。

（2）泡沫的衰变。

泡沫是热力学不稳定体系，它具有比其中的气体和液体的自由能之和还要高的自由能。自由能具有自发减少的倾向，导致泡沫逐渐破灭，直至气液完全分离。或者说，由于泡沫的气/液界面非常大，破坏后形成的液滴表面非常小，所以会自发地破坏。其破裂过程包括排液、气泡合并和破裂三个阶段。从一定体积泡沫中析出一半的液体或破灭一半体积的泡沫所用的时间即为半衰期，前者称为析液半衰期，后者称为泡沫破灭半衰期。因此，泡沫反应过程中必须考虑泡沫的生成和衰变。

可用如下化学反应方程式表示泡沫的衰变：

$$\mathrm{WATER}+2.15\times10^{-5}\mathrm{SURF}+2\mathrm{LAMELLA}\longrightarrow 2\mathrm{WATER}+4.3\times10^{-5}\mathrm{SURF}+1\mathrm{LAMELLA} \quad (6-6)$$

式（6-6）表示在液相状态下泡沫自然消泡的过程，该式的反应速率体现泡沫半衰期的大小，根据拟采用起泡液总浓度为0.5%，测得泡沫体系的半衰期为15min，取其倒数换算成反应速率暂时取为0.0462。

（3）泡沫遇油消泡。

原油对泡沫有抑制和破坏作用，泡沫与原油的相互作用首先发生在液膜与原油之间，原油对泡沫的破坏是通过在液膜表面铺展或者以油珠形式进入液膜，导致液膜变薄而破裂。因此，泡沫反应过程必须考虑泡沫遇油破灭的现象。

可用如下化学反应方程式表示泡沫遇油破灭：

$$\mathrm{WATER}+2.15\times10^{-5}\mathrm{SURF}+2\mathrm{LAMELLA}+1\mathrm{OIL}\longrightarrow 2\mathrm{WATER}+4.3\times10^{-5}\mathrm{SURF}+1\mathrm{LAMELLA}+1\mathrm{OIL} \quad (6-7)$$

式（6-7）表示泡沫遇油消泡的过程，在含油饱和度较高的情况下，泡沫体系变得不稳定，该反应速率较快，通过实验及数值岩心模拟测得其反应速率为不含油时的 5 倍。

（4）气泡渗流贾敏效应。

贾敏效应的叠加作用会导致泡沫在较高的压力梯度下流动，才能克服岩石孔隙的毛管作用力，把小孔喉中的油驱出。LAMELLA 在模型中的物理意义是气泡的液膜，且与泡沫一样作为气相存在，在数值模型中通过对组分 LAMELLA 的黏度进行设置，气液相对渗透率曲线发生变化，能够表征泡沫的贾敏效应对驱油的影响。

这里取室内测得的等效黏度（通过泡沫驱流动实验确定）近似气泡的液膜黏度，设置气泡液膜黏度为 640mPa · s。

STARS 中相关物理化学反应现象输入面板如图 6-62 至图 6-64 所示。

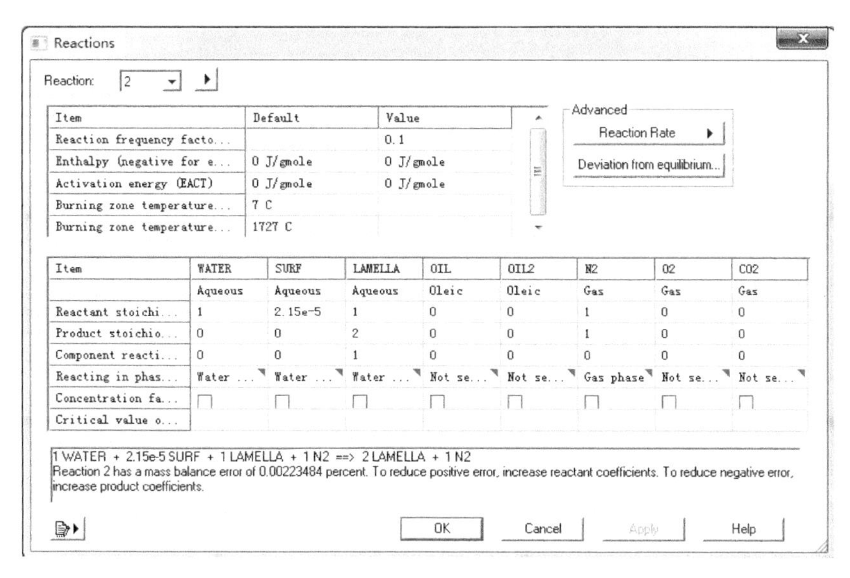

图 6-62　泡沫生成反应参数输入界面

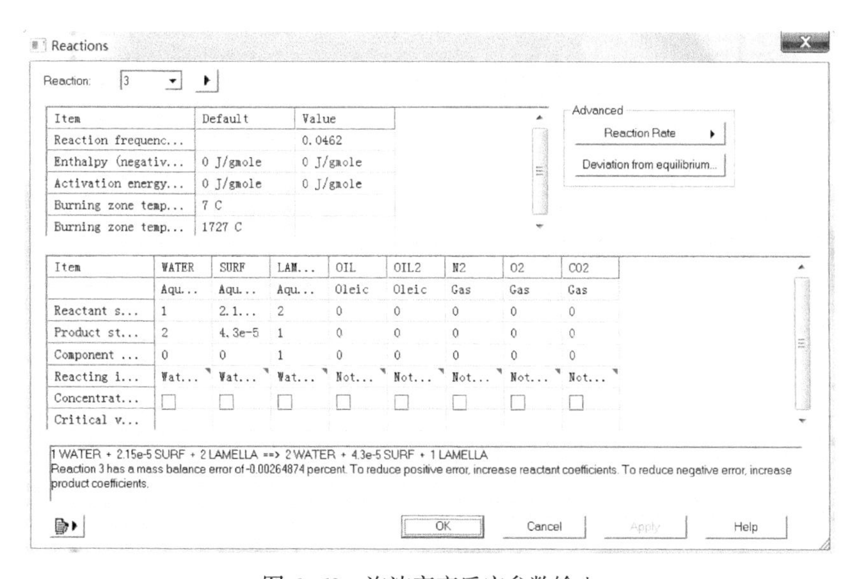

图 6-63　泡沫衰变反应参数输入

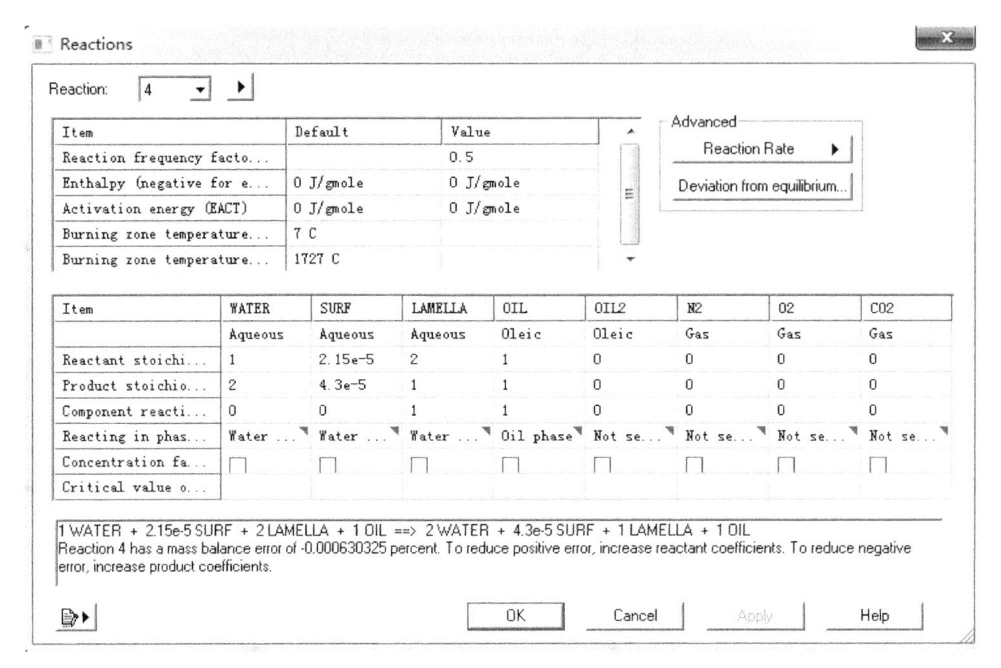

图 6-64　泡沫遇油消泡反应参数输入

五、泡沫插值参数设定

假设泡沫产生和破灭相对于泡沫的流动是迅速发生的，一旦气和表面活性剂溶液共存，就会存在泡沫。这种方法的优点如下：

（1）所需要的实验数据相对较少；

（2）只需要增加一个额外的表面活性剂流动方程，减少了模拟费用；

（3）所做的简化可以使室内实验和现场试验更有效地进行拟合。

可以通过修正气相相对渗透率曲线来模拟泡沫对气体流度和流动路径的影响。由于气相的模拟流动方程中，降低气相的相对渗透率等同于增加气相的黏度和气相的阻力系数，或者两者共同作用。通过修正气相的相对渗透率曲线来表示这些影响是最灵活的方式。

泡沫驱经验模型中，泡沫流度表征为表面活性剂浓度、气相流速（或毛管数）与含油饱和度等的函数。通过修正气相相对渗透率曲线来确定泡沫对流度的降低（图 6-65）。

经验模型表示如下：

$$K_{rg}^{f}=K_{rg}^{nf}\cdot F_{M} \tag{6-8}$$

$$F_{M}=\frac{1}{1+MRF\cdot F_{1}\cdot F_{2}\cdot F_{3}\cdot F_{4}\cdot F_{5}\cdot F_{6}} \tag{6-9}$$

式中　K_{rg}^{f}——泡沫存在时的气相相对渗透率；

　　　K_{rg}^{nf}——无泡沫存在时的气相相对渗透率。

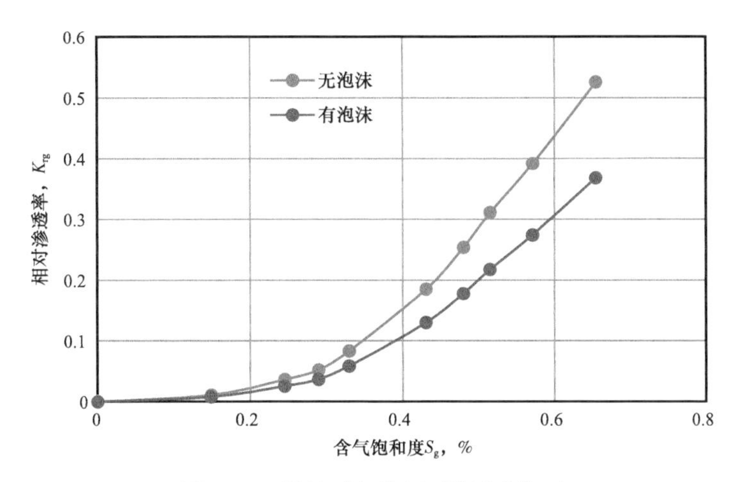

图 6-65　泡沫对气体相对渗透率修正

无因次插值参数 F_M 取决于 F_1～F_6 六个方程和流度降低因子 MRF。

$$F_1=\left(\frac{w_s}{w_{s\max}}\right)^{es} \tag{6-10}$$

$$F_2=\left(\frac{S_{omax}-S_o}{S_{omax}}\right)^{eo} \tag{6-11}$$

$$F_3=\left(\frac{N_c^{ref}}{N_c}\right)^{ev} \tag{6-12}$$

$$F_4=\left(\frac{N_c^{gcp}-N_c}{N_c^{gcp}}\right)^{egcp} \tag{6-13}$$

$$F_5=\left(\frac{x_m^{cr}-x_m}{x_m^{cr}}\right)^{eomf} \tag{6-14}$$

式中　w_s——表面活性剂浓度，%（摩尔分数）；

w_{smax}——维持强泡沫时最大表面活性剂浓度，%（摩尔分数）；

es——泡沫剂浓度指数，1.0～2.0；

S_o——含油饱和度，通常为 0.1～0.7；

S_{omax}——能生成泡沫的最大含油饱和度，通常为 0.1～0.3；

eo——含油饱和度指数，1.0～2.0；

N_c——毛细管数；

N_c^{ref}——参考流速毛细管数；

ev——流速指数，0.3～0.7；

N_c^{gcp}——临界毛细管数，egcp 为其指数；

x_m——油组分摩尔分数；

x_m^{cr}——临界油组分摩尔分数，eomf 为其指数。

通过在最大表面活性剂浓度 w_{smax} 下的泡沫水相流动实验得到 MRF：

$$MRF=\frac{(\Delta p)_{foam}}{(\Delta p)_{nofoam}} \tag{6-15}$$

式中 $(\Delta p)_{foam}$——有泡沫流存在时的岩心压降，MPa；

$(\Delta p)_{nofoam}$——无泡沫流存在时的压降，MPa；

MRF——用于缩放气体相对渗透率曲线，变化范围为 5.0～100.0。

取较大值时，说明表面活性剂能够形成强泡沫，当取值较小时，说明表面活性剂形成的是弱泡沫。

一般情况下，只需考虑 F_1、F_2、F_3。F_1 反映了表面活性剂浓度的影响，F_2 反映了含油饱和度的影响，F_3 反映了毛细管数的影响。根据实验及数值岩心拟合结果，式（6-10）中 w_{smax} 取值 0.00003，S_{omax} 取值 0.3，N_c^{ref} 取值 0.001，es 取值 1.0，eo 取值 1.0，ev 取值 0.5。即 CMG 软件 STARS 模拟器中 FMSURF、FMOIL、FMCAP、EPSURF、EPOIL、EPCAP 取值分别为 0.00003、0.3、0.001、1.0、1.0、0.5。

STARS 中泡沫相关插值参数输入界面如图 6-66 所示。

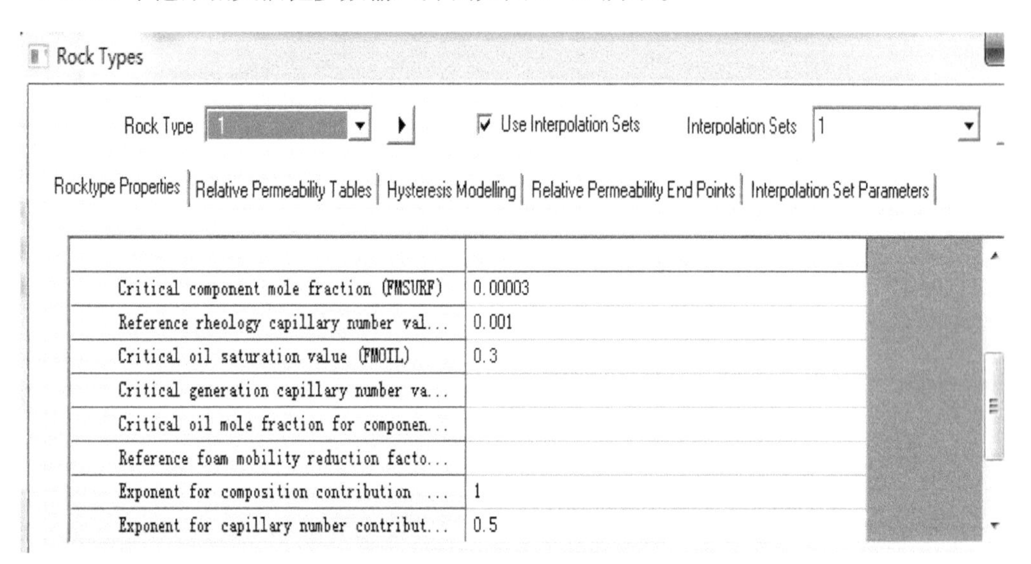

图 6-66　泡沫相关插值参数输入

六、室内实验拟合

为模拟空气泡沫驱提高采收率实验，建立了 60×1×1 一维填砂管网格模型，网格步长 1.0cm×3.0cm×3.0cm。模拟初始温度为 56℃，压力为 12.2MPa，含油饱和度为 58.5%，束缚水饱和度为 41.5%，平均渗透率为 320mD，孔隙度为 34.50%。地层原油黏度为

2.0mPa·s，表面活性剂浓度为 0.5%。注水速度为 0.5mL/min，先注水开发至含水 98%，再进行空气泡沫驱，总注入 0.4PV，气液比为 2.5∶1，最后水驱。

拟合结果如图 6-67、图 6-68 所示。

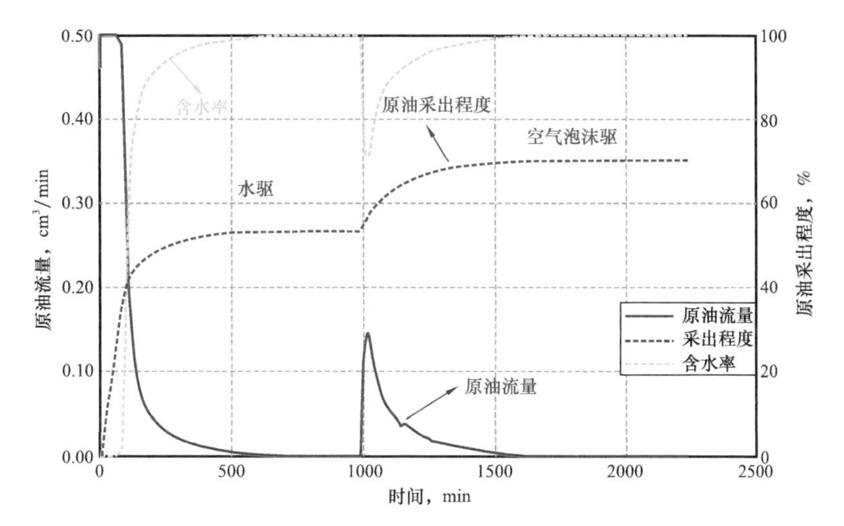

图 6-67　空气泡沫驱一维岩心驱替数值模拟结果

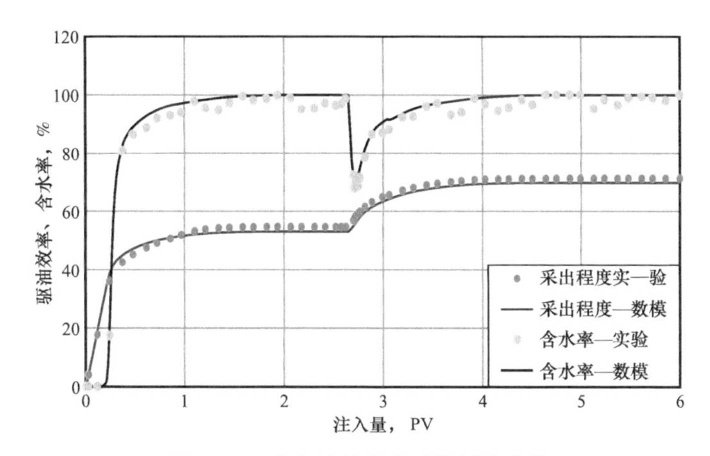

图 6-68　空气泡沫驱实验及拟合曲线

结果表明，各阶段模拟结果与实验结果基本一致。

七、影响驱替效果关键参数分析

根据前述研究结果，从表面活性剂浓度、注入量、气液比、注入时机（含水率）、注入速度等几个方面分析了影响空气泡沫驱效果的主要参数。由于空气泡沫驱影响因素众多，若进行全面试验，则试验的规模将很大，而且难以实施。正交设计就是安排多因素试验、寻求最优水平组合的一种高效率试验设计方法。根据实际情况，选择等水平 5 因素正交试验（表 6-6），根据 L16（45）正交设计表产生 16 套方案（表 6-7），对每套方案的空气泡沫驱提高采收率增幅进行了预测。

表 6-6　空气泡沫驱影响因素水平表

水平	因素 1	因素 2	因素 3	因素 4	因素 5
	表面活性剂浓度，%	注入量，PV	气液比	含水率，%	注入速度，mL/min
1	0.3	0.3	1.5：1	30	0.2
2	0.4	0.4	2.0：1	50	0.5
3	0.5	0.5	2.5：1	70	0.8
4	0.6	0.6	3.0：1	90	1.0

正交试验预测结果见表 6-8。其中，X 代表空气泡沫驱提高采收率幅度（%）。k_1、k_2、k_3、k_4 为各因素同一水平试验指标的平均数，R 为级差。级差 R 越大，代表该因素的影响越明显。

表 6-7　空气泡沫驱 5 因素 L16（45）正交试验设计表

试验号	因素 1	因素 2	因素 3	因素 4	因素 5
1	1	1	1	1	1
2	1	2	2	2	2
3	1	3	3	3	3
4	1	4	4	4	4
5	2	1	2	3	4
6	2	2	1	4	3
7	2	3	4	1	2
8	2	4	3	2	1
9	3	1	3	4	2
10	3	2	4	3	1
11	3	3	1	2	4
12	3	4	2	1	3
13	4	1	4	2	3
14	4	2	3	1	4
15	4	3	2	4	1
16	4	4	1	3	2

结果表明：影响空气泡沫驱效果的级差排序为 0.693（因素 2）＞0.590（因素 3）＞0.421（因素 1）＞0.375（因素 5）＞0.293（因素 4），即影响空气泡沫驱驱替效果的因素排序为：注入量＞气液比＞表面活性剂浓度＞注入速度＞注入时机（表 6-8）。

表 6-8　空气泡沫驱影响正交试验结果

试验号		因素 1	因素 2	因素 3	因素 4	因素 5	X
1		1	1	1	1	1	14.64
2		1	2	2	2	2	15.89
3		1	3	3	3	3	16.42
4		1	4	4	4	4	15.93
5		2	1	2	3	4	15.62
6		2	2	1	4	3	15.67
7		2	3	4	1	2	16.38
8		2	4	3	2	1	16.32
9		3	1	3	4	2	15.91
10		3	2	4	3	1	16.20
11		3	3	1	2	4	15.86
12		3	4	2	1	3	16.42
13		4	1	4	2	3	16.08
14		4	2	3	1	4	16.21
15		4	3	2	4	1	15.92
16		4	4	1	3	2	16.35
X	k_1	15.718	15.56	15.627	15.91	15.771	
	k_2	15.996	15.992	15.961	16.037	16.13	
	k_3	16.098	16.146	16.217	16.149	16.146	
	k_4	16.139	16.253	16.146	15.856	15.903	
	R	0.421	0.693	0.590	0.293	0.375	

第四节　概念模型与参数优化

这里利用一维流动实验研究空气泡沫驱注采参数对驱油效果的影响规律。该方法实际上只考虑了驱油效率，未考虑注采井网类型和井网密度（井距）对空气泡沫体系宏观波及系数的影响，而实际油藏中空气泡沫驱提高采收率的影响因素很多，为了简化模型，考虑主要影响因素，提升注入参数设计的合理性，建立试验区概念模型进行合理注入参数分析。

一、井组模型的建立

为模拟注采井网中空气泡沫驱油机理及其影响规律，考虑油藏储层为复合韵律的特点，建立了正方形反九点井网概念模型（深度 1750m，油藏压力 12.26MPa，射孔层段为 2、3 层），模型网格数为 35×35×5，平面网格尺寸 10m×10m，模型孔隙度、渗透率、厚度等基础参数见表 6-9，其他参数参考实验拟合部分（图 6-69）。

表 6-9　空气泡沫驱井组模型参数

小层	砂体厚度，m	孔隙度	渗透率，mD	含油饱和度
1	4.0	0.11	1.10	0.48
2	6.0	0.13	5.05	0.62
3	6.0	0.12	4.62	0.58
4	3.0	0.11	2.06	0.52
5	4.0	0.09	1.15	0.45

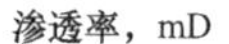

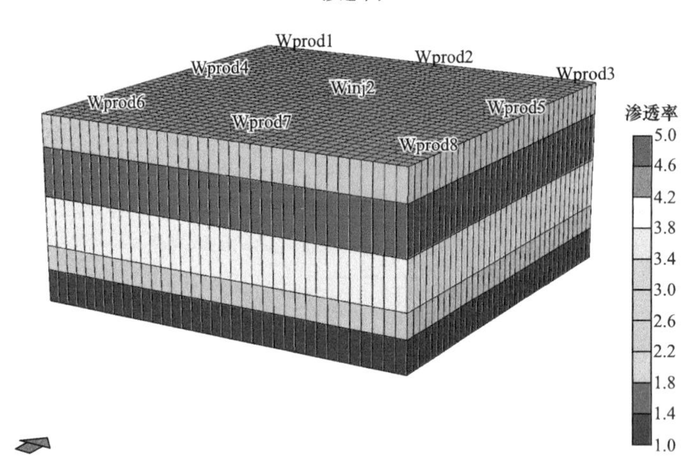

图 6-69　正方形反九点井组概念模型图

通过改变网格尺寸大小可以调整部署不同的井距（模拟井网加密），模型先进行水驱，在不同含水率条件下（模拟空气泡沫驱合理注入时机）进行空气泡沫驱，模拟不同注采参数下空气泡沫驱的效果。然后分别模拟不同井距条件下空气泡沫驱的注入量、气液比、注入时机、注入速度等关键参数进行了优化设计，提出了合理的参数调整范围。

以第 2 小层为例，空气泡沫驱不同注入时刻的含油饱和度分布如图 6-70 至图 6-75 所示。模拟结果表明，空气泡沫驱开始注入时，注水井附近含油饱和度较低；随空气泡沫的不断注入，剩余油逐渐富集，向生产井推进，生产井含水率降低，原油产量增加，采收率得到较大幅度的提升，生产动态曲线如图 6-76 至图 6-78 所示。

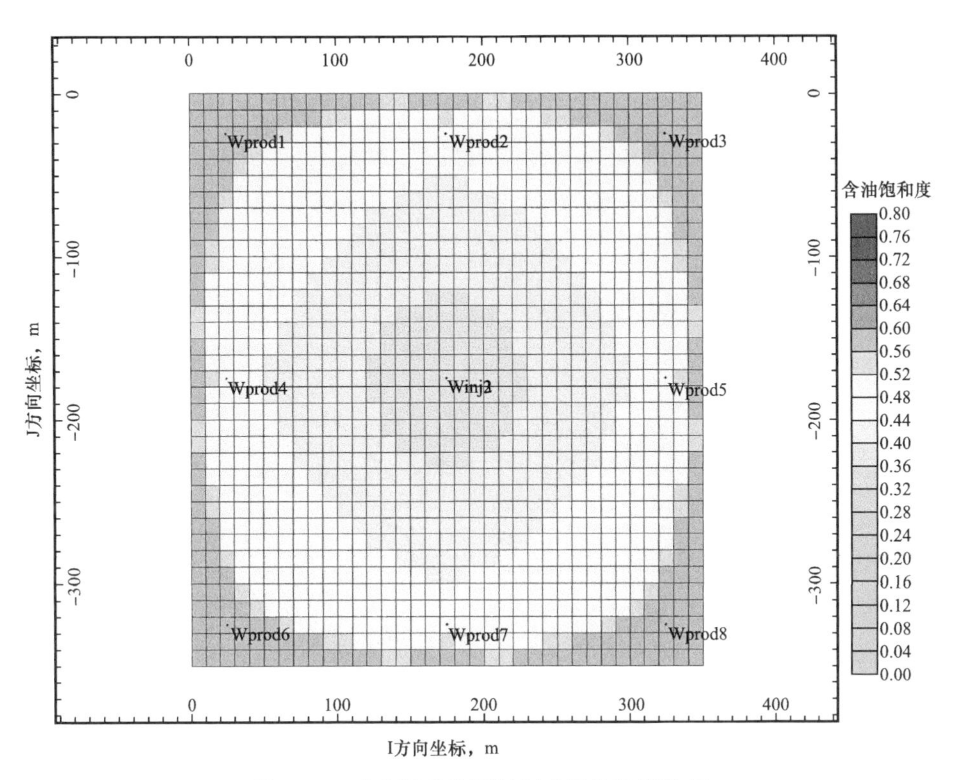

图 6-70　空气泡沫驱开始时含油饱和度分布

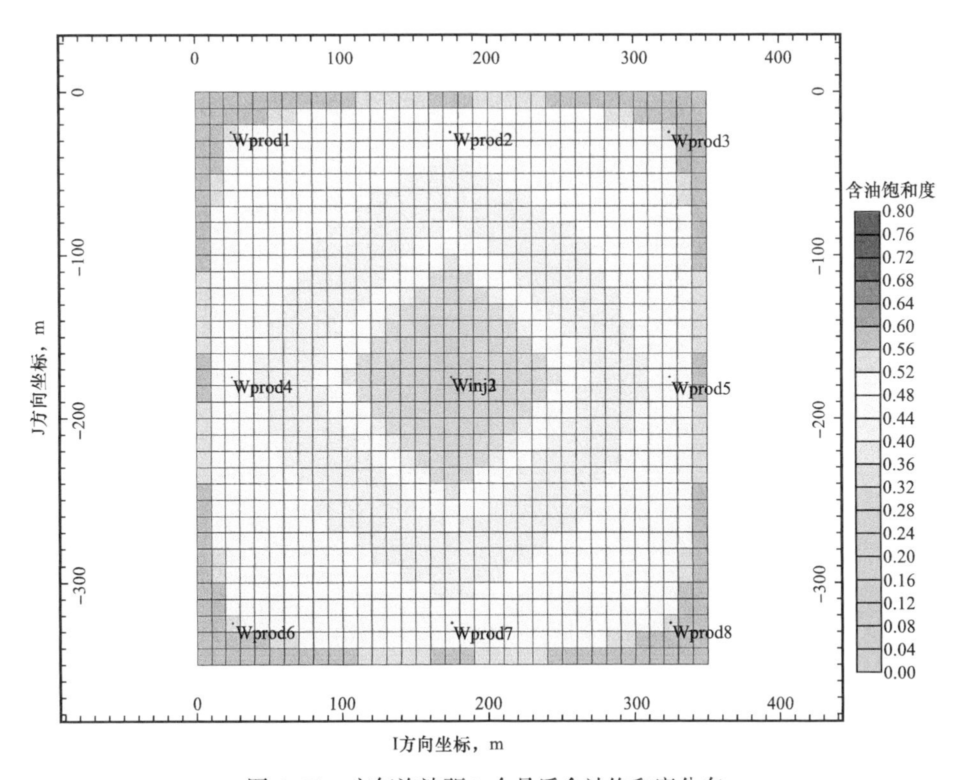

图 6-71　空气泡沫驱 3 个月后含油饱和度分布

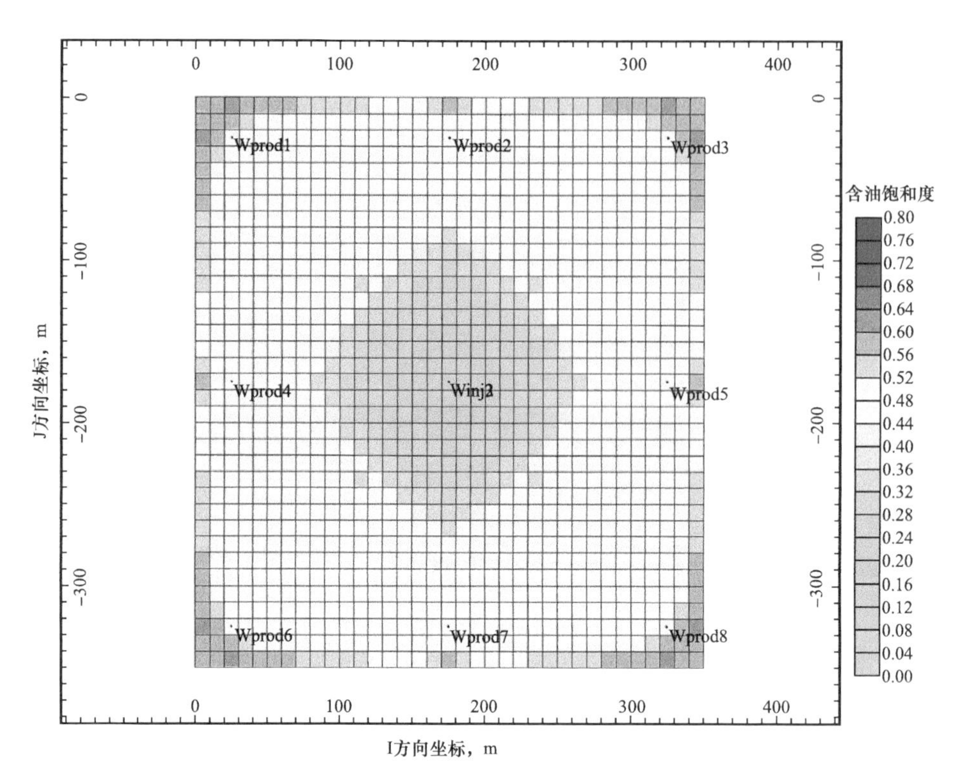

图 6-72　空气泡沫驱 1 年后含油饱和度分布

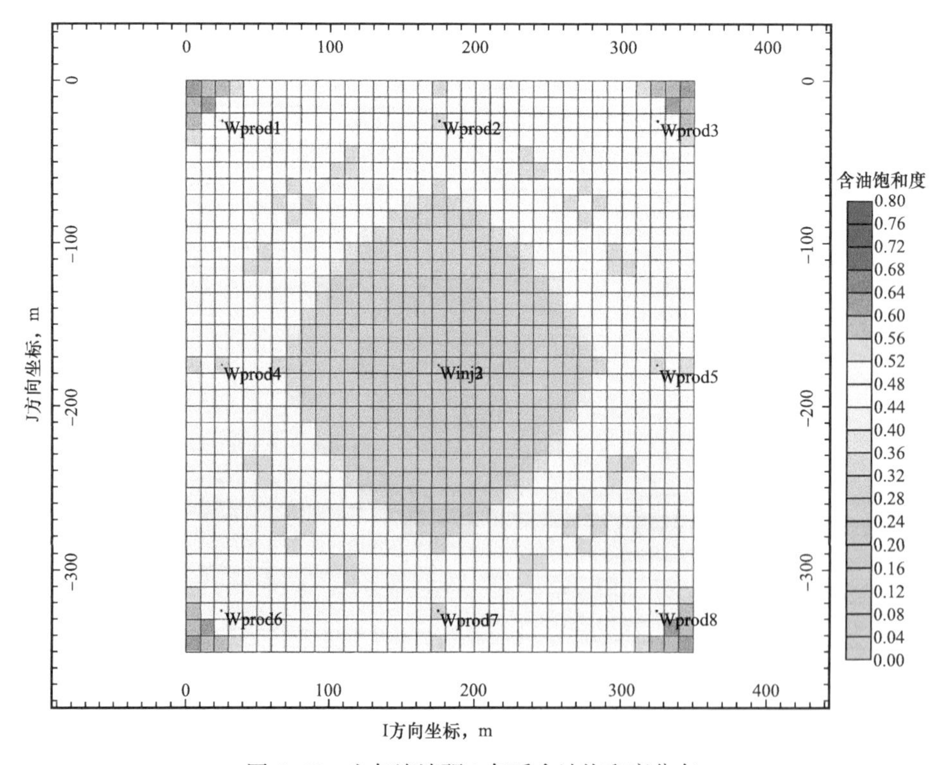

图 6-73　空气泡沫驱 2 年后含油饱和度分布

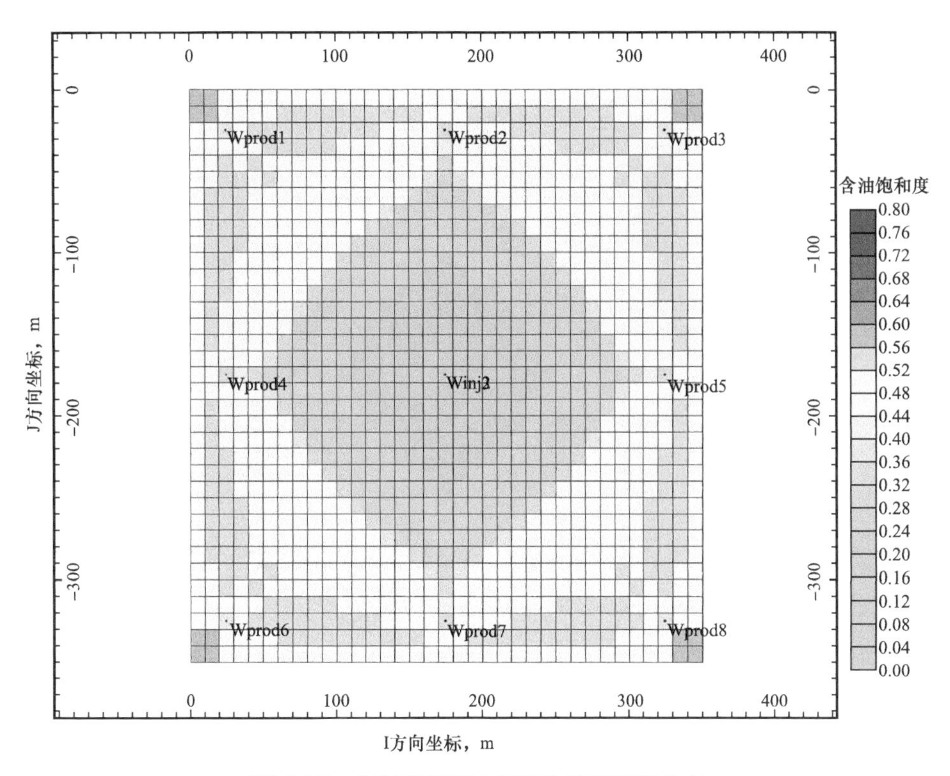

图 6-74　空气泡沫驱 3 年后含油饱和度分布

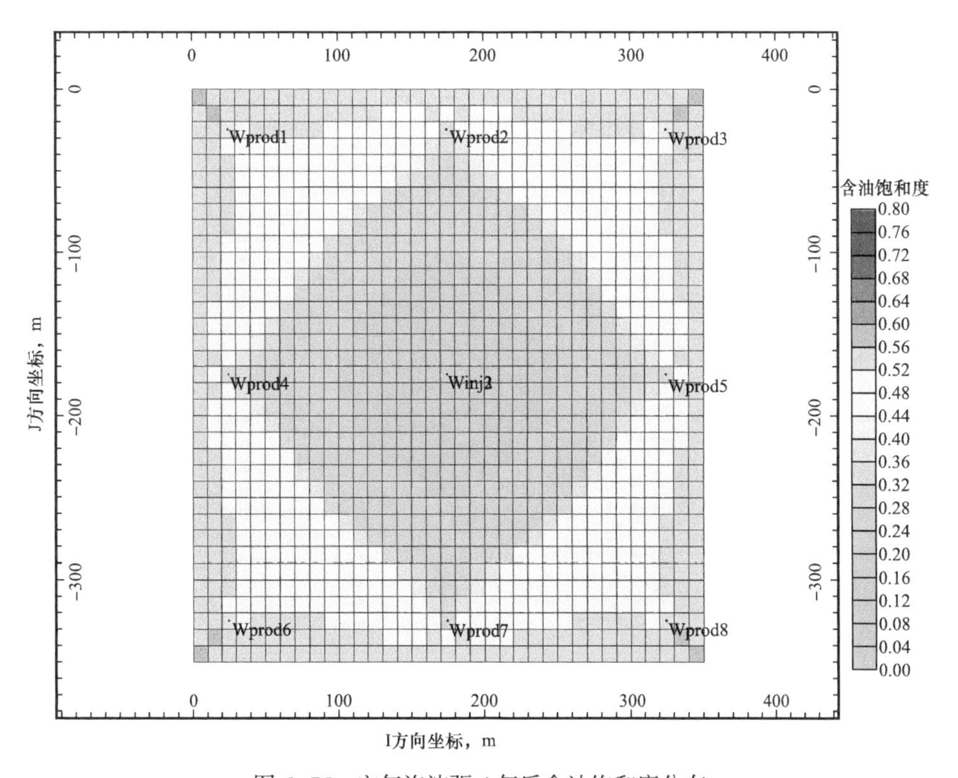

图 6-75　空气泡沫驱 4 年后含油饱和度分布

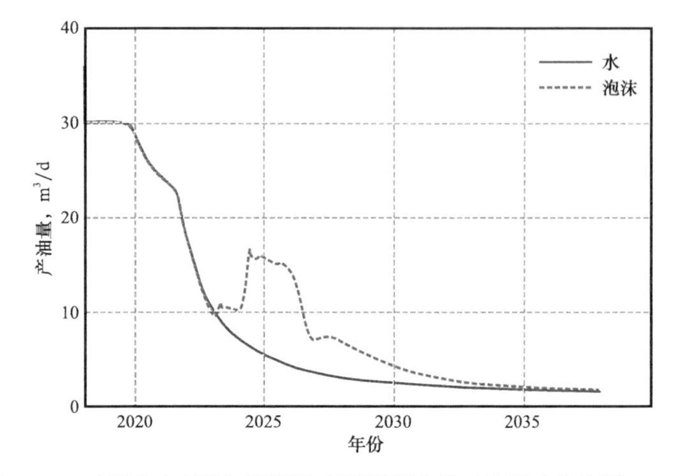

图 6-76　水驱和空气泡沫驱原油产量预测曲线对比图（井排距 300m）

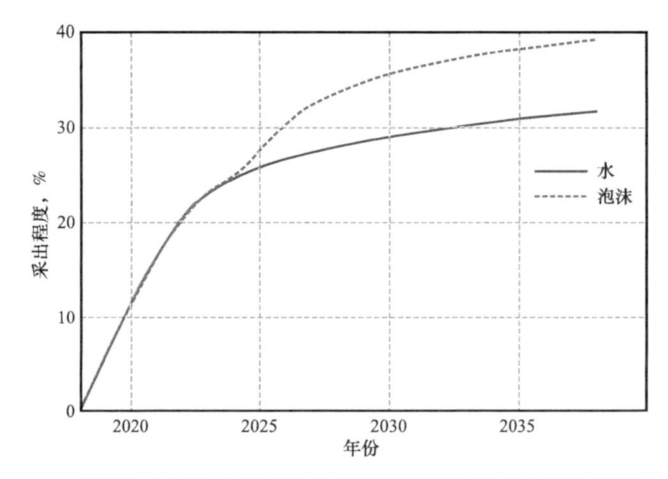

图 6-77　水驱和空气泡沫驱原油采出程度预测曲线对比图（井距 300m）

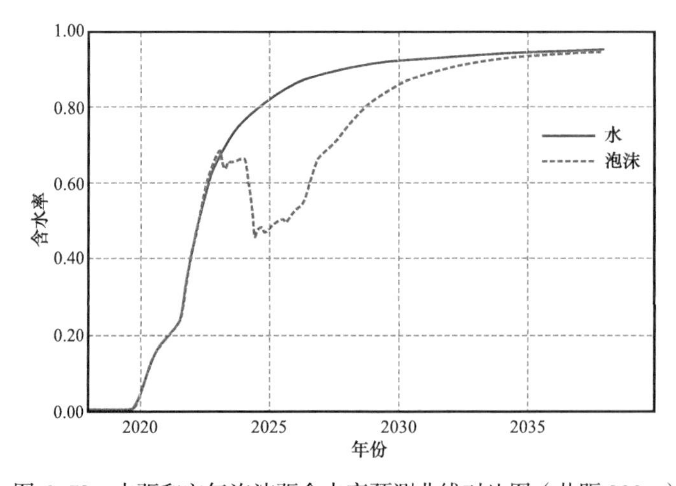

图 6-78　水驱和空气泡沫驱含水率预测曲线对比图（井距 300m）

二、不同井距优化

不同井距下反九点井网采出程度与时间关系见表 6-10，结果表明随井距减小，对应井网密度增大，水驱及空气泡沫驱的采出程度均增大，空气泡沫驱提高采收率幅度也增大，但增加幅度越来越小。仅从采收率角度看，小井距井网均有利于提高水驱及空气泡沫驱驱油效果（图 6-79、图 6-80）。

表 6-10　不同井距的水驱和空气泡沫驱采收率提高程度对比

反九点井网井距，m	500	400	300	225	150
折算井网密度，口 /km^2	4.00	6.25	11.11	19.75	44.44
水驱采出程度，%	27.07	28.67	31.6	33.93	36.68
空气泡沫驱采出程度，%	33.42	35.41	39.17	42.36	45.63
采收率提高幅度，%	6.35	6.74	7.57	8.43	8.95

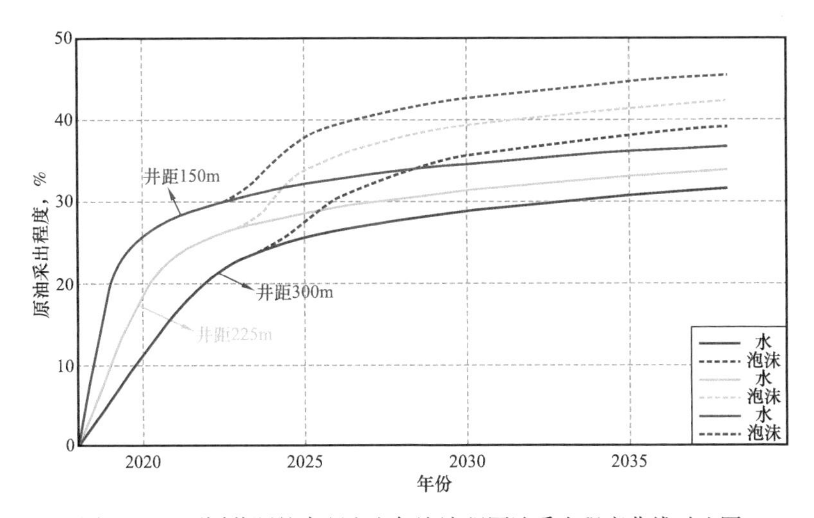

图 6-79　不同井距的水驱和空气泡沫驱原油采出程度曲线对比图

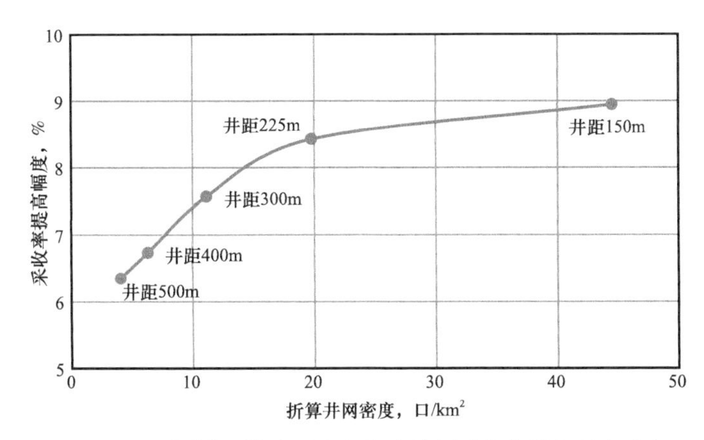

图 6-80　不同井距的水驱和空气泡沫驱采收率提高程度对比

三、注入参数优化

以概念模型为研究对象，模拟不同参数条件下注空气泡沫提高采收率的幅度，确定现场用的合理注入参数。

1. 起泡剂浓度优化

确定最佳的表面活性剂浓度可以使驱油效果达到最佳，还可以尽可能降低驱油成本，达到经济效益最大化。模拟过程中，水驱至含水率达到65%，依次改变表面活性剂的质量分数为0.1%、0.2%、0.3%、0.4%、0.5%、0.8%、1.0%，在各自0.5PV注入量下，比较不同浓度下采收率提高幅度。模拟结果见表6-11。

表6-11　表面活性剂质量浓度对提高采收率的影响

表面活性剂质量分数 %	泡沫驱较水驱采收率提高幅度，%	
	300m×300m井距	225m×225m井距
0.1	4.47	5.52
0.2	5.42	6.53
0.3	6.42	7.41
0.4	7.26	8.25
0.5	7.57	8.56
0.8	7.89	8.87
1	8.15	9.05

由图6-81可以看出，采收率随表面活性剂质量分数的增加而增加，但增加的幅度越来越少。从曲线可以明显看到，采收率变化存在“拐点”，超过“拐点”对应的浓度，采收率提高的幅度很小。这一方面说明了增加表面活性剂的浓度有利于改善泡沫体系起泡性能，从而改善驱油效果；另一方面说明泡沫性能在某一浓度达到最佳，超过该浓度，对泡沫性能的影响变小或者不明显。300m×300m正方形反九点井网模型与225m×225m正方形反九点井网模型二者提高采收率曲线变化趋势相同，但前者的采收率提高幅度略低于后者。综合考虑，表面活性剂最佳质量分数推荐为0.3%～0.5%。

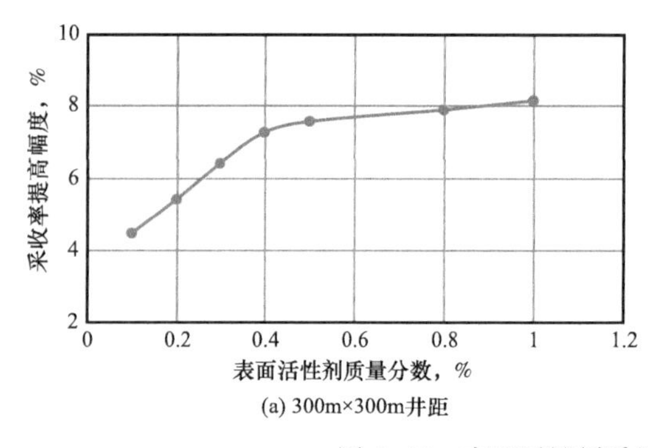

(a) 300m×300m井距

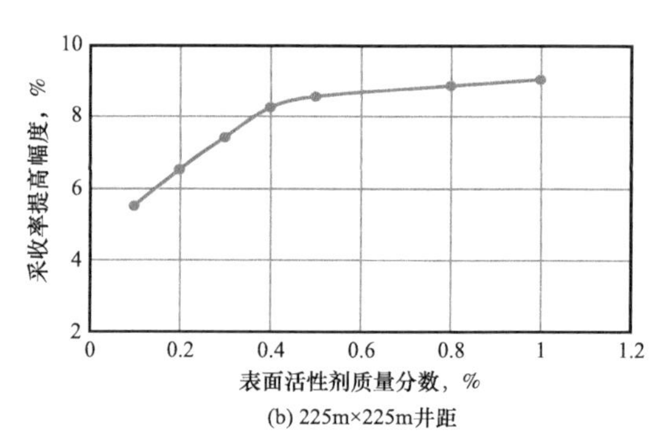

(b) 225m×225m井距

图6-81　表面活性剂质量浓度对提高采收率的影响

2. 注入量优化

总注入量是影响空气泡沫驱驱替效果的一个重要参数，注入量太小，形成的泡沫段塞体积有限，空气泡沫驱实际发挥的作用受到限制；注入量太大，成本增加，采收率提高幅度增幅有限，经济效益变差。

模拟时，水驱至含水率达到65%，进行空气泡沫驱，分别注入不同PV数的空气泡沫体系进行驱替，然后进行后续水驱。模拟结果如表6-12、图6-82所示。结果表明，300m×300m正方形反九点模型与225m×225m正方形反九点模型采收率与注入量关系变化趋势一致。采收率随空气泡沫液注入量的增加而增加，但增加的幅度越来越少。当空气泡沫液注入量达到一定值时，采收率变化曲线存在明显“拐点”，超过“拐点”对应的注入量，采收率提高的幅度很小。综合考虑，优选300m×300m正方形反九点模型空气泡沫液推荐注入量为0.3PV～0.5PV；而225m×225m正方形反九点井模型推荐空气泡沫液注入量为0.3PV～0.4PV。

表6-12　空气泡沫液注入量对提高采收率的影响

300m×300m井距		225m×225m井距	
注入量，PV	采收率提高幅度，%	注入量，PV	采收率提高幅度，%
0.1	5.12	0.10	6.24
0.2	6.24	0.15	7.36
0.3	7.01	0.20	8.15
0.4	7.57	0.25	8.56
0.5	7.77	0.30	8.76
0.6	7.91	0.40	8.95
0.7	8.02	0.50	9.00

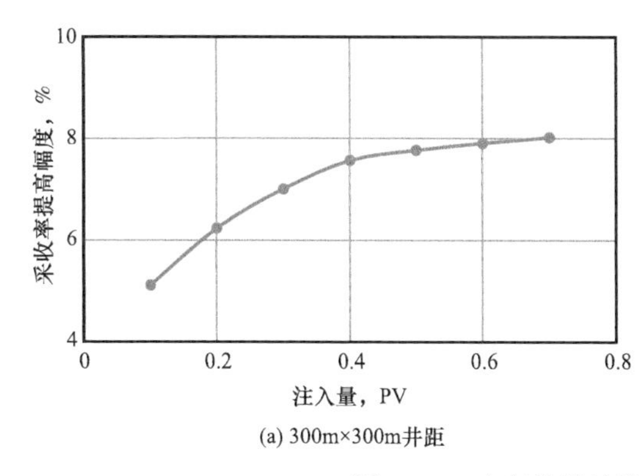

(a) 300m×300m井距

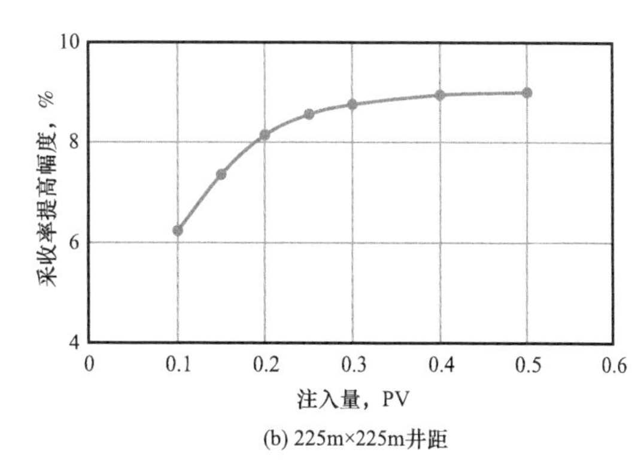

(b) 225m×225m井距

图6-82　空气泡沫液注入量对提高采收率的影响

3. 气液比优化

气液比是影响泡沫体系发泡效果、进而影响泡沫性能的一个重要参数。气液比过低，起泡数量少，发泡体积小，不能充分发挥泡沫驱的调驱作用；气液比过高，对流度比不利，容易造成过早气窜。确定合理或最佳的气液比，对提高空气泡沫驱的效果具有重要意义。水驱岩心至含水率达到65%，分别选取不同的气液比进行空气泡沫驱数值模拟，结果如表6-13和图6-83所示。

表6-13 气液比对提高采收率的影响

300m×300m井距		225m×225m井距	
气液比	采收率提高幅度，%	气液比	采收率提高幅度，%
1	5.51	0.8	6.62
1.5	6.23	1.0	7.16
2	6.99	1.2	7.64
2.5	7.57	1.5	8.25
3	7.41	2.0	8.56
3.5	7.02	2.5	8.12
4	6.51	3.0	7.68

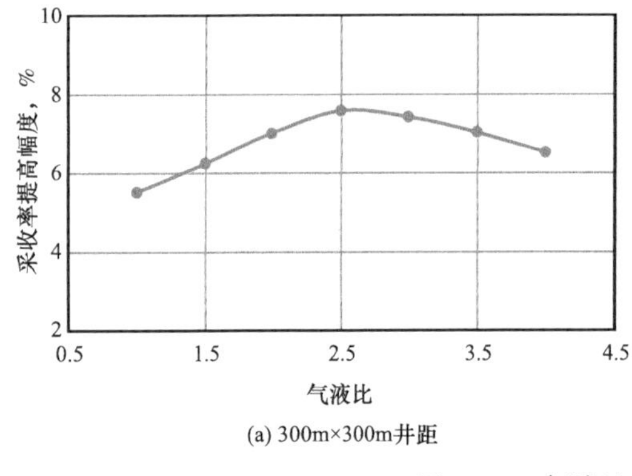

(a) 300m×300m井距

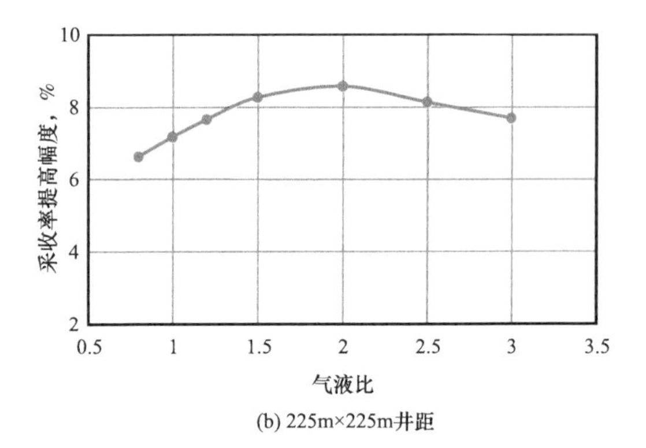

(b) 225m×225m井距

图6-83 气液比对提高采收率的影响

模拟结果表明，大井距模型与小井距模型采收率与气液比关系变化趋势一致，但小井距模型提高采收率幅度略高。空气泡沫驱采收率随气液比的增加而增加，增加到一定值时采收率达到最大增幅。随着气液比继续增加，采收率提高幅度反而下降。优选大井距模型空气泡沫驱最佳气液比为2.0：1～3.0：1；小井距模型空气泡沫驱最佳气液比为1.5：1～2.5：1。

4. 注入时机优化

分别在含水率为40%、50%、60%、70%、80%、90%、95%的条件下开展空气泡沫驱，数值模拟结果如表6-14和图6-84所示。结果表明：大井距模型与小井距模型采收率与注入时机关系变化趋势一致。

表 6-14　不同注入时机（含水率）对提高采收率的影响

含水率，%	采收率提高幅度，%	
	300m×300m 井距	225m×225m 井距
40	5.73	6.93
50	6.69	7.72
60	7.51	8.52
70	7.54	8.55
80	6.4	7.62
90	5.32	6.85
95	4.81	6.43

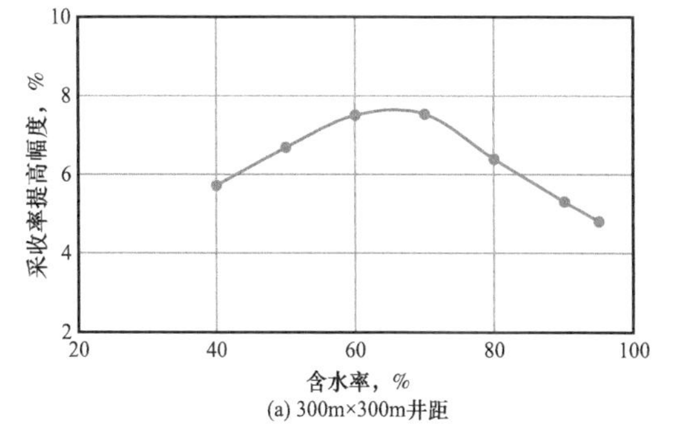

(a) 300m×300m井距

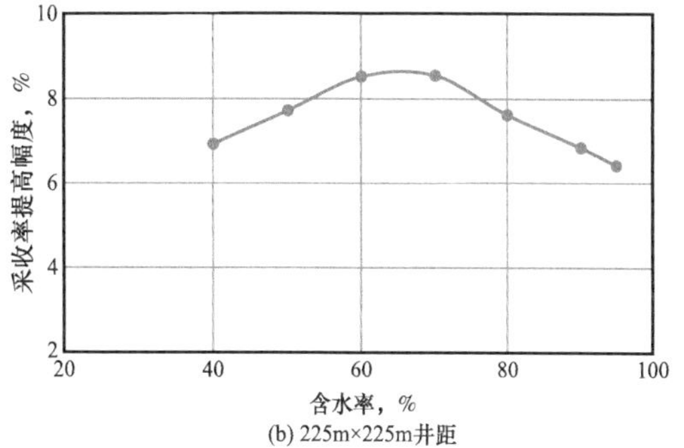

(b) 225m×225m井距

图 6-84　不同注入时机（含水率）对提高采收率的影响

注入空气泡沫太早，注水井附近含油饱和度比较高，对泡沫性能影响大，泡沫作用不能得到有效发挥，不能有效扩大波及体积；注入泡沫太晚，则调驱调剖能力有限，低含水生产阶段较短，含水恢复快，效果同样不够理想。当含水率为 50%～70% 时，空气泡沫驱可以取得比较理想的效果，优选空气泡沫驱的注入时机为含水率在 50%～70% 之间时进行。

5. 注入速度优化

泡沫液注入速度关系到起泡的数量和质量，最终影响到泡沫液的起泡性能。如果泡沫液注入速度过快，泡沫液和气体不能充分混合，起泡数量和起泡体积将受到影响，容易发生过早见气和气窜。水驱至含水率达到 65%，开展空气泡沫驱。设置不同的泡沫液注入速度，空气泡沫驱数值模拟结果如表 6-15 和图 6-85 所示。

数值模拟结果表明：随着注入速度的增加，提高采收率幅度呈现先增后降的变化趋势。说明注入速度较小时，起泡剂能够和气体充分混合产生大量的气泡；超过一定注入速度，起泡数量和起泡效果将会受到明显影响。为了保证起泡效果和调驱效果，建议 300m 井距区合理的注入速度为 15～25m^3/d；小井距区合理的注入速度为 10～20m^3/d。

表 6-15　不同注入速度对提高采收率的影响

300m×300m 井距		225m×225m 井距	
注入速度，m^3/d	采收率提高幅度，%	注入速度，m^3/d	采收率提高幅度，%
10	6.15	5	7.33
15	6.86	10	7.85
20	7.54	15	8.56
25	7.57	20	8.57
30	7.11	25	7.86
35	6.29	30	7.13
40	5.46	35	6.52

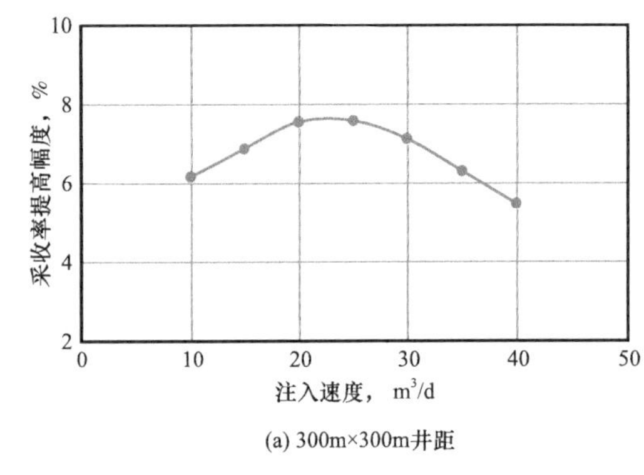

(a) 300m×300m井距

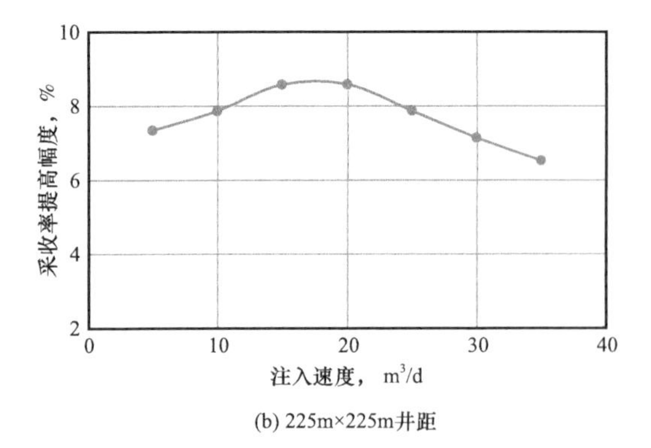

(b) 225m×225m井距

图 6-85　不同注入速度对提高采收率的影响

四、注入方式与段塞组合

空气泡沫注入方式通常有两种：

（1）气液同注。空气和泡沫液在井筒以及近井储层内混合起泡，气液接触比较充分，生成的泡沫强度较高，泡沫体系封堵能力强，驱替压差相应大幅度升高。

（2）气液交替。空气和泡沫液以段塞形式交替注入，泡沫只在气液段塞连接处产生，且泡沫体系强度较低，注入压力较低。针对气液交替注入，共设计了 4 种不同的段塞组合（表 6-16）。从段塞组合 1 至段塞组合 4 分别注入 1、2、4、6 个周期，总注入量为 0.4PV，气液比为 2.5∶1。

数值模拟中对比了不同注入方式及段塞组合下的开发效果（表 6-17、图 6-86、图 6-87），从采收率提高幅度来看，段塞组合的周期数越多，气液交替的采收率提高幅度越大，但气液同注方式的采收率提高幅度略高于气液交替的方式；从注入压力来看，气液交替方式的注入压力低于气液同注的方式，段塞组合的周期数越多，气液交替方式的注入压力越低。

表 6-16　注入方式与段塞组合设计

注入方式		段塞组合	周期数	总注入量 PV	气液比
气液同注		气液同注	—	0.4	2.5∶1
气液交替	段塞组合 1	0.114PV 泡沫液 +0.286PV 空气	1	0.4	2.5∶1
	段塞组合 2	0.057PV 泡沫液 +0.143PV 空气 +0.057PV 泡沫液 +0.143PV 空气	2	0.4	2.5∶1
	段塞组合 3	0.029PV 泡沫液 +0.071PV 空气 +0.029PV 泡沫液 +0.071PV 空气 +0.029PV 泡沫液 +0.071PV 空气 +0.029PV 泡沫液 +0.071PV 空气	4	0.4	2.5∶1
	段塞组合 4	0.019PV 泡沫液 +0.048PV 空气 +0.019PV 泡沫液 +0.048PV 空气 +0.019PV 泡沫液 +0.048PV 空气 +0.019PV 泡沫液 +0.048PV 空气 +0.019PV 泡沫液 +0.048PV 空气 +0.019PV 泡沫液 +0.048PV 空气	6	0.4	2.5∶1

表 6-17　不同注入方式及段塞组合对空气泡沫驱的影响

注入方式		采收率提高幅度，%		注入压力，MPa	
		300m 井距	225m 井距	300m 井距	225m 井距
气液同注		7.57	8.56	19.6	18.7
气液交替	段塞组合 1	6.52	7.43	18.1	17.2
	段塞组合 2	6.64	7.58	17.4	16.8
	段塞组合 3	6.81	7.73	16.3	15.6
	段塞组合 4	6.97	7.87	14.5	13.8

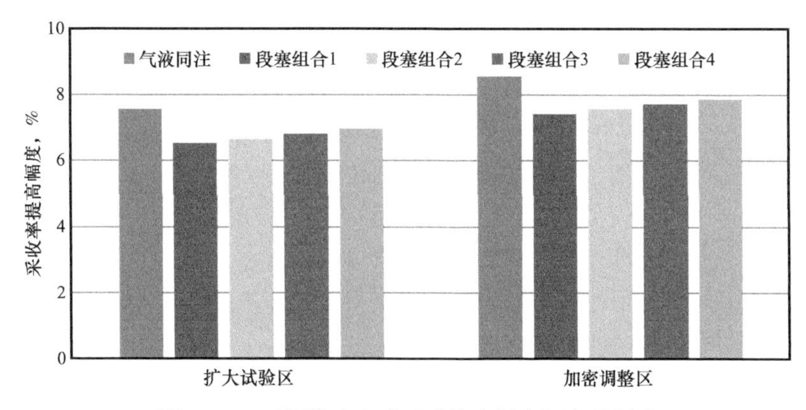

图 6-86　不同注入方式对采收率提高幅度的影响

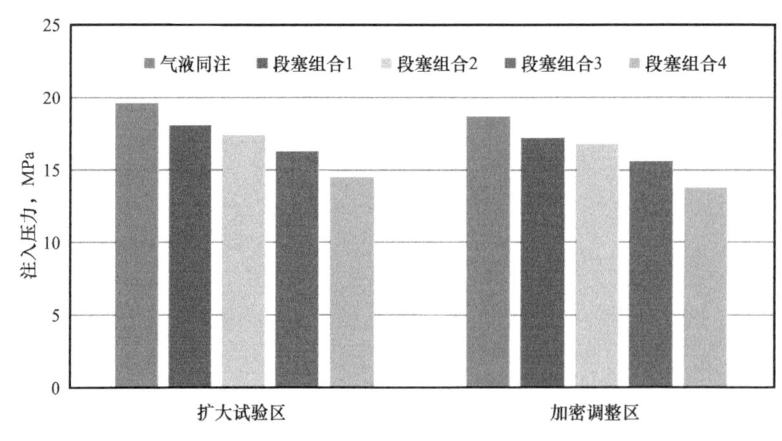

图 6-87　不同注入方式对注入压力的影响

综合考虑不同注入方式下的采收率提高幅度及注入压力，建议空气泡沫驱采用气液同注的方式，若注入压力高，可采用气液段塞交替注入的方式。

第五节　空气泡沫驱试验区方案优化

空气泡沫驱矿场试验位于五里湾一区 ZJ53 井区 15 注 63 采和 ZJ52 井区（7 注 34 采）。其中 ZJ53 现场试验先后经历了先导试验阶段、扩大试验阶段。其中 2009 年 11 月开展空气泡沫驱试注和先导试验，2012 年在先导 4 井组的基础上逐步开展扩大试验，2013 年 10 月形成了 15 注 63 采的扩大试验规模。

空气泡沫加密试验区位于 ZJ52 井区，为 2017 年进行在原井网基础上加密油井 19 口，年底投产，2018 年 8 月实施泡沫驱，开展加密后空气泡沫驱试验，形成一个 7 注 34 采的小井距反九点井网。

一、ZJ53 扩大区方案优化

在 ZJ53 试验区现场动态跟踪的基础上，结合剩余油分布状况，进行了空气泡沫驱方案优化调整研究。

1. 空气泡沫驱方案优化设计

在水驱历史拟合完成的基础上，基于空气泡沫驱数值模拟模型，完成了 ZJ53 试验区 15 个注采井组的空气泡沫驱历史拟合，拟合达到了较高的精度，证明了空气泡沫驱模型的可靠性（图 6-88 至图 6-90）。

根据先导试验成果和认识，ZJ53 扩大试验仍采用气液同注的注入方式（地面发泡 + 地下发泡相结合）。根据注采参数优化结果，优选出最佳表面活性剂浓度为 0.5%，空气泡沫液最佳注入量为 0.40PV，最佳气液比为 2.5∶1，最佳注入时机为含水率在 65% 时进行空气泡沫驱，合理的注入速度为 20m^3/d。据此参数，在 ZJ53 试验区设计了 7 套开发方案见表 6-18。

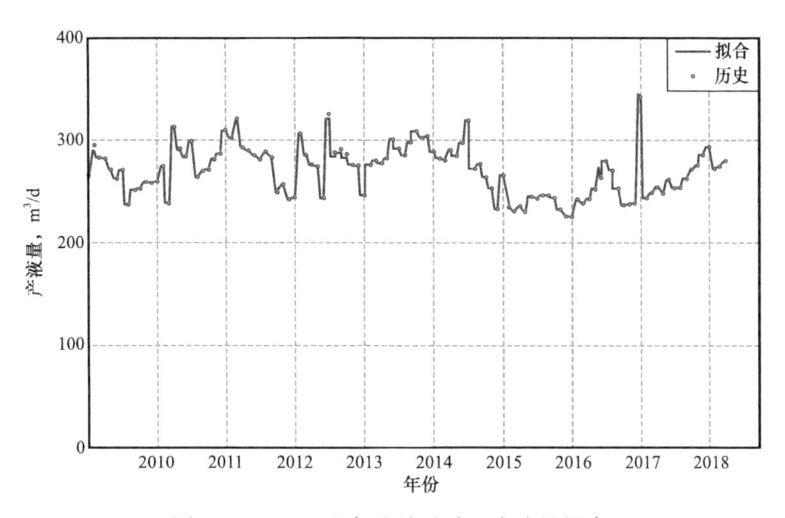

图 6-88　ZJ53 空气泡沫试验区产液量拟合

图 6-89　ZJ53 空气泡沫试验区产油量拟合

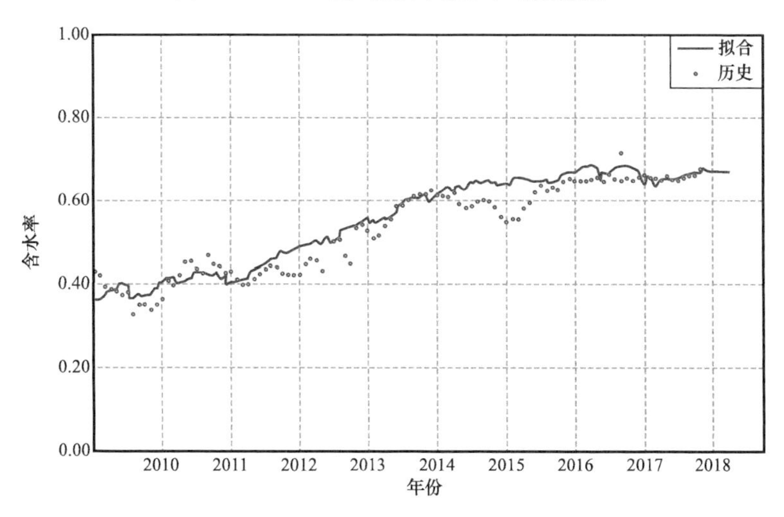

图 6-90　ZJ53 空气泡沫试验区含水率拟合

表 6-18　ZJ53 试验区空气泡沫驱调整方案设计

方案		单井注气，m^3/d	单井注液，m^3/d	气液比	总注入量，PV
纯水驱	1	—	20	—	—
目前方案	2	3600	20	1.5∶1	0.25
注采参数优化方案	3	6000	20	2.5∶1	0.30
	4	6000	20	2.5∶1	0.40
	5	6000	20	2.5∶1	0.50
	6	4800	20	2.0∶1	0.40
	7	7200	20	3.0∶1	0.40

方案1为纯水驱方案，即在历史水驱和空气泡沫驱的基础上，停止空气泡沫驱，完全进行水驱。方案2为按照目前的注采参数进行空气泡沫驱，气液比为1.5∶1，总注入量为0.25PV。方案3至方案7为注采参数优化后的方案，其中方案3、方案4、方案5的气液比均为2.5∶1，注入量分别为0.3PV、0.4PV、0.5PV；方案6、方案7的注入量均为0.4PV，气液比分别为2.0∶1、3.0∶1。

2. 优化方案及效果预测

不同方案的原油产量、原油累计产量和含水率等开发指标预测结果如图6-91至图6-93、表6-19至表6-22所示。2013年15个井组整体实施空气泡沫驱以来，原油产量递减降低，含水上升得到一定的控制，空气泡沫驱已经取得比较明显的效果。方案1预测结果表明：如果停止空气泡沫驱，完全进行水驱，原油产量将很快出现下降，预测期末累计产油量为128.2×10^4t，采出程度为29.28%；方案2预测结果表明：如果采用目前的注采参数进行空气泡沫驱，原油产量整体上将处于稳定，空气泡沫驱结束以后原油产量将递减，预测期末累计产油量为140.66×10^4t，采出程度为32.13%，比注水方案采收率提高2.85%；方案3至方案7预测结果表明：如果对注采参数进行进一步优化，原油产量和采出程度将得到进一步提高。注入PV数越大，原油产量和累计产量越高，含水率下降越明显。预测结果表明，空气泡沫体系分别注入0.3PV、0.4PV、0.5PV时，累计产油量分别达到151.53×10^4t、157.18×10^4t、160.02×10^4t，采出程度分别为34.61%、35.90%、36.55%。在一定的注入PV数下，空气泡沫体系气液比分别为2.0∶1、2.5∶1、3.0∶1时，累计产油量分别达到152.94×10^4t、157.18×10^4t、152.00×10^4t，采出程度分别为34.93%、35.90%、34.72%。较低的气液比和过高的气液比均不利于提高空气泡沫驱效果。

综合考虑投入和产出效果，推荐方案为：表面活性剂浓度（起泡剂为0.5%、稳泡剂为0.05%），气液比为2.0∶1～2.5∶1，注入量为0.40PV～0.5PV，注液速度为$20m^3/d$。预测期末采出程度为34.93%～36.55%，比纯水驱提高5.65%～7.27%（表6-23）。

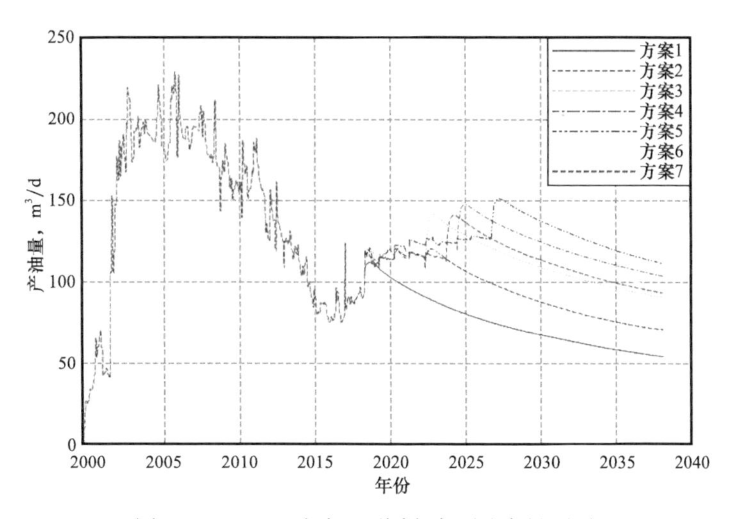

图 6-91　ZJ53 试验区不同方案原油产量预测

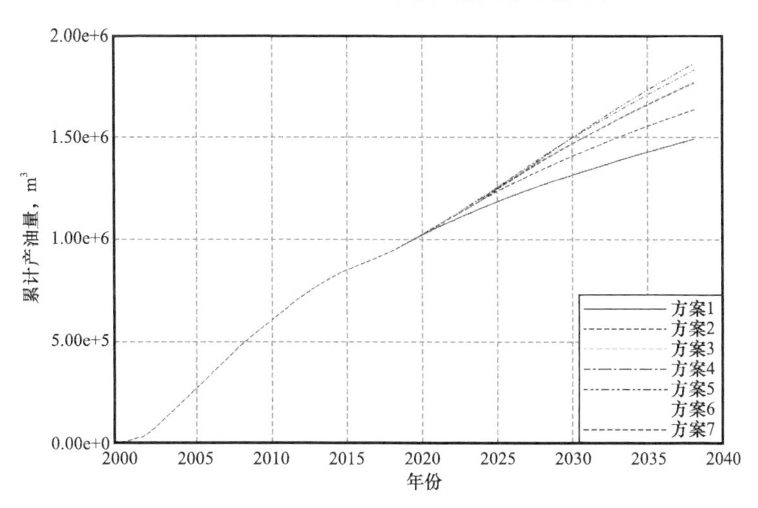

图 6-92　ZJ53 试验区不同方案原油累计产量预测

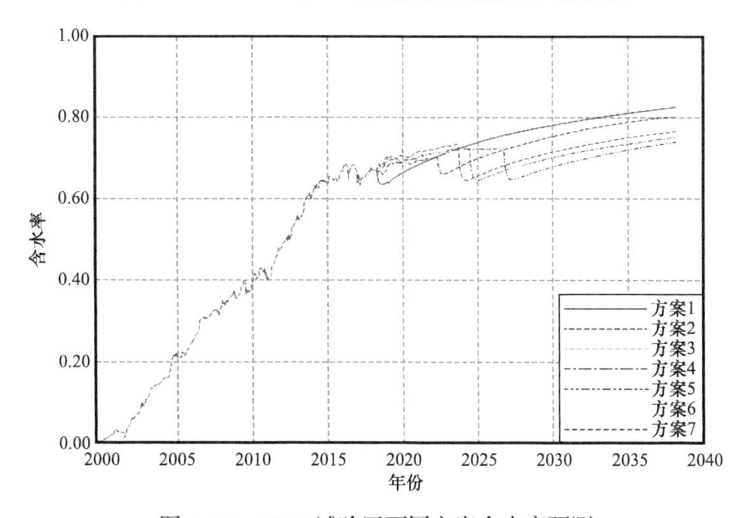

图 6-93　ZJ53 试验区不同方案含水率预测

表6-19 ZJ53试验区不同方案原油年产量预测 单位：10^4t

年份	方案1	方案2	方案3	方案4	方案5	方案6	方案7
2018	3.30	3.48	3.45	3.45	3.45	3.51	3.40
2019	3.32	3.57	3.64	3.64	3.64	3.64	3.55
2020	3.13	3.67	3.79	3.79	3.79	3.74	3.67
2021	2.95	3.66	3.86	3.86	3.86	3.73	3.64
2022	2.81	3.68	4.16	3.91	3.91	3.71	3.63
2023	2.67	3.61	4.29	3.88	3.88	3.75	3.75
2024	2.56	3.42	4.10	4.22	3.93	3.69	4.38
2025	2.45	3.26	3.94	4.53	3.98	3.76	4.17
2026	2.35	3.13	3.80	4.34	4.12	4.17	3.99
2027	2.27	3.01	3.68	4.19	4.69	4.01	3.84
2028	2.20	2.90	3.57	4.08	4.53	3.88	3.72
2029	2.13	2.78	3.46	3.95	4.37	3.74	3.60
2030	2.07	2.69	3.36	3.84	4.23	3.63	3.50
2031	2.01	2.60	3.27	3.73	4.11	3.53	3.40
2032	1.95	2.52	3.20	3.65	4.00	3.44	3.31
2033	1.89	2.44	3.11	3.56	3.88	3.34	3.22
2034	1.84	2.38	3.04	3.48	3.78	3.26	3.14
2035	1.79	2.32	2.97	3.41	3.69	3.19	3.07
2036	1.75	2.27	2.92	3.35	3.61	3.13	3.02
2037	1.70	2.22	2.86	3.27	3.52	3.05	2.95

表6-20 ZJ53试验区不同方案原油累计产量预测 单位：10^4t

年份	方案1	方案2	方案3	方案4	方案5	方案6	方案7
2018	84.36	84.54	84.50	84.50	84.50	84.57	84.45
2019	87.68	88.10	88.14	88.14	88.14	88.20	88.00
2020	90.80	91.77	91.94	91.94	91.94	91.95	91.67
2021	93.76	95.43	95.80	95.80	95.80	95.68	95.31
2022	96.56	99.11	99.95	99.70	99.70	99.38	98.94
2023	99.24	102.72	104.24	103.58	103.58	103.13	102.70

续表

年份	方案 1	方案 2	方案 3	方案 4	方案 5	方案 6	方案 7
2024	101.80	106.15	108.34	107.80	107.52	106.82	107.07
2025	104.24	109.40	112.28	112.33	111.50	110.58	111.25
2026	106.60	112.53	116.09	116.67	115.61	114.75	115.24
2027	108.87	115.54	119.76	120.87	120.30	118.76	119.08
2028	111.07	118.44	123.33	124.94	124.83	122.64	122.81
2029	113.20	121.22	126.79	128.89	129.20	126.38	126.41
2030	115.27	123.91	130.15	132.73	133.42	130.01	129.90
2031	117.27	126.51	133.42	136.46	137.53	133.53	133.30
2032	119.23	129.03	136.62	140.11	141.53	136.97	136.61
2033	121.11	131.47	139.73	143.67	145.41	140.32	139.83
2034	122.95	133.85	142.77	147.15	149.19	143.58	142.97
2035	124.74	136.17	145.75	150.56	152.88	146.77	146.03
2036	126.49	138.44	148.67	153.91	156.49	149.89	149.05
2037	128.20	140.66	151.53	157.18	160.02	152.94	152.00

表 6-21　ZJ53 试验区不同方案含水率预测

单位：%

年份	方案 1	方案 2	方案 3	方案 4	方案 5	方案 6	方案 7
2018	63.91	68.13	69.79	69.79	69.79	68.95	70.13
2019	66.45	69.00	69.02	69.02	69.02	68.96	70.45
2020	68.30	69.39	70.35	70.35	70.35	69.70	71.57
2021	69.91	69.97	71.19	71.19	71.19	71.08	72.11
2022	71.37	66.45	64.54	71.91	71.91	71.23	73.05
2023	72.69	68.38	66.41	72.22	72.22	72.36	64.97
2024	73.89	69.98	67.72	64.55	72.18	72.58	65.64
2025	74.93	71.25	68.87	65.95	72.26	66.49	67.21
2026	75.85	72.38	69.93	67.23	65.09	67.07	68.51
2027	76.67	73.43	70.92	68.28	65.60	68.37	69.64
2028	77.41	74.43	71.82	69.23	66.86	69.44	70.63
2029	78.05	75.35	72.61	70.09	67.92	70.38	71.49

续表

年份	方案1	方案2	方案3	方案4	方案5	方案6	方案7
2030	78.71	76.19	73.32	70.91	68.87	71.24	72.31
2031	79.35	76.99	74.00	71.64	69.75	72.06	73.07
2032	79.97	77.69	74.65	72.29	70.58	72.78	73.79
2033	80.55	78.29	75.25	72.91	71.35	73.43	74.45
2034	81.04	78.86	75.80	73.49	72.08	74.04	75.04
2035	81.52	79.36	76.29	74.03	72.73	74.62	75.55
2036	81.98	79.82	76.75	74.54	73.33	75.17	76.04
2037	82.41	80.12	77.17	75.03	73.89	75.69	76.49

表6-22　ZJ53试验区不同方案开发指标对比

方案		气液比	总注入量 PV	累产油量 10^4t	含水率 %	采收率 %	采收率增幅 %
纯水驱方案	1	—	—	128.2	82.41	29.28	0
目前方案	2	1.5：1	0.25	140.66	80.12	32.13	2.85
注采参数优化方案	3	2.5：1	0.30	151.53	77.17	34.61	5.33
	4	2.5：1	0.40	157.18	75.03	35.90	6.62
	5	2.5：1	0.50	160.02	73.89	36.55	7.27
	6	2.0：1	0.40	152.94	75.69	34.93	5.65
	7	3.0：1	0.40	152.00	76.49	34.72	5.44

方案4预测的剩余油饱和度如图6-94和图6-95所示。预测结果表明，经过空气泡沫驱以后，ZJ53试验区平面矛盾减弱，水驱状况得到明显改善，表明油藏开发效果得到改善，开发水平得以提升。

二、ZJ52加密区方案优化

1. 空气泡沫驱方案设计

为探索加密后小井距条件下空气泡沫驱试验效果，2017年在ZJ52中部开展了小井组试验区（图6-96），新钻加密井19口，在ZJ52井区形成7注34采的试验规模，加密后7口注入井分别为柳89-43、柳91-43、柳90-44、柳89-45、柳92-44、柳91-45及柳90-46共7个井组，并对7注34采加密试验区开展空气泡沫驱方案设计及效果预测。

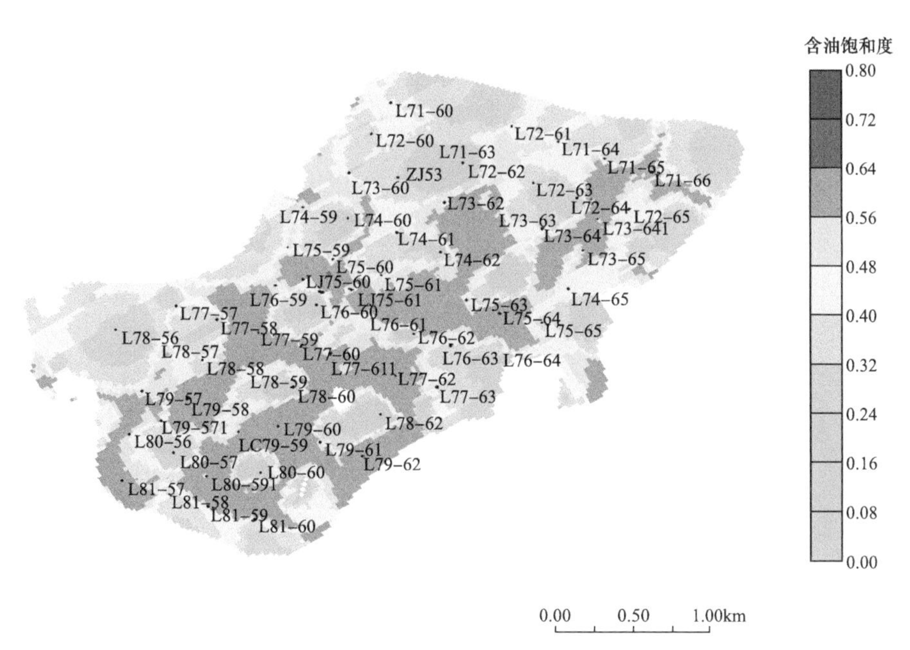

图 6-94　ZJ53 试验区长 6_2^{1-2} 预测期末剩余油分布（数模 11 小层，方案实施前）

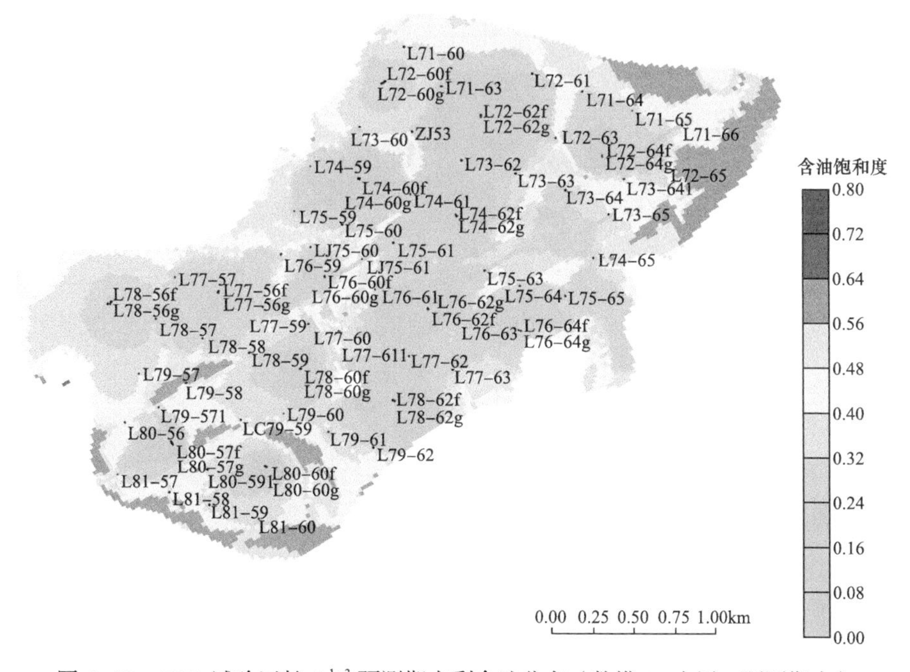

图 6-95　ZJ53 试验区长 6_2^{1-3} 预测期末剩余油分布（数模 11 小层，预测期末）

根据前期注采参数优化结果，优选出最佳表面活性剂浓度为 0.5%，空气泡沫液最佳注入量为 0.25PV，最佳气液比为 2.0∶1，最佳注入时机为含水率 65% 时进行空气泡沫驱，合理的注入速度为 15m^3/d。据此参数，在 7 注 34 采小井组加密区设计了 6 套开发方案，见表 6-23。

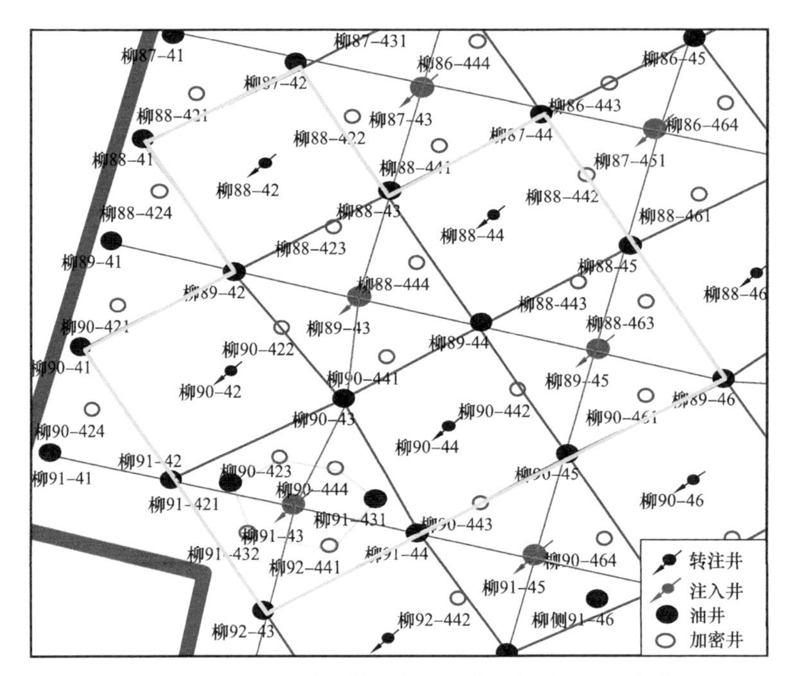

图6-96　7注34采小井距空气泡沫试验区井位分布图

表6-23　加密区（7注34采）空气泡沫驱方案设计

方案		单井注气 m³/d	单井注液 m³/d	气液比	总注入量 PV
纯水驱	1	—	15	—	—
空气泡沫驱	2	3600	15	2.0∶1	0.20
	3	3600	15	2.0∶1	0.25
	4	3600	15	2.0∶1	0.30
	5	2700	15	1.5∶1	0.25
	6	4500	15	2.5∶1	0.25

方案1为纯注水方案，不开展空气泡沫驱，完全进行水驱。方案2至方案6为空气泡沫驱方案，其中方案2、方案3、方案4的气液比均为2.0∶1，注入量分别为0.20PV、0.25PV、0.30PV；方案5、方案6的注入量均为0.25PV，气液比分别为1.5∶1、2.5∶1。

2. 方案效果预测

不同方案的原油产量、原油累计产量和含水率等开发指标预测结果如表6-24至表6-26和图6-97至图6-99所示。

方案1预测结果表明：如果该井组不实施空气泡沫驱，继续进行水驱，原油产量将持续降低，含水率将持续上升，预测期末累计产油量为42.12×10^4t，采出程度为30.74%，含水率达97.09%。

表 6–24　加密区不同方案原油年产量预测　　单位：10^4t

年份	方案 1	方案 2	方案 3	方案 4	方案 5	方案 6
2018	0.27	0.24	0.24	0.24	0.24	0.23
2019	0.26	0.91	0.91	0.91	0.81	1.00
2020	0.23	1.35	1.35	1.35	1.25	1.38
2021	0.20	1.35	1.34	1.34	1.35	1.41
2022	0.18	1.27	1.48	1.44	1.29	1.50
2023	0.16	1.14	1.51	1.53	1.39	1.35
2024	0.14	1.02	1.31	1.52	1.30	1.19
2025	0.13	0.93	1.17	1.33	1.12	1.07
2026	0.12	0.85	1.08	1.22	1.00	0.99
2027	0.11	0.80	1.02	1.14	0.91	0.92
2028	0.10	0.76	0.96	1.08	0.84	0.86
2029	0.09	0.72	0.92	1.03	0.78	0.80
2030	0.08	0.69	0.88	0.99	0.74	0.76
2031	0.08	0.66	0.85	0.96	0.70	0.73
2032	0.07	0.64	0.83	0.93	0.68	0.70

表 6–25　加密区不同方案原油累计产量预测　　单位：10^4t

年份	方案 1	方案 2	方案 3	方案 4	方案 5	方案 6
2018	40.17	40.13	40.13	40.13	40.14	40.13
2019	40.43	41.05	41.05	41.05	40.95	41.13
2020	40.66	42.40	42.40	42.40	42.20	42.51
2021	40.85	43.75	43.74	43.74	43.55	43.92
2022	41.03	45.02	45.23	45.19	44.84	45.42
2023	41.19	46.16	46.74	46.71	46.23	46.77
2024	41.33	47.18	48.04	48.24	47.53	47.96
2025	41.46	48.11	49.21	49.57	48.65	49.03
2026	41.58	48.96	50.30	50.79	49.65	50.02
2027	41.69	49.76	51.31	51.93	50.56	50.94
2028	41.79	50.52	52.28	53.01	51.40	51.80

续表

年份	方案1	方案2	方案3	方案4	方案5	方案6
2029	41.88	51.24	53.20	54.04	52.18	52.61
2030	41.97	51.93	54.08	55.03	52.92	53.37
2031	42.04	52.59	54.94	55.99	53.63	54.09
2032	42.12	53.24	55.77	56.91	54.30	54.79

表6-26　加密区不同方案含水率预测

单位：%

年份	方案1	方案2	方案3	方案4	方案5	方案6
2018	88.74	87.16	87.16	87.16	86.75	87.17
2019	89.82	75.89	75.89	75.89	78.14	73.85
2020	91.19	74.38	74.38	74.38	75.29	73.86
2021	92.23	74.87	74.00	74.00	75.82	72.83
2022	93.07	76.84	71.56	72.50	74.54	72.71
2023	93.76	79.44	75.09	71.31	73.09	76.08
2024	94.33	81.52	78.03	75.64	76.73	78.61
2025	94.81	82.99	79.81	77.87	79.72	80.42
2026	95.24	84.18	81.02	79.31	81.60	81.75
2027	95.62	85.07	81.97	80.46	83.05	83.08
2028	95.99	85.77	82.88	81.37	84.21	84.12
2029	96.31	86.35	83.53	82.04	85.14	84.98
2030	96.61	86.84	84.04	82.60	85.85	85.69
2031	96.86	87.27	84.45	83.09	86.49	86.24
2032	97.09	87.56	84.88	83.49	86.99	86.72

方案2至方案6预测结果表明：该井组在目前含水率高于80%的条件下进行空气泡沫驱，原油产量和采出程度将得到明显提高，含水率将明显下降。

预测结果表明，空气泡沫体系分别注入0.20PV、0.25PV、0.30PV时，累计产油量分别达到53.24×10^4t、55.77×10^4t、56.91×10^4t，采出程度分别为38.86%、40.70%、41.54%。空气泡沫液注入PV数越大，原油产量和累计产量越高，含水率下降越明显，但注入PV数增量相同的情况下，采出程度的增量逐渐降低。在一定的注入PV数下，空气泡沫体系气液比分别为1.5∶1、2.0∶1、2.5∶1时，累计产油量分别达到54.30×10^4t、55.77×10^4t、54.79×10^4t，采出程度分别为39.64%、40.70%、40.00%，较低的气液比和过高的气液比均不利于提高空气泡沫驱效果。

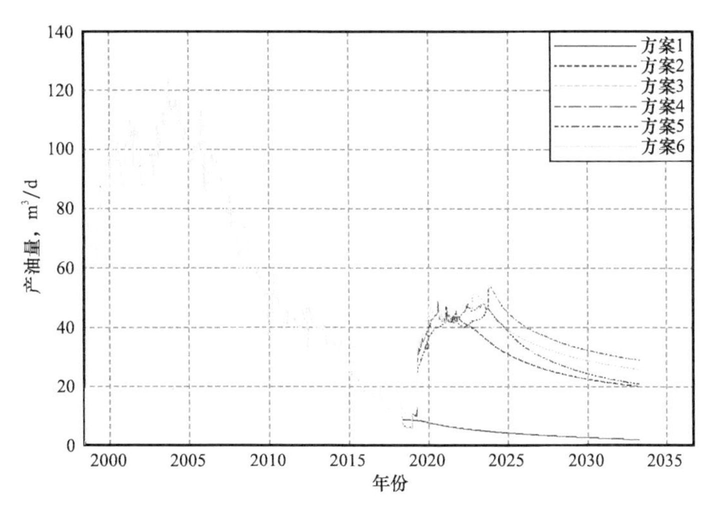

图 6-97 加密区不同方案原油产量预测

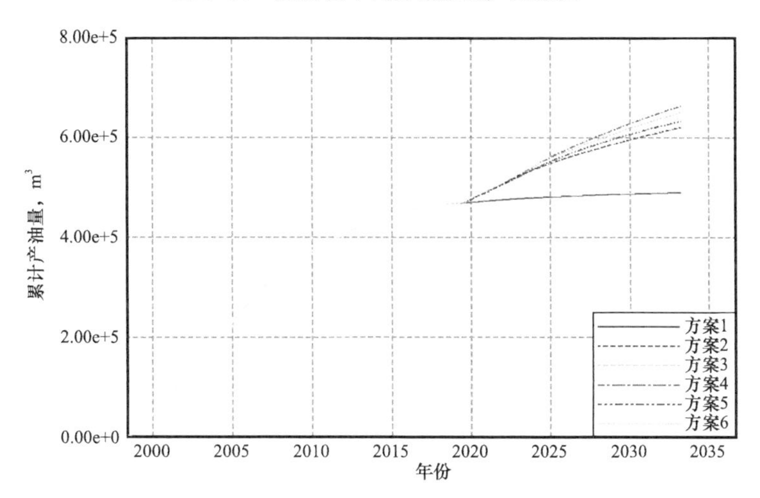

图 6-98 加密区不同方案原油累计产量预测

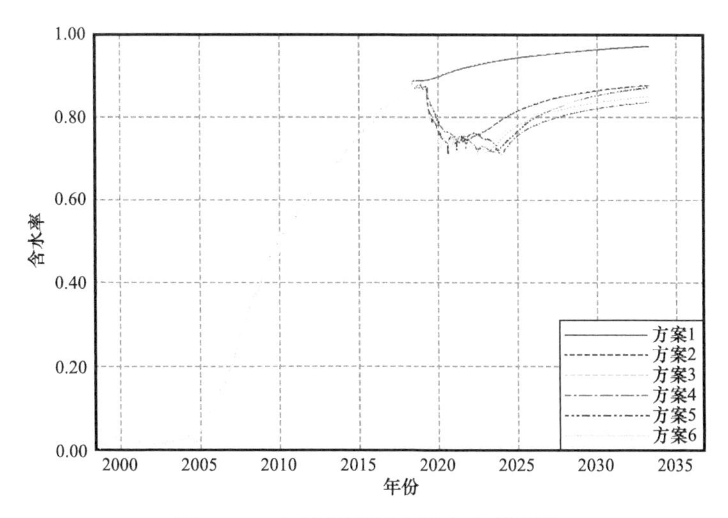

图 6-99 加密区不同方案含水率预测

对于方案3至方案5，预测期末方案5的采收率增幅虽然高于方案4，但方案5单位注入PV的增油量低于方案4；方案3的单位注入PV的增油量略高，但其采收率增幅较低。综合考虑投入和产出效果，推荐方案为：表面活性剂浓度（起泡剂0.5%、稳泡剂0.05%），气液比为1.5～2.0：1，注入量为0.25PV～0.3PV，注液速度为15m^3/d。预测期末采出程度为39.64%～41.54%，比纯水驱提高8.90%～10.81%（表6-27）。

表6-27　加密区7注34采井组不同方案开发指标对比

方案		气液比	总注入量 PV	累计产油量 10^4t	含水率 %	采收率 %	采收率增幅 %
纯注水方案	1	—	—	42.12	97.09	30.74	0.00
注采参数优化方案	2	2.0：1	0.20	53.24	87.56	38.86	8.12
	3	2.0：1	0.25	55.77	84.88	40.70	9.96
	4	2.0：1	0.30	56.91	83.49	41.54	10.81
	5	1.5：1	0.25	54.30	86.99	39.64	8.90
	6	2.5：1	0.25	54.79	86.72	40.00	9.25

方案3预测的剩余油饱和度如图6-100、图6-101所示。预测结果表明，经过空气泡沫驱以后，7注34采小井距加密区平面矛盾减弱，水驱状况得到明显改善，驱油效率得到提高。

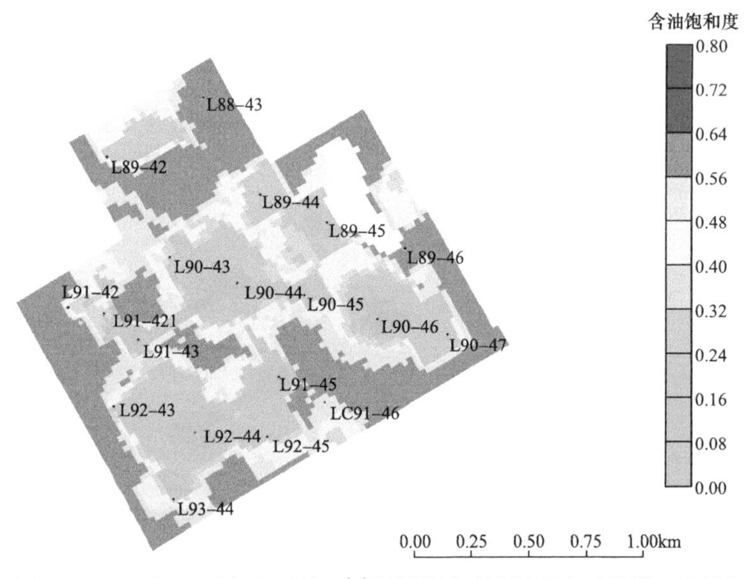

图6-100　7注34采加密区长6_2^{1-1}预测期末剩余油分布（数模8小层）

三、方案优化结果对比

根据试油试采结果，目前五里湾加密区加密井平均日产油量1.0m^3/d，平均含水率达到84.1%。其中柳加91-432井、柳加90-422井、柳加90-424井日产油量均为0，含水率均为100%，柳加90-444井日产油量为0.20m³/d，含水率为95.5%。在7注34采加密井区内，目前仅柳加88-423井试采效果较好，日产液11.1m³/d，日产油3.87m³/d，含水率为58.9%，动液面为1807m，新钻的加密井整体试采效果欠佳。

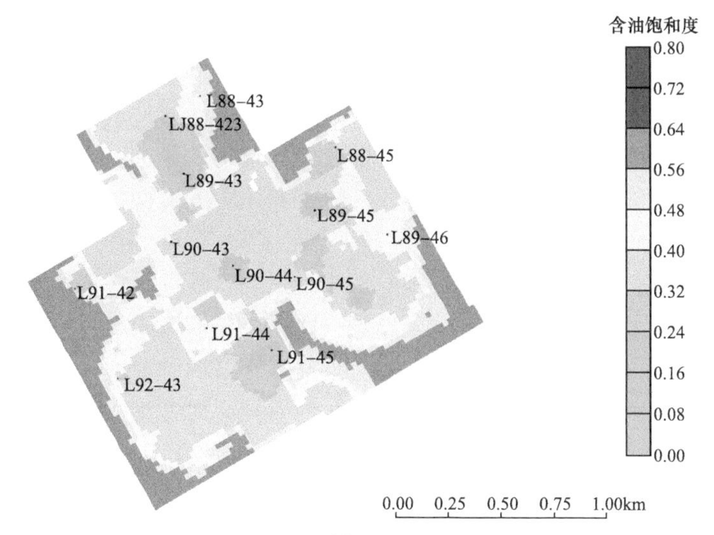

图6-101　7注34采加密区长6_2^{1-2}预测期末剩余油分布（数模11小层）

从采出程度来看（截至模拟前），ZJ53空气泡沫ZJ53试验区采出程度已达18.76%，含水率达74.95%；加密区7注34采井组采出程度已达21.96%，含水率达84.93%。加密区7注34采井组在尚未进行空气泡沫驱的情况下，采出程度高于已经进行过空气泡沫驱的ZJ53空气泡沫ZJ53试验区。

如进行水驱，ZJ53空气泡沫ZJ53试验区及加密区7注34采井组预测采收率分别为29.28%、30.74%；如进行空气泡沫驱，ZJ53空气泡沫ZJ53试验区及加密区7注34采井组预测采收率分别为35.90%、40.70%；与水驱相比，空气泡沫驱提高采收率幅度分别为6.62%、9.96%（表6-28）。

表6-28　空气泡沫驱效果对比分析（技术最优方案）

井区		ZJ53试验区	加密区7注34采
目前生产状况	产量，t/d	67.07	16.37
	含水率，%	71.30	84.93
	累计产油量，10^4t	82.14	39.66
	采出程度，%	18.76	28.95
水驱效果预测	累计产油量，10^4t	128.2	42.12
	采收率R，%	29.28	30.74
空气泡沫驱效果预测	累计产油量，10^4t	157.18	55.77
	采收率R，%	35.9	40.7
	R提高幅度，%	6.62	9.96

第七章　矿场试验效果及动态监测

在油田开发试验过程中，需要不断地掌握注入动态，明确注入状况，对试验效果进行动态分析和评价。通过对注入、产液、产气、含水和压力等方面的变化进行分析对比，发现问题，找出原因，不断地进行注采调整，保证在注采相对稳定情况下合理地开发油藏。合理准确地评价出试验状况的好坏，也是提高采收率试验的重要任务之一。

为了增加注入端的利用率，增加可采储量，改善油藏开发效果，提高采收率试验也需要用一套完整的评价指标体系来客观地评价油藏开发和试验状况的好坏，以此作为标准或依据，指导油田制订有效的调整措施或政策，使用合理的方案来提升试验效果，提高油田的采收率。

第一节　试验区概况

一、油藏地质特征

靖安油田五里湾一区试验区位于鄂尔多斯盆地中部偏北，构造上位于盆地一级构造单元陕北斜坡的中东部，为西倾单斜背景上由于差异压实作用形成的一组鼻状隆起。该区长6期属于鄂尔多斯盆地内陆湖盆收缩阶段，为三角洲前缘沉积，发育河口坝沉积为主的砂体类型，其次为远砂坝、席状砂。

1. 地层划分与对比

盆地三叠系上统延长组，主要由浅灰色砂岩、深灰色粉砂岩、灰黑色泥岩夹黑色碳质泥岩、页岩及油页岩和偶见的薄层凝灰质泥岩或煤层、煤线组成。研究区内长6油层组为延长统第三岩性段 T_3y_3 中部，层厚100～150m，前人将长6油层组分为3个亚油层组即长 6_3、长 6_2、长 6_1。

长 6_3 亚油层组由长 6_3^2、长 6_3^1 两个岩性组合相似的小组组成，下部长 6_3^2 小层岩性由黑色泥页岩、灰黑色粉砂质泥岩、深灰色粉砂岩薄互层组成，中、上部夹浅灰色中—厚层状细砂岩和粉砂岩，具向上由细变粗的韵律旋回性，底部 K_2 与长7油层组分界。

长 6_2 亚油层组根据其岩性组合，发育有由细变粗后复变细韵律旋回的长 6_2^2 和长 6_2^1 两个小层，底部长 6_2^2 小层的 K_3 标志层与长6油层分界。两个小层底部都以韵律薄互层的暗色泥岩、页岩、粉砂质泥岩为主，为划分长 6_2^2 和长 6_2^1 小层的标志层。下部为灰色块状粉砂岩和富含泥岩的细砂岩。中部则以浅灰色中—细砂岩为主，向上所夹暗色或灰绿色薄层粉砂岩和粉砂质泥岩，黑色泥岩明显增多，至顶部则以薄层黑色页岩、泥岩为主。

长 6_1 亚油层组其岩性组合特征也是发育有由细变粗后复变细韵律旋回性的两个小层叠置而成，下部长 6_1^2 小层剖面岩性组合特征及其韵律旋回性与下伏长 6_2^1 小层相似，尤其是在由粗缓慢变细的上半旋回中发育有大量呈连续叠置产出的砂岩为重要特征，上部长 6_1^1 小层大部分以韵律薄互层的暗色泥岩、粉砂质泥岩、粉砂岩和灰色中—细粒砂岩为主，局部夹碳质泥岩、薄煤层和煤线。

通过储层层次划分和对比，将长 6 划分了三个亚油层组，即长 6_1、长 6_2、长 6_3，长 6_3 在本工区基本未钻穿，因此不在本研究中。将长 6_1 和长 6_2 亚油层组再细分为长 6_1^1、长 6_1^2、长 6_2^1、长 6_2^2 共四个小层。靖安油田五里湾一区基础数据见表 7-1。

表 7-1　靖安油田五里湾一区基础数据表

<table>
<tr><td colspan="2">油藏中深，m</td><td>1850</td><td rowspan="2">地面原油</td><td>相对密度</td><td>0.856</td></tr>
<tr><td colspan="2">储层岩性</td><td>细粒硬砂质长石砂岩</td><td>黏度，mPa·s</td><td>7.69</td></tr>
<tr><td colspan="2">粒度中值，mm</td><td>0.138</td><td rowspan="2">地层原油</td><td>相对密度</td><td>0.77</td></tr>
<tr><td colspan="2">分选系数</td><td>3.21</td><td>黏度，mPa·s</td><td>2.0</td></tr>
<tr><td colspan="2">孔喉中值半径，μm</td><td>0.21</td><td colspan="2">原油体积系数</td><td>1.21</td></tr>
<tr><td rowspan="2">平均渗透率
mD</td><td>气测</td><td>1.81</td><td colspan="2">地层水型</td><td>$CaCl_2$</td></tr>
<tr><td>有效</td><td>—</td><td colspan="2">原始地层水矿化度，mg/L</td><td>80560</td></tr>
<tr><td colspan="2">平均孔隙度，%</td><td>12.74</td><td rowspan="3">原始</td><td>饱和压力</td><td>7.02MPa</td></tr>
<tr><td colspan="2">原始地层压力，MPa</td><td>12.20</td><td>饱和压差</td><td>5.18MPa</td></tr>
<tr><td colspan="2">油层温度，℃</td><td>56.39</td><td>气油比</td><td>$70m^3/t$</td></tr>
<tr><td colspan="2">含油面积，km^2</td><td>145.51</td><td colspan="2">探明地质储量，10^4t</td><td>6761.1</td></tr>
<tr><td colspan="2">动用面积，km^2</td><td>145.5</td><td colspan="2">动用地质储量，10^4t</td><td>6761.1</td></tr>
<tr><td colspan="2">油 / 水井</td><td>680/282</td><td colspan="2">2020 年产油能力，10^4t</td><td>34.7</td></tr>
</table>

2. 储层特征

五里湾一区主要储层是长 6 油层组，油层砂岩多为长石砂岩及岩屑质长石细砂岩，碎屑总量为 77.2%～92.6%，其中长石含量一般为 43.1%～69.1%，石英含量为 5.2%～22.3%，黑云母含量为 6.8%～12.8%，岩屑含量为 5.0%～15.9%，以变质岩为主。主要填隙物成分为绿泥石、自生石英、方解石、石盐、次生加大石英和次生加大长石。

砂岩粒度以细砂为主（粒径 0.10～0.25mm），含少量中砂（粒径 0.25～0.50mm）和粉砂（粒径 0.03～0.11mm），平均粒径为 0.12mm。

长 6 油层组主要以原生粒间孔为主，约占 6.55%，次为长石溶孔约占 0.94%，还有少量的岩屑粒内孔、晶间孔及杂基溶孔。平均孔径 62.85μm，孔隙以中孔（直径 50～100μm）为主，次为大孔和小孔，属于孔隙大而孔道较小的孔隙结构。

岩心物性分析长 6 油层组的孔隙度主要分布在 11.0%～13.0%，其频率占 65.8%，平均孔隙度 12.74%。渗透率主要分布在 0.2～2mD，其频率占 72.8%，平均渗透率 1.81mD，属于低孔低渗油层。其中，物性以长 6_2^{1-2} 最好，其次是长 6_1^2、长 6_2^{1-3}、长 6_2^2 小层，长 6_2^{1-1} 物性最差。

3. 油层特征

用岩石自吸入法测定长 6 油层组 26 块样品，平均无因次吸水量为 3.52%，无因次吸油量为 5.45%，不吸油，显示油层为弱的亲水性或中性。长 6 油层组中偏弱酸敏，弱速敏，为中偏弱水性。

长 6 油层组平均无水驱油效率为 20.7%，含水达 95% 时水驱油效率为 31.9%，最终水驱油效率为 43%。最终驱油效率比无水期驱油效率高 22.3%。长 6 油层组油水相对渗透率曲线的等渗点含水饱和度为 50.1%，油水相对渗透率为 0.13mD；束缚水饱和度为 35.6% 时的油相渗透率为 0.26mD；残余油饱和度在 38.6% 时水相渗透率为 0.182mD。

4. 流体特征

长 6 地层原油密度为 0.767g/cm^3，地层原油黏度为 2.0mPa·s，地面原油黏度 7.69mPa·s，原油密度为 0.856g/cm^3，气油比为 70m^3/t，体积系数为 1.21。地层水矿化度为 80.56g/L，水型为 $CaCl_2$ 型，pH 值为 6.0。

5. 原始地层压力及油藏类型

油藏原始地层压力为 12.26MPa，饱和压力为 7.5MPa，地饱压差较小（2.9～5.2MPa），油层温度为 56℃。原始驱动类型为弹性溶解气驱。

二、油藏开发简况

五里湾一区油藏井平面分布如图 7-1 所示。

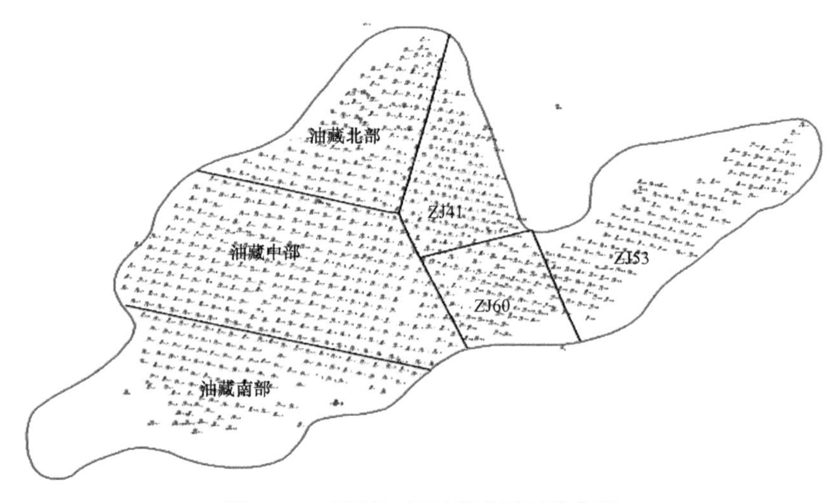

图 7-1　五里湾一区油藏井平面分布图

早期注水开发技术是低渗透油田开发的一项成功经验。1997 年 12 月，在靖安油田五里湾一区北部开展了 13 个井组的早期注水开发试验，进一步证实长 6 油层进行早期注水开发是可行的，注水井平均单井日注 29m^3，注水压力 2.7～7.0MPa。3 个月后，有 5 个井组的 11 口油井不同程度见效，平均单井日产油由见效前的 2.55t 上升到 5.08t。到 2001 年底，13 个井组对应的 64 口油井有 52 口井见效，见效井平均日产油 5.4t，显示了良好的注水开发效果。

1998—2022 年五里湾一区开始大规模采用反九点面积注水井网注水开发，开发的区块主要包括 6 个区块。油藏北部、油藏中部、油藏南部、ZJ60 井区，ZJ41 井区和 ZJ53 井区。其中，油藏中部试验区 ZJ52 井区采用 330m×330m 正方形反九点井网，ZJ60 井区采用 480m×165m 矩形井网，北部 ZJ41 井区采用 330m×330m 菱形反九点井网。ZJ53 井区属于五里湾一区扩边产建区，井网采用正方形反九点井网，井排距 300m×300m。

截至 2007 年，五里湾一区全区累计动用含油面积 145.4km^2，其中长 6 油层动用地质储量 7827×10^{4}t。五里湾一区中东部空气泡床试验工业化规划如图 7-2 所示。

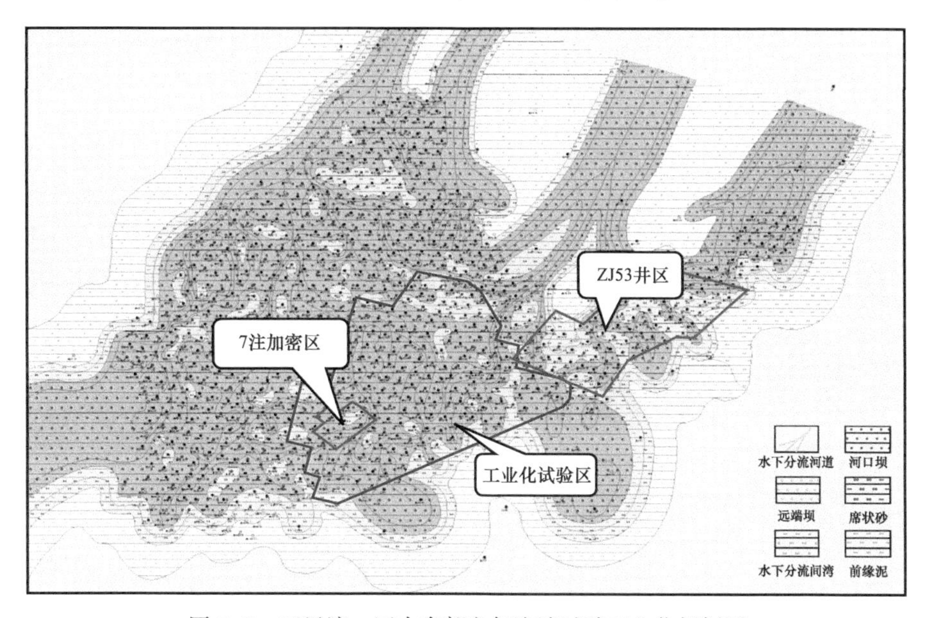

图 7-2 五里湾一区中东部空气泡沫试验工业化规划图

ZJ53 空气泡沫试验区开发大致经历了以下 4 个阶段：

第一阶段：建产阶段（1999 年 8 月至 2002 年 9 月）。1999 年 8 月至 2002 年 9 月在五里湾一区东北部以正方形反九点法滚动建产 60 口井，后又陆续投产 20 口井形成目前的 ZJ53 区井位格局，投产初期平均单井日产油水平 5.13t，含水率为 26.2%。

第二阶段：稳产阶段（2002 年 10 月至 2008 年 2 月）。ZJ53 井区在该阶段产量平稳，日产油水平长期稳定保持在 180t 左右，平均单井日产油水平 3.0t，含水率由 20% 上升至 40%，区块注水整体见效。

第三阶段：调整阶段（2008 年 2 月至 2009 年 12 月）。从 2007 年 9 月开始区块产量开始出现下降趋势。随着开发时间的延长，开发矛盾逐渐显现，为了缓解开发矛盾，区块开始进行相应的注水调整和注水政策。

第四阶段：空气泡沫驱阶段（2009 年 11 月至今）。2009 年开始对区块进行空气泡沫驱试注试验，2012年5月开始在试验区逐步开展先导试验，至2013年11月扩大至15个井组，形成15注63采的试验规模。

三、水驱开发效果评价

截至2018年底，五里湾一区油井总井874口，油井开井795口，日产油水平1161t，单井产能1.6t/d，综合含水率为67.4%；注水井总井354口，注水井开井311口，日注水平10450m^3，单井日注35m^3，月注采比为2.60，累计注采比为2.14。五里湾一区长6油藏综合开采曲线如图7-3所示。

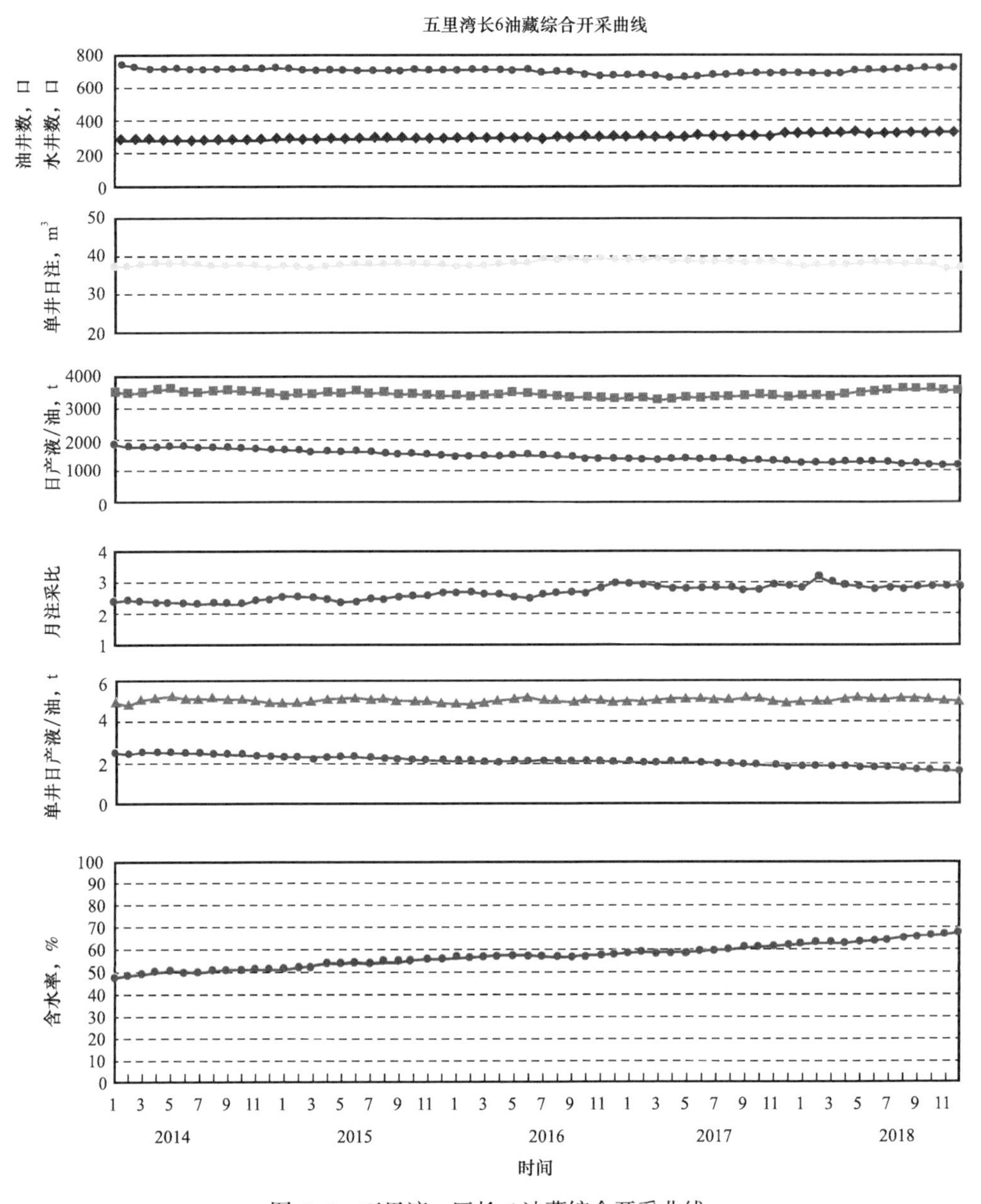

图7-3　五里湾一区长6油藏综合开采曲线

其中中东部试验区共有水井 79 口，开井 77 口，油井 244 口，开井 205 口；平均单井日产油水平 1.42t，累计采油 459.9×10^4t，平均动液面 1503m。平均单井日注水 37.4m^3，月注采比 2.46，累计注采比 1.86。区块综合含水率为 73.4%，采油速度为 0.60%，地质储量采出程度为 24.4%。

1. 水驱储量控制程度

据统计，试验区与注水井连通的采油井射开有效厚度为 939m，采油井射开总有效厚度为 1026m，井网控制程度即水驱储量控制程度为 91.6%，达到石油行业开发水平一类水平（≥85%）。

2. 水驱动用程度

近 5 年五里湾长 6 油藏在微球驱基础上，开展以堵水调剖为主、酸化调剖为辅的剖面治理，努力改善水驱状况，与 2015 年比水驱动用程度由 62.1 上升到 65.0%，油藏水驱动用程度稳定在 64.6% 左右。从平面分布来看，位于油藏北部 ZJ41 和东北部的 ZJ53 区相对较低（60.0%）。五里湾一区长 6 油藏分部位历年水驱动用程度对比如图 7-4 所示。

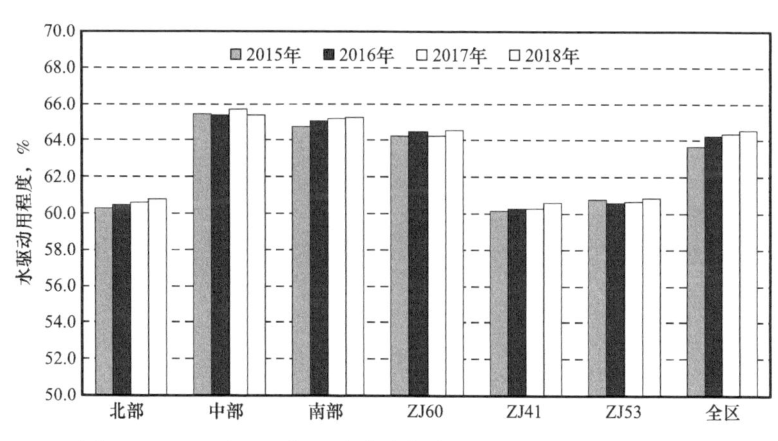

图 7-4 五里湾一区长 6 油藏分部位历年水驱动用程度对比图

3. 地层压力保持水平

2013 年起措施规模加大，配套注水政策以强化为主，注采比曾由 2.1 上升到 2.9（目前 2.4），目前整体压力保持水平稳定在 106.0% 左右。近三年（2016—2018 年）中东部试验区共测试油井压力 43 井次，其中 2016 年测试 18 口，平均压力 13.46MPa，压力保持水平 109.8%; 2017 年测试 12 口，平均压力 13.71MPa，压力保持水平 111.8%; 2018 年测试 13 口，平均压力 14.21MPa，压力保持水平 115.9%。五里湾区 2018 年压力分布如图 7-5 所示。

4. 含水情况

近年来五里湾一区中东部试验区西部油井含水上升速度加快，目前试验区综合含水 73.4%。其中 ZJ53 区块存在方向性裂缝和高渗带，含水上升井以裂缝型和孔隙型见水为主，同时也存在孔隙性含水上升井。其他区域以孔隙渗流为主，无裂缝性高渗带，整体水驱均匀，整体含水略高于试验区平均水平。ZJ60 井区开发效果最好，含水率为 57.2%。五里湾长 6 油藏 2018 年含水分布如图 7-6 所示。

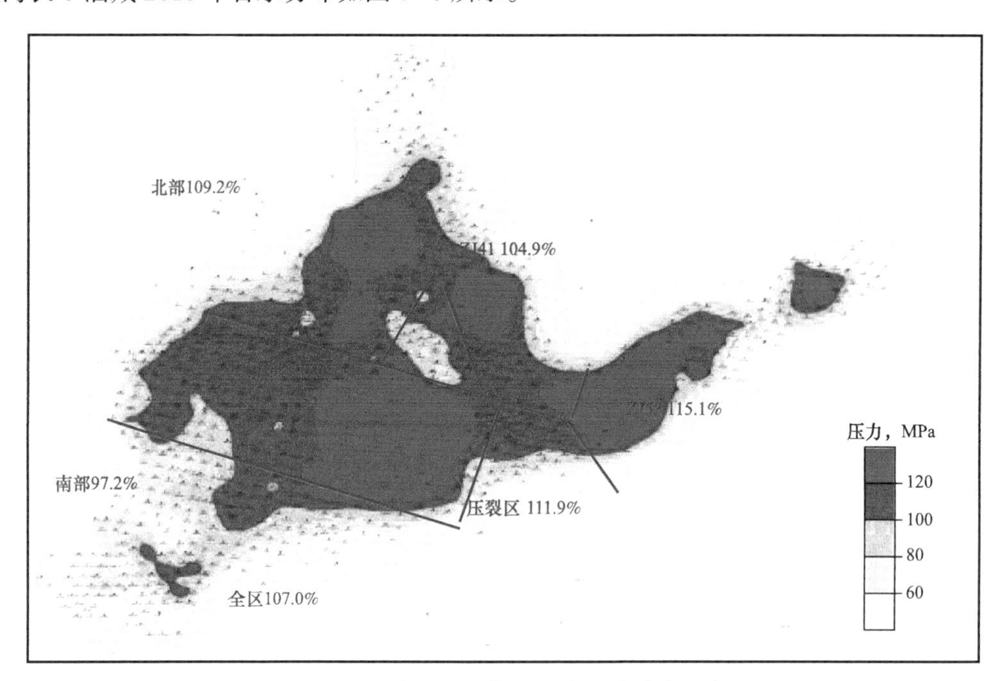

图 7-5　五里湾长 6 油藏 2018 年压力分布示意图

图 7-6　五里湾长 6 油藏 2018 年含水分布图

5. 递减及含水上升率

五里湾整体水驱均匀推进，但采油指数快速下降，含水上升速度加快，递减加大。2015—2018 年试验区自然递减分别为 12.2%、12.1% 和 12.4%，综合递减率分别为 7.9%、8.5%、10.0%，递减呈逐步上升趋势。

6. 采收率预测

分别采用目前通用水驱砂岩油田采收率理论公式和经验公式共 10 种方法预测五里湾一区采收率在 26.8%～31.4%之间，平均值 28.9%（表 7–2）。

表 7–2 采收率计算汇总表

方法名称	公式	采收率，%
甲型水驱曲线	$\lg(W_p)=0.014N_p+0.6271$ $R^2=0.9964$	31.4
乙型水驱曲线	$\lg(WOR)=0.011N_p-0.5662$ $R^2=0.9757$	28.9
递减规律	$Q=8.0066e^{-0.0415}$ $R^2=0.9511$	27.6
俞启泰法	$\lg(N_p)=-2.025\lg(L_p/W_p)+2.2861$ $R^2=0.997$	30.2
沙卓诺夫	$\lg(L_p)=0.0147N_p+1.3061$ $R^2=0.9964$	26.8
西帕切夫	$L_p/N_p=0.0058L_p+1.1864$ $R^2=0.9996$	27.7
纳扎洛夫	$L_p/N_p=0.0075W_p+1.2698$ $R^2=0.9967$	29.6
童氏公式	$\lg\frac{f}{1-f}=7.5(R-E_R)+1.69$	27.5
衰减曲线	$N_p\cdot\Delta t=117.61\Delta t-604.98$ $R^2=0.9977$	30.7
陈元千法	$E_R=0.05842+0.08461\lg(K/\mu_o)+0.3464\Phi+0.00387S$	28.8
平均		28.9

备注：式中 N_p——累计产油，10^4t；
W_p——累计产水，10^4m^3；
WOR——水油比；
L_p——累计产液，10^4m^3；
Q——递减阶段 t 时间的年产油量，10^4t；
t——出现递减后的时间，a；
f——综合含水，%；
R——采出程度，%；
E_R——采收率，%；
E_V——水驱波及系数；
E_D——水驱洗油效率，%；
K——渗透率，mD；
μ_o——地层原油黏度，mPa·s；
S——井网密度，口 /km^2；
Φ——地层岩石孔隙度，%。

7. 总体开发效果评价

随着油田开发时间延长，五里湾一区年含水持续上升，产油量持续降低，油藏地层能量较充足，但已进入中高含水阶段，含水上升率加快，但各分区间生产差异较大，应采取相应措施，控制含水上升速度，延长中含水采油期，提高最终采收率。

四、井网加密试验

1. 三叠系油层加密模式

特低渗透油藏不同地质特征、不同基础井网下，水驱特征不同，剩余油分布规律不同。近年来，针对不同特点研究并实践了相应的加密调整井网转换方式，并取得了一定的效果。

（1）正方形反九点井网，水驱相对均匀。

长庆油田以安塞油田王窑老区、靖安油田五里湾一区等三叠系长 6 油层为代表的油藏，基础井网均为正方形反九点井网，砂体连片分布，开发中水驱相对较均匀，油井见水后含水缓慢上升，剩余油在角井周围相对富集。

针对此种井网特征和开发特征，选择加密模式是在原油水井排两侧对称加密 4 口油井，原角井转注，形成小井排距的正方形反九点井网（图 7–7）；调整后井网密度是原来的 2 倍，油水井数比为 3∶1。数值模拟结果表明：加密后水驱波及范围更广，波及系数提高 11% 左右。

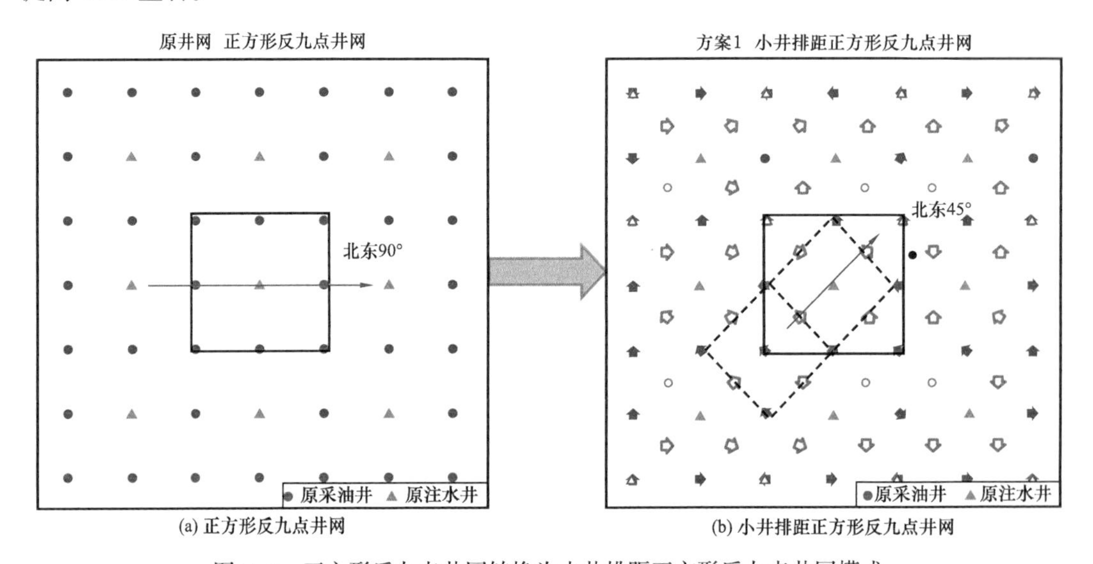

图 7–7 正方形反九点井网转换为小井排距正方形反九点井网模式

该加密模式在王窑区长 6 油藏实施，2010—2011 年共新钻加密油井 64 口，新钻注水井 2 口，更新注水井 1 口，老井转注 17 口。井网形式由加密前的近似 300m×300m 正方形反九点井网转为小井排距反九点井网，井网密度由加密前的 11.5 口 /km^2 增加到 20.0 口 /km^2，井排方向由北东 90°转为北东 45°。

经过五年的试验，加密试验区平均单井产能 1.15t，综合含水率为 62.5%，比预测的不加密方案低 10% 左右。加密井单井产能 1.25t，综合含水 52.5%，累计产油量达 11.1×10^4t。采油速度得以提高，并保持在 0.8% 以上，含水与采出程度关系曲线向右偏移，实施效果显著。

（2）菱形反九点井网，单方向见水。

以安塞油田塞 160 区、靖安油田盘古梁区、大路沟二区为典型代表，该类油藏主向油井见水早，侧向水驱范围窄，具有明显的水线，剩余油主要分布在裂缝侧向。针对此井网特征和开发特征，选择的加密模式为原侧向油井间加密 1 口或 2 口采油井，原角井转注，形成近似排状井网（图 7–8）。

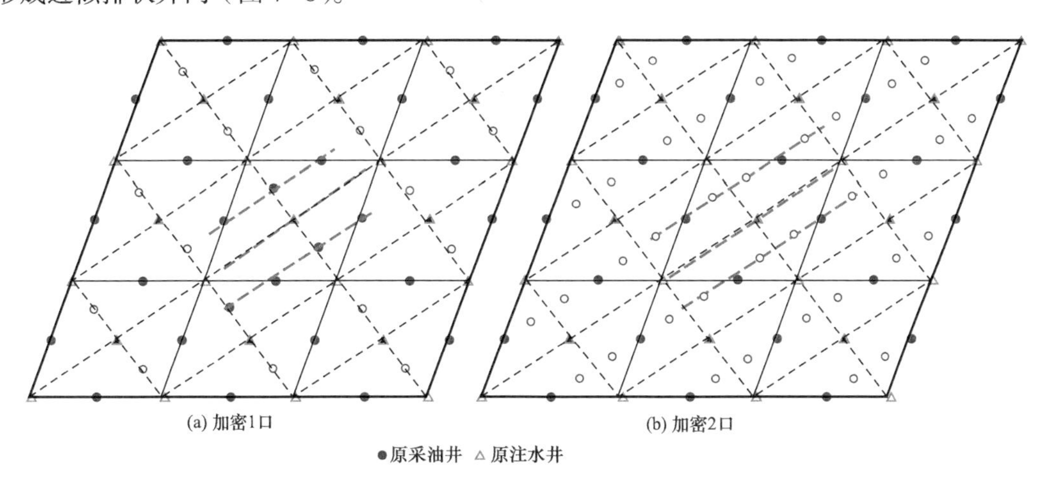

图 7–8　菱形反九点井网侧向油井间加密 1 口或 2 口的近似排状井网

该加密模式在塞 160 实施，从 2010 年开始陆续进行加密，目前共加密 204 口井，目前平均单井产能 1.67t，综合含水率为 44.1%，含水低且保持稳定，采油速度由加密前的 0.6% 提高到目前的 0.7%，采收率预计提高 3%。

（3）菱形反九点井网，多方向见水。

以靖安油田白于山长 4+5 油藏、华庆油田元 284 长 6 油藏为典型代表，各方向油井均表现出快速见水的特征，以高渗带和裂缝水淹为主，剩余油分布在注采井连线组成的三角地带。

该类油藏的加密模式为转换方向的小井距近似正方形反九点。2012 年在白于山长 4+5 油藏共部署加密采油井 33 口（其中检查井 3 口）、加密注水井 9 口。井网形式由加密前 550m × 120m 菱形反九点井网转换为 183m × 120m 的近似正方形反九点井网，井排方向由原井网的北东 75°转为北东 51.4°（图 7–9）。加密后采收率预计提高 4 个百分点，采油速度由加密前的 0.7% 提高到目前的 1.5%。

因此，特低渗透油藏水驱至中含水期或注采调整效果变差时进行加密调整是提高采收率的有效途径。基础井网不同、开发特征不同，剩余油分布规律不同，加密调整模式应有所差别。加密调整后，水驱波及系数提高 11 个百分点，水驱采收率提高 3%～5%，采油速度提高 0.3%～0.8%。

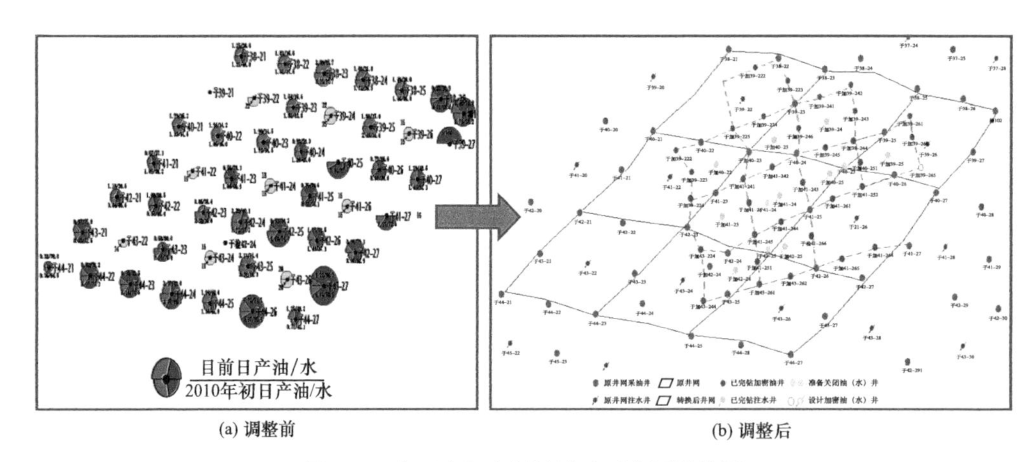

(a) 调整前　　(b) 调整后

图 7-9　白于山加密调整试验区井网转换图

2. 五里湾一区井网加密

针对五里湾一区进入中高含水阶段，含水上升加快的矛盾，2016 年在油藏中部 ZJ52 井区，水驱相对均匀的部位，结合对剩余油的认识和分析开展正方形反九点井网加密调整试验，加密后原井网形式由 330m×330m 正方形反九点井网转换为 220m～250m 正方形反九点井网（图 7-10）。

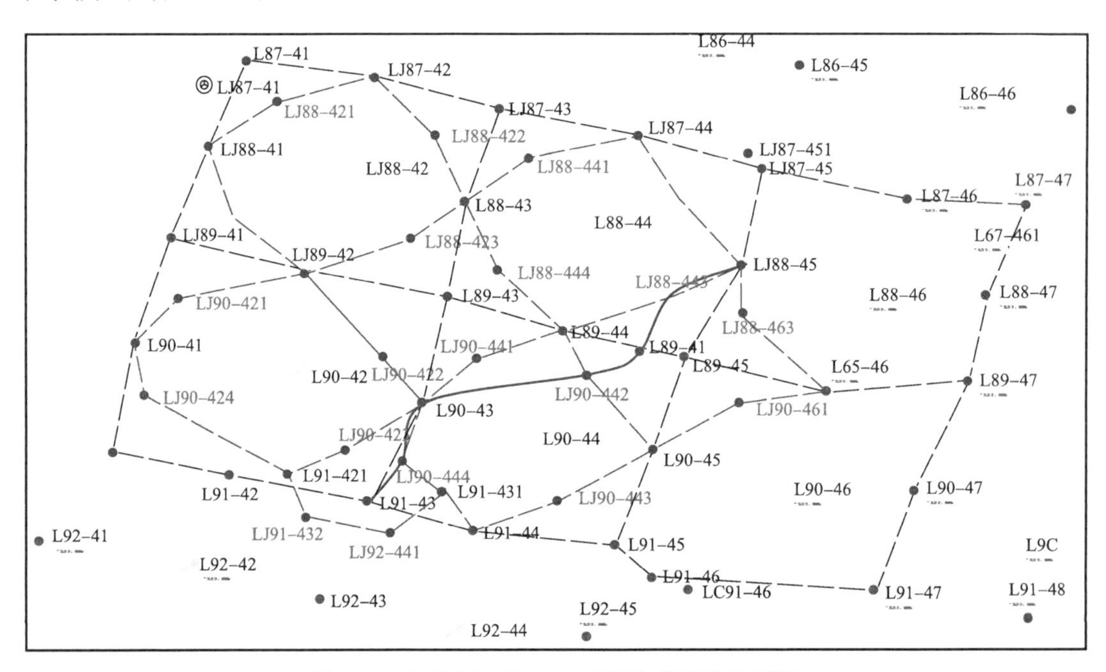

图 7-10　五里湾一区 ZJ52 井网加密转换示意图

从加密后的砂体连通性看，主力小层长 6_2^{1-2}、长 6_2^{1-3} 油层连通性较好；非主力小层长 6_2^{1-1}、长 6_2^{1-4} 在局部有所变化。已完钻 19 口加密井电测解释显示平均油层厚度为 19.2m，其中低含水层平均厚度为 12.3m，占总厚度的 64.4%，中含水总厚度为 2.8m，占 14.6%；高含水总厚度为 1.36m，占 7.1%。

目前新老井电测曲线表明变化规律不明显，电测解释结果与实际认识符合率低，测井辨识水洗程度仍有一定难度。如柳加 90-444 井段定级 65 号、68 号、69 号砂体为弱水洗段，66 号、68 号砂体为强水洗段，而实际则全部强水洗。

通过工业试验区老井与检查井电性对比表明，储层长期水驱后，由于冲刷作用，水洗段孔隙变大，储层电性总体上向右下方偏移，储层电阻率分布范围变大。这表明长期水驱后，砂体纵向上非均质性增强，加密井投产初期含水普遍较高，出油下限向右上方偏移，电性图版判识可靠性变差，ZJ52 试验加密井区声波时差与电阻率交会图版如图 7-11 所示，工业试验区声波时差与电阻率交会图版如图 7-12 所示。

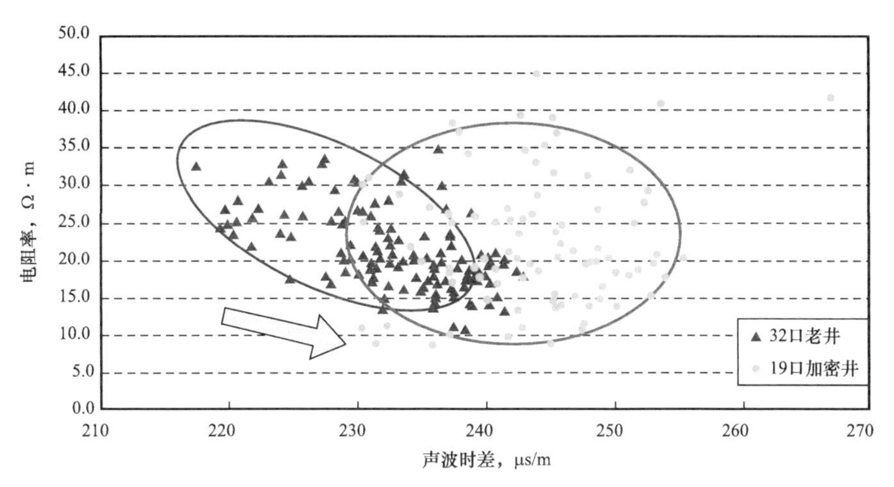

图 7-11 ZJ52 试验加密井区声波时差与电阻率交会图版

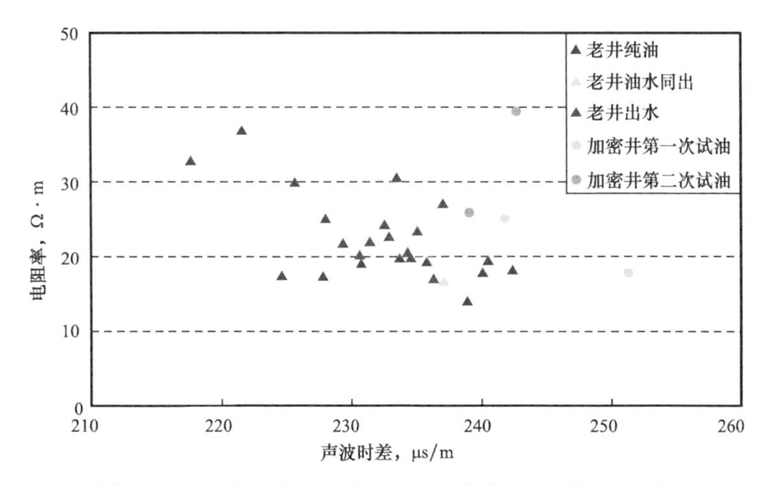

图 7-12 工业试验区声波时差与电阻率交会图版（试油）

（1）剖面水洗状况。

剖面上依据检查井的岩心观察试验，结合测井响应特征，将五里湾长 6_2^1 水洗级别分为强、中、弱、未水洗四级。

其中柳加 88-443 井，长 6_2^1 共取心 21.8m，其中 14.62m 有油气显示，强水洗 6.42m，

中水洗2.68m，中强水洗占总水洗段的62.2%；弱水洗5.15m，占35.2%，未水洗0.37m，占2.6%。

柳加90−444井长6_2^1共取心23.3m，有油气显示17.75m，其中强水洗12.55m，中水洗0.86m，中强水洗13.41m，占75.5%；弱水洗3.63m，占20.5%；未水洗0.71m，该井中—强水洗段增加（图7−13）。

(a) 柳加88−443

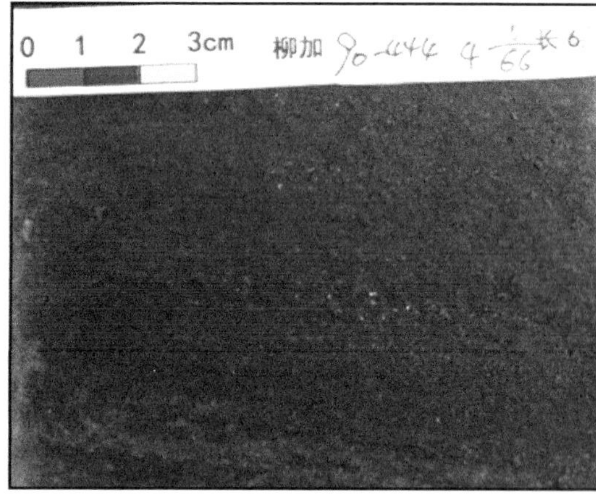

(b) 柳加90−444

图7−13　柳加88−443和柳加90−444检查井岩心水洗状况

整体上看，物性好、块状构造发育的主力储层长6_2^{1-2}、长6_2^{1-3}水洗程度强，物性较差、层理发育的6_2^{1-1}和长6_2^{1-4}相对较弱或未水洗（图7−14）。

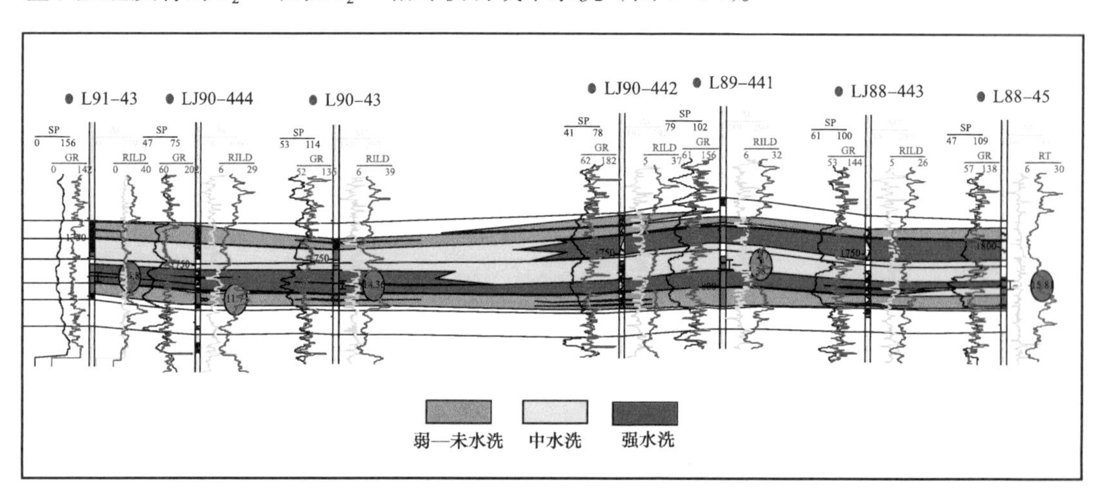

图7−14　柳91−43—柳88−45油层水洗剖面示意图

（2）试油试采效果。

2017年在ZJ52井区完钻19口，完试、投产19口，其中含水率大于95%的井10口，含水率为80%～85%的井5口，平均含水高达89.2%。总体上看，在五里湾一区长6油藏在一次井网条件下，平面水驱均匀，但纵向剩余油分布复杂，从试油试采的结果看加密效果不理想（表7−3）。

表 7–3 工业性试验区加密井试油及投产数据表

序号	实施井号	层位	施工参数	试油结果				试采结果					备注
			措施工艺	液量 m^3/d	油量 m^3/d	水量 m^3/d	含盐量 mg/L	日产液量 m^3/d	日产油量 m^3/d	含水率 %	动液面 m	含盐量 mg/L	
1	柳加 90–444	长 6_2^{1-3}	水力喷砂射孔	0	0.0	0.0	24984	4.4	0.0	100	1602	22211	
			水力压裂	11.7	0.0	11.7	18645						
2	柳加 91–432	长 6_2^{1-3}	后效射孔求初产	0	0.0	0.0	3356	4.6	0.0	100	1593	19873	
			水力压裂	12.3	1.5	10.5	18272						
3	柳加 90–421	长 6_2^{1-2}	水力压裂	63	63.0	0.0	9633	8.8	1.4	84.6		55528	井口放喷
4	柳加 90–422	长 6_2^{1-4}	水力压裂	9	0.0	9.0	24759	6.2	0.0	100	922	18120	
5	柳加 90–424	长 6_2^{1-3}	暂堵压裂	43.2	油花	43.2	10002	9.2	0.0	100		56112	
6	柳加 88–421	长 6_2^{1-2}	水力压裂	25.8	0.9	24.9	18933	11.1	0.5	96		24549	井口放喷
7	柳加 88–422	长 6_2^{1-2}	水力压裂	12.0	10.2	0.0	19297	1.28	0.81	57.6	1399	25134	测压
8	柳加 88–423	长 6_2^{1-2}	水力压裂	21.2	18.0	0.0	20390	11.4	3.8	66.7	套返	23965	
9	柳加 92–441	长 6_2^{1-2}	水力压裂		0.0	0.0		3.9	0.7	74.2	1327	63711	
10	柳加 90–443	长 6_2^{1-2}	水力压裂		9.6	15.9	27891	4.7	1.2	74.7	1311	63126	
11	柳加 88–463	长 6_2^{1-4}	水力压裂		油花	35.1	11857	7.2	0.0	100			放喷
12	柳加 90–441	长 6_2^{1-2}	水力压裂		油花	25.8	25245	3.8	0.6	84.7	1445	56112	
13	柳加 90–423	长 6_2^{1-2}	水力压裂		油花	4.5	19440	6.4	0.9	83	1327	43838	
14	柳加 88–443	长 6_2^{1-3}	水力喷砂射孔 + 压裂		油花	5.8	29070	3.0	0.4	83.2	1475	24549	
15	柳加 88–444	长 6_2^{1-2}	水力压裂		油花	65.4	18360	7.6	0.0	100		25718	
16	柳加 88–441	长 6_2^{1-2}	水力喷砂射孔 + 压裂		油花	37.8	14918	8.2	0.0	100		20458	井口自喷
17	柳加 90–442	长 6_2^{1-4}	水力压裂		油花	6.6	36338	4.6	0.7	82.9	1425	73063	
18	柳加 90–461	长 6_2^{1-4}	水力压裂		0.0	184.0		7.5	0.0	100			放喷
19	柳加 88–442	长 6_2^{1-4}	水力压裂		油花	16.8	13388	7.6	0.3	96.1			
平均				19.8	8.6	23.7		6.4	0.6	89.2			

第二节　矿场实例分析

为验证空气泡沫驱提高采收率机理和现场效果，形成特低渗透油藏空气泡沫驱改善水驱技术，在五里湾一区ZJ53井区开展空气泡沫驱试验。该试验区处于中高含水阶段，注采关系明确，油层连通性好。

一、方案参数设计

1. 油藏工程方案

该区储层缝较发育，非均质性强，油井投产压裂改造规模较大，注入水沿裂缝方向突进。累计注水量反映了注水沿裂缝和大孔隙渗流容积量的大小，裂缝与大孔隙即低渗透油层渗流的主要通道，也是导致注入水突进的主要因素。因此，空气泡沫驱就是封堵高渗通道。

（1）空气泡沫段塞。

根据矿场试验经验和数值模拟结果，试验区设计泡沫驱段塞注入地下总体积0.5PV。

（2）气液比的确定。

根据现场经验，从气液比较小即1∶1试注，考虑到气体计量和地下气体损失，推荐合理气液比为2.5∶1～3.0∶1。

（3）注入速度设计。

日注气量：45～60m^3/d，日注发泡液：15～20m^3。

（4）发泡剂配方设计。

发泡剂浓度：0.3%～0.5%（在注入过程中可调整）。

稳泡剂浓度：0.05%～0.1%（在注入过程中可调整）。

（5）注入方式设计。

发泡方式有两种，即地面发泡（或井筒发泡）和地下发泡。首先采用地面发泡方式试注，再根据情况调整，如压力大，改为地下发泡方式或两种方式交叉应用。

（6）注入段塞设计。

① 地层条件及不利影响因素：

第一，该地层属复合韵律沉积，上部油层物性相对较好，容易导致气窜；第二，该地层水平天然裂缝、层理发育及压裂形成的垂直裂缝容易发生气窜；第三，长期注入水沿大孔道流动进一步冲刷了地层，加大了非均质性，容易发生气窜；这些不利因素会导致注入气过早从油井产出。因此，抑制气窜是设计中主要考虑的技术问题之一。

② 拟注段塞组合及注入压力预测：

空气泡沫调驱过程较长，存在着地层吸附和设备不能长时间连续运转等问题，为保证调驱的效果，必须进行注入方式的设计。

采用前置段塞+（试注泡沫段塞）+泡沫液段塞1+空气段塞1+泡沫液段塞2+空气

段塞2+泡沫液段塞3+空气段塞3+后置段塞组合。

③ 段塞设计理念：

在试验初期，在注完前置液之后，应进行泡沫（液体和空气同时注，液体用量约 $30m^3$）注入能力试验（主要判断泡沫注入能力）；如果注泡沫压力升高速度太快、幅度太高，则执行以上段塞设计；如果注入压力升高速度、幅度遵循一般规律，则执行液体和空气同时注。

a. 弱凝胶体系段塞。期望在原先的已经注入的水之后形成一流动阻力大的阻塞带，减低原先正在运移的水的流动能力，达到限制井组油井含水增长的速度。除此之外，改变后续注入的泡沫液体流向——向水运移的位置上方运移，使空气与泡沫液体有更多的接触机会，产生泡沫，防止过早地发生气窜现象。

b. 空气段泡沫塞1。空气和泡沫液同时注入，气液比为1∶1，了解注入压力的变化和地层注入能力。

c. 空气泡沫液段塞2。原理同上，气液比为2.5∶1。

d. 空气泡沫液段塞3。原理同上，气液比为3∶1。

e. 后置段塞。采取两组空气段塞，目的是最大限度地让空气与泡沫液接触而产生泡沫，限制空气发生气窜现象。基于上述段塞发挥调驱作用而改变后期注水之后，用一定浓度的活性水使其存在后期的注入水中，从而进一步提高洗油效率。

2. 注采工程设计

根据前期先导试验情况，注液压力由试验前的10MPa上升到12MPa，注气压力上升到17MPa，试验区地层压力由试验前的平均11.8MPa上升至14.2MPa。考虑系统注水压力较低，试验后可能会出现压高欠注现象，为后期单井增注考虑，井口压力等级选定在30MPa。

常规KZ65-25注水井口气密性无法满足注气需求，综合考虑，将原注水井口更换为KQ65-35型注气井口，耐压等级35MPa，配套35MPa压力表。注气井安装井口控制器，防止回流和压力过高。

由于空气密度小于水，注入介质中的空气会不断从井底向油套环空中聚集，加剧油管和套管的腐蚀。使用封隔器对油套环空进行封隔，同时环空中配套使用防腐液能更好保护油管、套管（图7-15）。

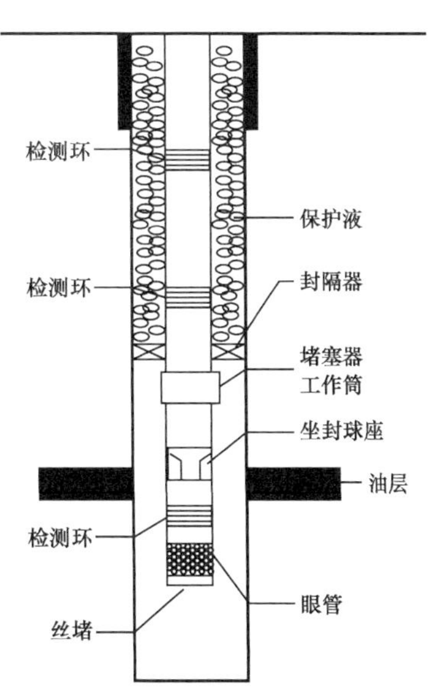

图7-15 空气泡沫驱注入井井筒防腐示意图

为防止注入时管柱蠕动造成的封隔器密封不严及胶筒摩擦损伤，采用双向卡瓦封隔器增加管柱锚定力，作业中如遇特殊情况需要卸压，为避免封隔器解封造成的环空防腐液浪费，解压方式采用上提管柱解封方式。油管采用内涂层防腐，油套环空加保护液保护管柱。在管柱上使用井下挂环，监测注空气泡沫对套管的腐蚀情况。

3. 地面系统

试验站主要由配液系统、注入系统两部分组成：地面注入管线采用 ϕ76mm 加厚油管 + 耐压 40MPa 高压阀门 + 高压单流阀组合，并按规定用地锚加固。空气泡沫驱地面流程如图 7-16 所示。

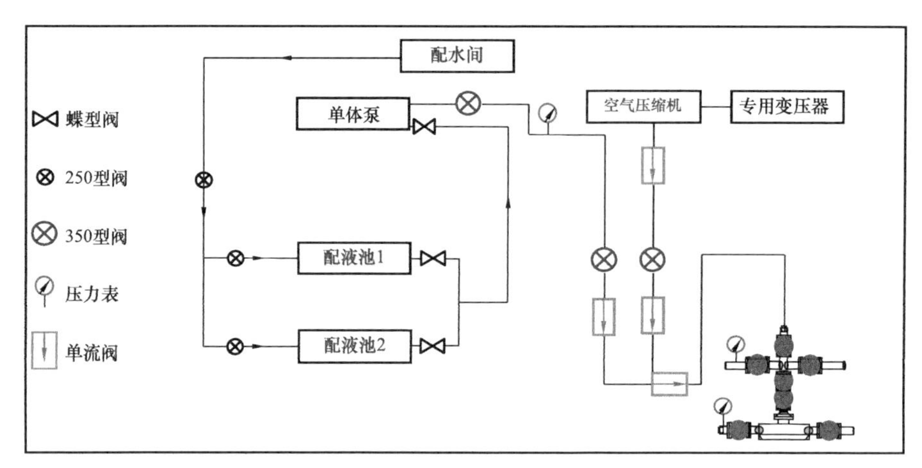

图 7-16 空气泡沫驱地面流程示意图

配液系统：10m^3 的水箱，搅拌机组，发泡剂按 0.3%～0.5% 浓度，稳泡剂按 0.05%～0.1% 浓度比例进行搅拌。

空气压缩机应安装在距井口 25m 以外。注气管线连接按厂家要求使用专用管线，并用地锚固定。注气三通前安装耐压 35MPa 旋塞阀、单流阀和注气专用单流阀。配注液设备安装在距注入井口 20m 以外。配液用水使用配水间来水。注发泡剂液泵使用高压比例泵。注前置液和顶替液用柱塞泵。配液罐为 10m^3 内防腐搅拌罐。注入管线耐压 35MPa，并用地锚固定。三通前后各安装一个耐压 35MPa 的单流阀。注入井原注水流程不变。

4. 动态监测

（1）产出气监测。

产出气中氧气组分浓度警戒值定为 3%。当氧气浓度达到或超过警戒值时，启动安全控制预案。监测油井的产出气的组分变化，具体监测要求如下：

① 分别采用便携式气体检测仪或在线气体检测仪、气相色谱仪监测产出气体中氧气和组分变化。

② 试验开始，利用便携式监测仪监测，每 4 小时监测一次氧气浓度。当发现氧气产出时，每 1 小时监测一次氧气浓度。或利用在线监测仪，实施即时监测井组内油井产出气中的 O_2、N_2、CO_2 和烃类气的变化。

③ 利用气相色谱仪或气体组分监测仪，每 10 天对井组内油井产出气进行一次全分析。当发现氧气产出时，每天监测一次。

（2）产出液分析监测。

对油井进行油、水样全分析监测。试验前监测一次，试验后每月监测一次。

（3）产出气计量与分析。

在调驱过程中油井未产出氧前，该井产出流体在站内进行量油、在井口测气计量、组分分析和集输。产出氧后，该井产出流体改进单罐计量集输，产出气放空。

（4）油水井项目监测。

对空气泡沫注入井进行吸水剖面监测，试验前后各测一次，油井的常规监测，包括含氧量、含水、油气组分组成。

（5）压降和吸水指示曲线监测。

对注入井进行压降和吸水指示曲线监测。试验前后各测一次。

（6）观察井压力监测。

每天监测一次空气泡沫注入井压力。施工中途如出现压力异常、排量异常，停止注入，并及时汇报，并根据现场情况调整。

二、现场实施概况

ZJ53 空气泡沫试验区 2009 年 11 月开始试注，2012 年开展中试试验：在先导试验的基础上增加 5 口注入井：柳 72-60、柳 72-62、柳 72-64、柳 74-64、柳 76-64，形成 9 注 40 采、15 口中心井格局。2013 年开展扩大试验，在中试试验基础上增加 6 口注入井，包括柳 77-58、柳 78-60、柳 78-62、柳 80-57、柳 80-60、柳 82-59，形成 15 注 63 采规模。设计总注入量 0.5PV，截至 2022 年底总注入地下体积 $216.3 \times 10^4 m^3$，累计注泡沫液 $85.21 \times 10^4 m^3$，注空气 $131.12 \times 10^4 m^3$，完成总设计量的 51.2%。

ZJ52 加密区空气泡沫驱设计总注入量 0.4PV，现场于 2018 年 8 月实施注入，规模为 7 注 34 采。截至 2022 年底，累计注气 $25.6 \times 10^4 m^3$，注液 $10.4 \times 10^4 m^3$，合计 $36.0 \times 10^4 m^3$，完成总设计量的 32.4%。

（1）技术政策执行情况。

先导方案设计：气液比为 1.2：1～1.5：1、注液速度为 20～30m^3/d。

执行情况：初期气液比为 1.2：1、注液速度为 28m^3/d，为进一步改善效果，2018 年优化至气液比为 3：1、注液速度为 10～15m^3/d。

（2）动态监测工作量。

为掌握空气泡沫驱后注采两端的驱替效果，近年除开展常规的测压、吸水剖面测试外，重点加大注气剖面、示踪剂、水驱前缘等特殊类型测试，近十年累计开展各类动态监测工作 353 井次。

三、试验效果评价

合理准确地评价出油藏生产状况的好坏，是油藏开发的重要任务之一。针对水驱油田开发效果，评价主要包括注采井网完善状况、注入状况和开发状况等评价指标。注入状况评价指标包括三类：一是反映注入井开发状况的指标，如年注采比以及注入井压力；二是反映注入介质利用状况的指标，如储量动用程度；三是开发状况好坏的开发指标，主要包括地层压力保持水平、可采储量、储量动用程度、注采比、含水上升率、能量保持水平、产量递减、吸水厚度、吸水强度、注水井压力等。加密试验区受加密和周围油水井的影响较大。

1. 注入压力

从油藏的历年统计数据来看，正常注水开发油藏注水井油压一直处于稳定上升趋势（图7-17）。但实施空气泡沫驱后，注气压力、注泡沫压力变化幅度一般高于正常注水井油压，这是由于在气液在井筒发泡后，在近井地带具有了一定的封堵作用。一般来说注泡沫液高于正常注水压力，而注气压力则高于注液压力，本试验区注气压力保持在12.0～19.0MPa，这是由于注气过程中，气体在井筒的气柱压力远低于液柱压力所致。

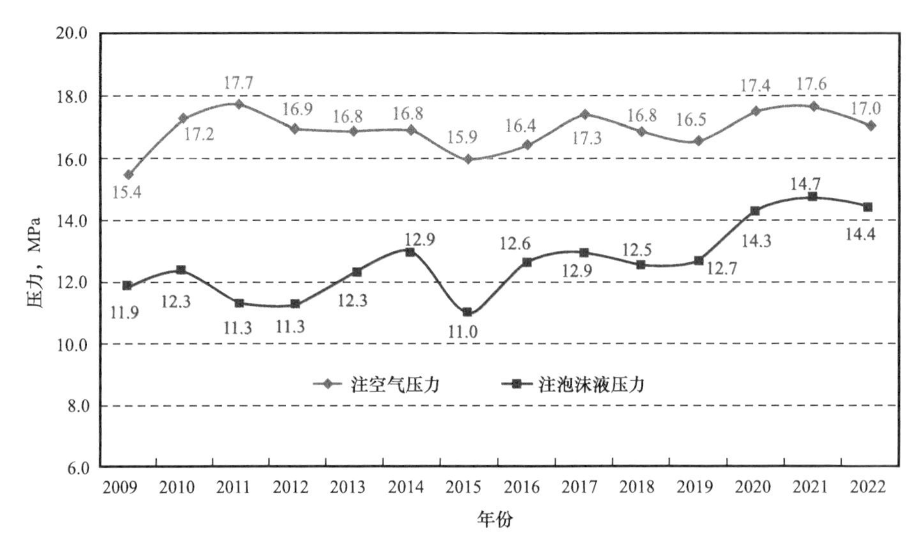

图7-17　试验区平均单井注入压力变化曲线

整体注入以来，试验区注泡沫液压力有所提高，与试验区附近注水井相比，注入压力升高1.6MPa（图7-17、图7-18）。

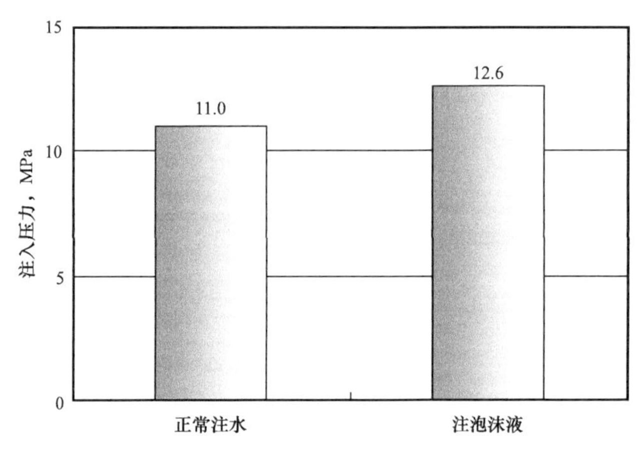

图7-18　注泡沫液与附近注水压力对比图

同一阶段内视吸液指数稳定、视吸气指数略有上升；附近注水井视吸水指数整体上呈下降态势（图 7-19、图 7-20）。

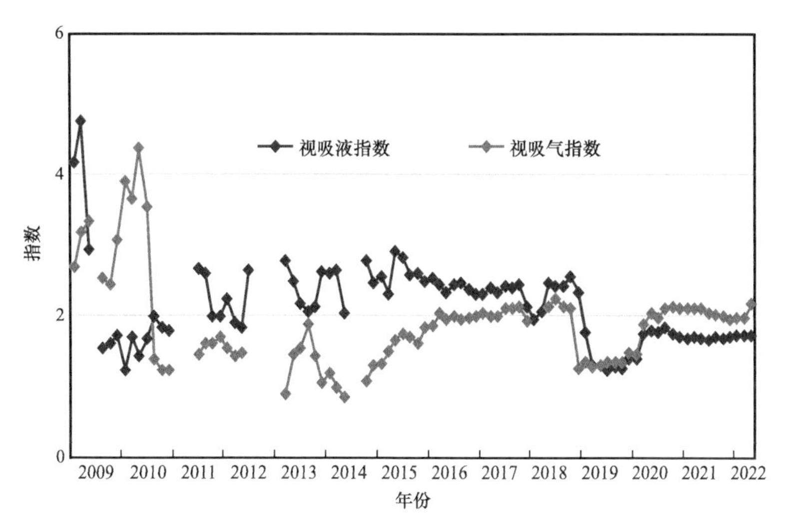

图 7-19　ZJ53 视吸液（气）指数变化曲线

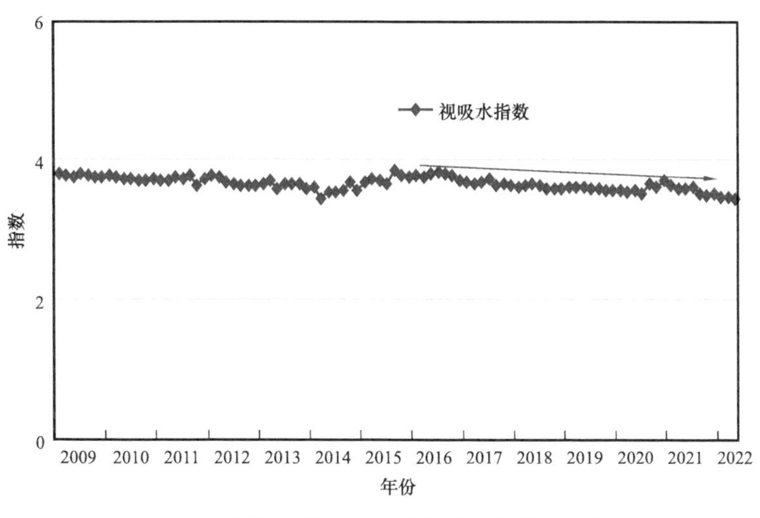

图 7-20　试验区附近注水井视吸液指数变化曲线

2. 储量动用程度

水驱动用程度定义为注水井总的吸水厚度与注水井总的射开连通厚度的比值。

$$R_w = \frac{h}{H} \tag{7-1}$$

式中　R_w——水驱动用程度；

h——吸水厚度，m；

H——注水井总的射开连通厚度，m。

试验区整体水驱动用程度由试验前的60.0%上升到目前的61.7%；其中6口可对比井吸水厚度增加，平均单井吸水厚度增加2.55m，水驱动用程度由59.8%上升到目前的77.1%，剖面吸水状况变好。对比试验井组吸水剖面测试结果表明：试验区整体水驱动用程度较试验前上升，但与2014年底相比，剖面吸水厚度变薄（图7-21）。

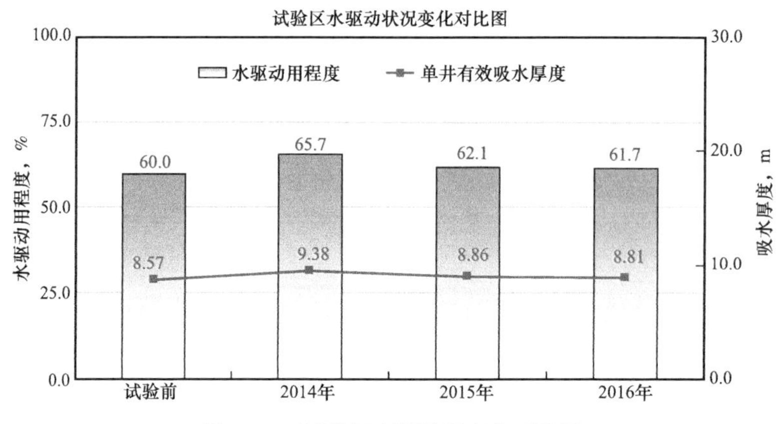

图7-21　试验区水驱状况变化对比图

3. 压力保持水平

实施空气泡沫驱以后，试验区地层压力由13.2MPa上升到13.9MPa，压力保持水平由107.7%上升到113.1%（对比整体注入前）；主向井压力由17.6MPa下降到14.2MPa，侧向井压力由13.0MPa上升到13.8MPa，主侧向压差明显减小，表明平面压力分布更趋均衡，注入水波及程度有所提高（图7-22、图7-23）。

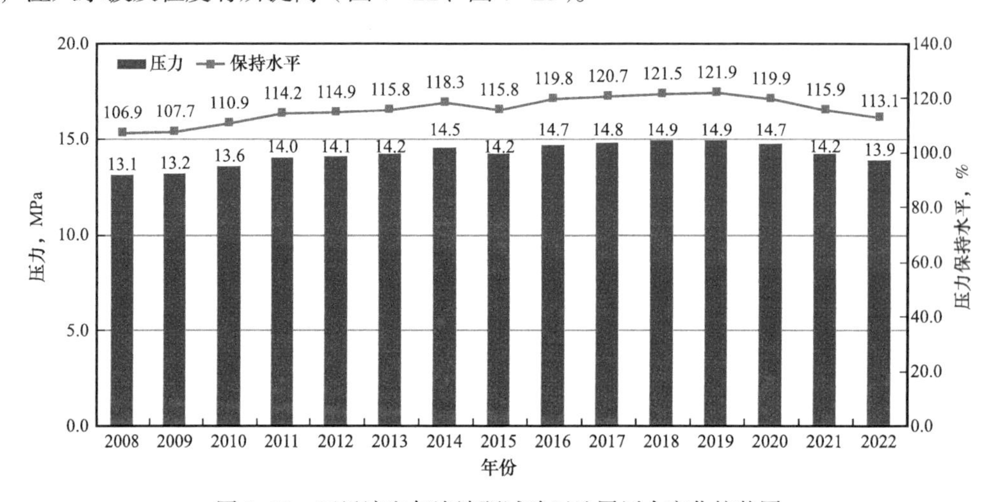

图7-22　五里湾空气泡沫驱试验区地层压力变化柱状图

4. 递减率

该试验区经过空气泡沫驱，根据产量递减规律分析，整个油藏注入空气泡沫后递减类型属于凹型递减，由产量递减公式计算递减率：

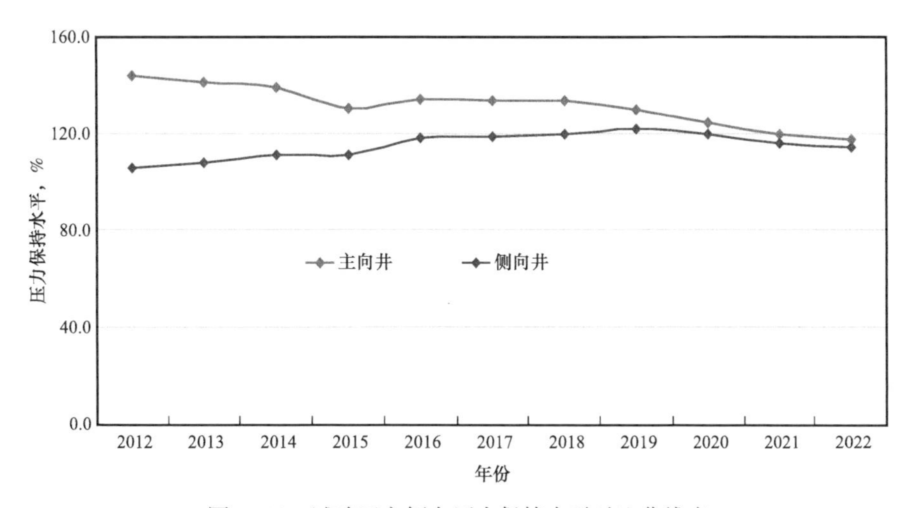

图 7-23　试验区主侧向压力保持水平对比曲线表

$$D = \frac{D_r}{1 + nD_r\left(t - t_r\right)} \tag{7-2}$$

式中　n——递减指数（$n > -1$）；

D_r——参考递减率（参考点对应的递减率）；

t——生产时间，s。

与水驱相比，ZJ53 试验区油藏综合递减率由 17.71% 下降至 10.72%，含水上升率由 2.7% 上升到 3.0%（压裂酸化）；停注气阶段综合递减率由 10.72% 提高至 15.69%，含水上升率由 −2.09% 上升到 7.08%；调整注采比（1∶1）和气液比（1.3∶1 提高到 2.5∶1）后阶段综合递减率由 11.44% 下降至 7.74%，含水上升率由 6.82% 下降至 −5.75%（图 7-24）。

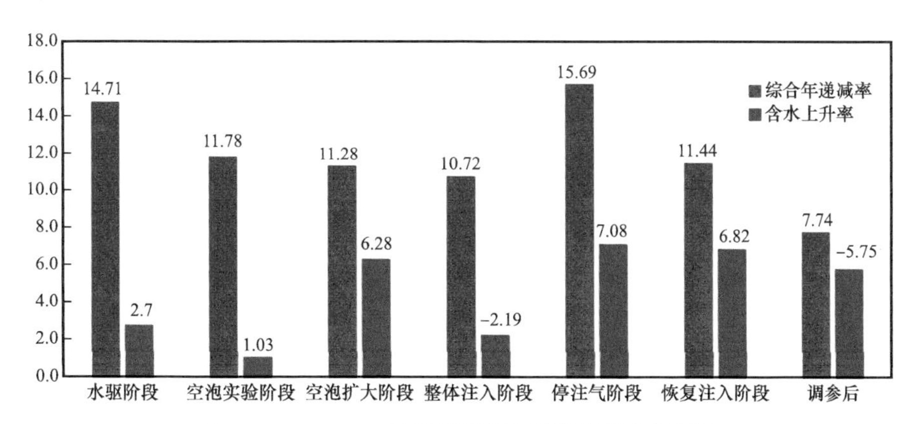

图 7-24　ZJ53 空气泡沫驱各阶段综合递减变化图

从含水与采出程度关系曲线（图 7-25）来看，经调整注采比之后，综合含水呈逐步下降的趋势。

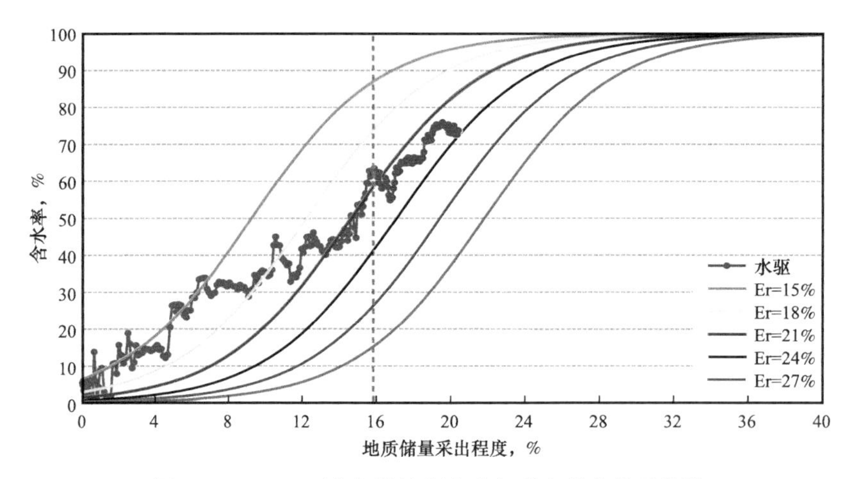

图 7-25　ZJ53 区空气泡沫驱含水与采出程度关系曲线

5. 含水上升率及含水上升速度

含水上升率是指每采出 1% 的地质储量时含水率的上升值。含水上升率作为水驱状况评价的一个指标，反映了注水开发油田含水上升的速度大小。含水上升率越小，则说明水的利用率越高，开发效果越好，含水上升速度则是单位时间内含水上升的数值，与采油速度无关。

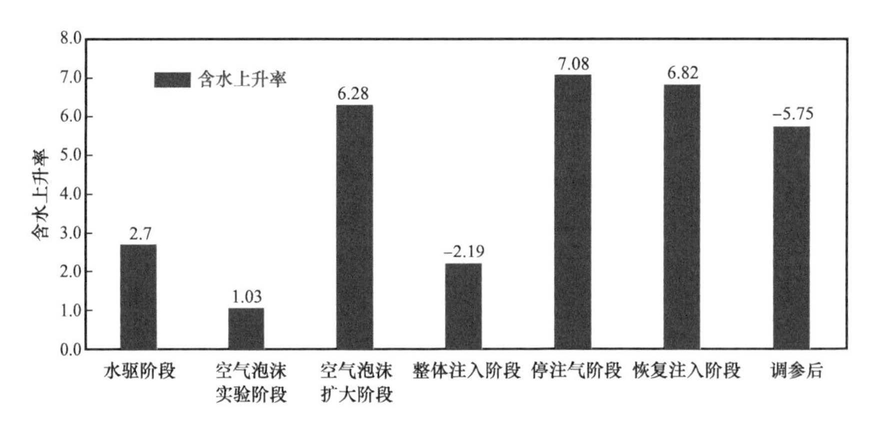

图 7-26　ZJ53 试验区含水上升率柱状图

ZJ53 试验区实施空气泡沫驱后，含水上升率得到有效的控制，由水驱阶段的 2.76 下降至空气泡沫驱阶段的 1.03，下降幅度达到 50%，后期由于停注气，ZJ53 试验区含水上升率达到 7.08，恢复注气后，含水上升率下降至 6.82；

ZJ53 试验区 15 个井组在水驱开发过程中含水上升速度较快，介于 −3.75%～20% 之间，经过逐渐进行空气泡沫驱，含水上升速度得到有效控制。到 2014 年，含水率上升速度降低至 −12%～10% 之间，2015 年停止注气，之后其含水上升速度上升。2016 年恢复注入至今，其含水上升速度降低明显，至 −16.15%～24.8%（图 7-27）。

63 口生产井在空气泡沫驱阶段含水上升速度降低明显，含水率上升速度得到有效控制。

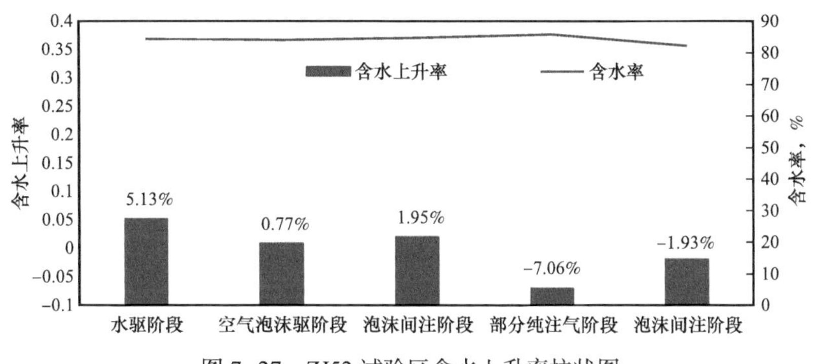

图 7−27　ZJ52 试验区含水上升率柱状图

四、效果评价分类

对 ZJ53 和 ZJ52 试验区油藏、井组和油井的水驱动态储量、水驱动用程度、注采比、含水上升率、含水上升速度、吸水厚度、吸水强度和能量保持水平八项指标进行了具体分析，下面参考刘伟（2016）的成果，确定各个指标的评语，根据评语判断每个指标所处的水平，然后根据前面分析得出的权重来求得每个评语的隶属度，根据最大隶属度原则对区块的水驱状况进行综合评价。油藏水驱状况综合评价见表 7−4。

表 7−4　油藏水驱状况综合评价表

类型	分类	指标	评价等级（含水率＜50%，采出程度＜10%）			评价等级（含水率＞25%，采出程度＞20%）			权重系数
			好	一般	差	好	一般	差	
油井		月递减率	＜2%	2%～4%	＞4%	＜2%	2%～4%	＞4%	0.28
		压力保持效果	＞115%	110%～115%	＜110%	＞115%	110%～115%	＜110%	0.18
		动态储量	＞4	1.5～4	＜1.5	＞4	1.5～4	＜1.5	0.27
		月含水上升速度	＜0.1	0.1～0.3	＞0.3	＜0.1	0.1～0.3	＞0.3	0.27
井组	注入端	动用程度	＞0.65	0.55～0.65	＜0.55	＞0.65	0.55～0.65	＜0.55	0.142
		泡沫压力流量指数	＞1.6	1.4～1.6	＞1.4	＞1.2	1～12	＞1	0.095
		空气压力流量指数	＞1.2	1～1.2	＜1	＞1	0.8～1	＜0.8	0.095
		视阻力系数	＞3	2～3	＜2	＞3	2～3	＜2	0.095
		动态储量控制程度	＞0.85	0.6～0.85	＜0.6	＞0.85	0.6～0.85	＜0.6	0.142
	采出端	换油率	＞0.6	0.4～0.6	＜0.4	＞0.2	0.2～0.15	＜0.15	0.142
		月递减率	＜1.5%	1.5%～2%	＞2%	＜2%	2%～3%	＞3%	0.142
		年含水上升速度	＜5%	5%～10%	＞10%	＜3%	3%～6%	＞6%	0.142

续表

类型	分类	指标	评价等级（含水率＜50%，采出程度＜10%）			评价等级（含水率＞25%，采出程度＞20%）			权重系数
			好	一般	差	好	一般	差	
油藏	—	压力保持水平	＞118%	112%～118%	＜112%	＞118%	112%～118%	＜112%	0.071
		注采比	＜1.5	1.5～2	＞2	＜1.5	1.5～2	＞2	0.071
		动态储量控制程度	＞0.65	0.55～0.65	＜0.55	＞0.65	0.55～0.65	＜0.55	0.143
		含水上升率	＜3%	3%～6%	＞6%	＜3%	3%～6%	＞6%	0.15
		年递减率	＜10%	10%～12%	＞12%	＜10%	10%～12%	＞1%	0.15
		采收率提高幅度	＞10%	5%～10%	＜5%	＞5%	2.5%～5%	＜2.5%	0.2
		动用程度	＞0.85	0.6～0.85	＜0.6	＞0.85	0.6～0.85	＜0.6	0.2

分值计算与综合评价标准如下：

综合分值的计算采用分级计算分值法。算分规则为：

（1）指标达到“一类”时，该项分值为权重分满分。

（2）处于“二类”时，得分 = 该项权重分 ×［0.4+0.6×（参数值 − 界定值下线）/（界定值上线 − 界定值下线）］。

（3）处于“三类时”，得分为该项权重分的 40%。按此计算方法，油藏、井组、单井三个层次的综合评价得分应在 40～100 之间。

井组综合得分分级标准如下：

综合得分＜0.75 为Ⅲ类；综合得分 0.75～0.85 为Ⅱ类；综合得分≥0.85 为Ⅰ类。

表 7-5　试验区井组试验效果评价表

区块	井组	权重值	评价结果	区块	井组	权重值	评价结果
ZJ53	柳 72-60	0.77	Ⅱ类	ZJ53	78-60	0.67	Ⅱ类
ZJ53	柳 72-62	0.96	Ⅰ类	ZJ53	78-62	0.72	Ⅲ类
ZJ53	柳 72-64	0.72	Ⅲ类	ZJ53	80-60	0.89	Ⅰ类
ZJ53	柳 74-60	0.95	Ⅰ类	ZJ53	80-57	0.84	Ⅱ类
ZJ53	柳 74-62	0.88	Ⅰ类	ZJ52	88-42	0.94	Ⅰ类
ZJ53	柳 74-64	0.69	Ⅲ类	ZJ52	88-44	0.80	Ⅱ类
ZJ53	柳 76-60	0.92	Ⅰ类	ZJ52	89-43	0.80	Ⅱ类
ZJ53	柳 76-62	0.89	Ⅰ类	ZJ52	90-461	0.71	Ⅲ类
ZJ53	柳 76-64	0.81	Ⅱ类	ZJ52	90-42	0.84	Ⅱ类
ZJ53	柳 77-58	0.88	Ⅰ类	ZJ52	90-44	0.83	Ⅱ类
ZJ53	柳 78-60	0.92	Ⅰ类	ZJ52	92-441	0.81	Ⅱ类

第三节 空气泡沫驱特殊动态监测

空气泡沫驱作为提高采收率的技术，在动态监测上既有一般注水开发油藏的常用监测手段，如压力测试、吸水剖面测试、剩余油测试、流体分析测试等，也有特殊监测。通过开展注入剖面形态、气体示踪剂、微地震气驱前缘等新型技术，可为评价气驱提高采收率提供较为直观评价的手段。本节根据现场空气泡沫试验区对比优选八参数注入剖面测井、气相示踪剂井间监测、地面微地震气驱前缘、时移微重力等四类监测手段，并结合应用实例进行效果分析。

一、注入剖面测井

1. 测试原理

泡沫液是不溶性空气进入液体中、并被液体隔离所造成的气体分散在液体中的一种不稳定体系。在注入井中，空气与泡沫液在温度和压力的作用下呈现复杂状态，注水井常用的五参数同位素示踪吸水剖面测井序列无法准确反映注入状况。八参数注入剖面测井使用生产测井组合仪，采集自然伽马、磁定位、温度、压力、密度、持水率、持气率、涡轮流量这 8 个参数。密度、持水率、持气率可以反映空气泡沫液的相态、流型；涡轮流量可根据流体流速和产（注入）量的正比关系通过涡轮转速计算注入流量，结合管柱常数、温度、压力等数据综合解释，可以有效计算各小层的吸气和吸水（泡沫）量，评价剖面注入情况，为调整注入参数提供依据。但是密度、持水率、持气率、涡轮流量参数需要接触测试，并受油管管柱内径限制，所以八参数注入剖面测井只能在套管中进行测试。同时，由于空气泡沫驱气液混注时间不同测试时机较为重要。一般在气液混注阶段进行测试，这样可以更全面评价混合 2 种介质的注入效果。

2. 解释方法

八参数注入剖面测井资料解释与生产测井产气剖面解释方法类似，主要基于气液两相流解释模型，通过定性和定量相结合进行综合评价。首先根据密度、持水率、持气率等曲线变化特征确定气液界面，定性判断主要注气层位，再在各射孔层上下划分处理段，运用电缆速度与涡轮转速交会出视流体速度，结合多相流动模拟实验图版及管柱尺寸计算出各射孔井段的空气、泡沫液注入量，最终提供混相驱的注入剖面。

3. 应用实例

L1 井为连续注入泡沫井，间歇开启注气，折算到井下压力温度条件下，24h 连续注入泡沫液量 10m^3/d，累计 8h 注入空气 30m^3/d。由于注气受承压设备性能限制，考虑到注入效率，最佳测试时机为空气注入接近极限压力时，此时能真实反映井下最高效注入剖面的情况。测井施工当天 6：00 至 10：00 注入空气，17：00 开始二次注入空气，19：00 进行空气、泡沫混注状态测试八参数组合测井，测井解释成果如图 7-28 所示。

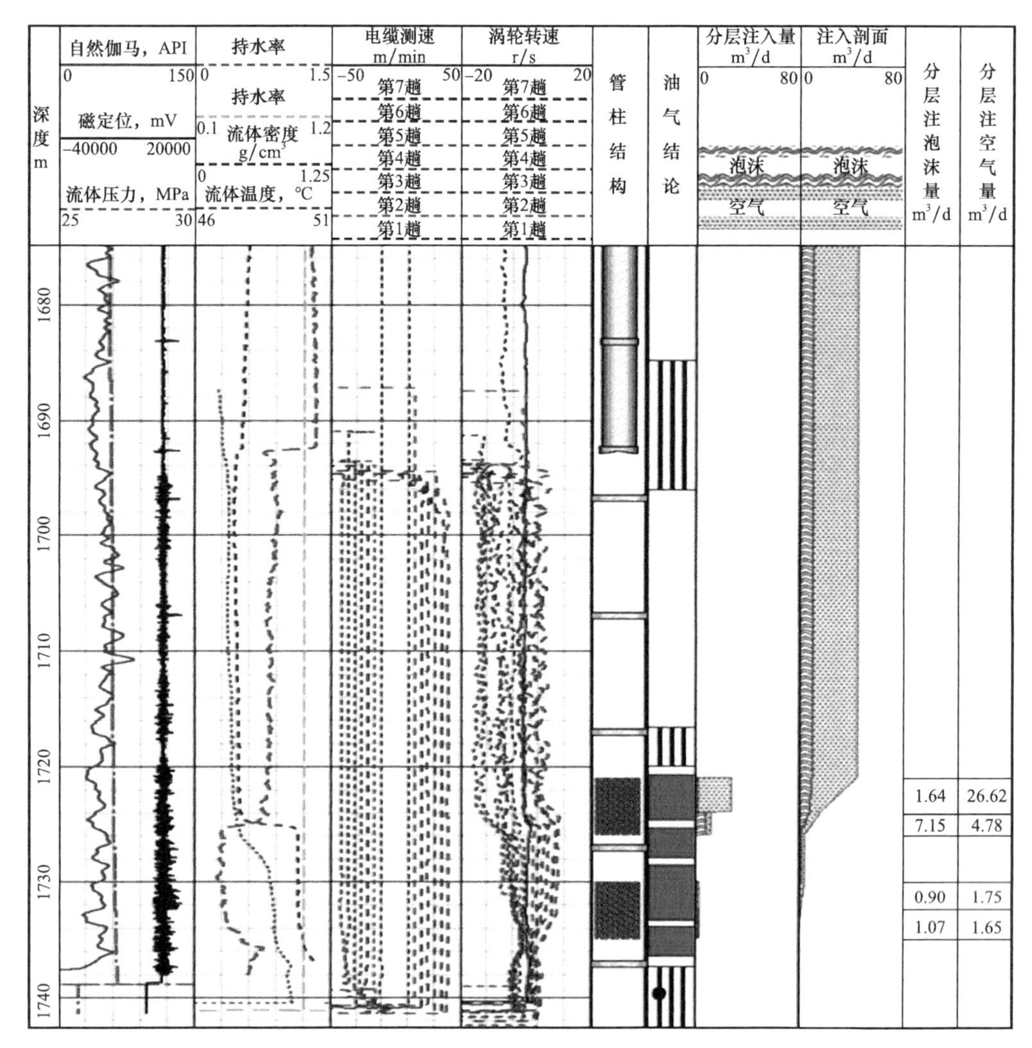

图 7-28　L1 井八参数注入剖面测井解释成果图

由计算成果（表 7-6）和测井解释成果（图 7-28）分析可知：

（1）喇叭口位置上、下混相密度分别为 0.764m^3/d、0.777m^3/d，在注入层位附近混相密度为 0.960～1.129g/m^3，结合持气率、持水率判断，井下流型从上到下由环雾流向泡状流变化，且 1.670.00～1724.85m 层段显示为段塞状流型过渡型特点，1724.85～1735.00m 层段显示为泡状流型特征。

（2）压力曲线数值从井口的 16.70MPa 逐渐增大到 1724.00m 层段处的 27.05MPa，流温曲线数值从井口的 22.00℃逐渐增大到 1724.00m 层段处的 49.84℃，流温曲线在 1726.00m 出现拐点，幅度变化明显。

（3）所有涡轮流量曲线、流体密度曲线、持气率曲线均在 1724.85m 层段处出现明显幅度变化，流体密度增加（由 0.409g/cm^3 增加至 0.961g/cm^3），持气率减小（由 0.823 减小至 0.320），多参数曲线发生明显变化的深度恰好位于第 1 个射孔段（1721.00～1726.00m）中下部，表明该位置以下液相增加、气相减小，且该位置以上为空气、泡沫混注时气体主要的注入层位，其对应射孔段为1721.00～1724.00m。

（4）在第2个射孔段（1730.00～1735.00m）底部，温度曲线也存在异常幅度，部分涡轮流量曲线在该射孔段内也存在幅度变化，表明该层存在一定量混相流体注入量。本次用于计算的流体视速度都是在流体流动平稳的位置通过涡轮转速曲线交会得到，但本井由于泡沫流体的复杂性，而且涡轮流量受启动流量影响，无法在射孔段内交会出稳定的视速度，目的层注入剖面无法进一步精细划分。

表7-6 L1井注入剖面测井解释成果表（空气、泡沫混注）

层位	起始深度 m	终止深度 m	流体温度 ℃	流体压力 MPa	注泡沫		注空气		分类
					分层注入量 m^3/d	贡献比 %	分层注入量 m^3/d	贡献比 %	
长6_2^1	1721.00	1724.00	49.73	27.04	1.64	15.24	26.62	76.5	空气主要注入层
长6_2^1	1724.00	1726.00	49.88	27.05	7.15	66.52	4.78	13.72	泡沫主要注入层
长6_2^1	1730.00	1732.00	50.09	27.11	0.90	8.32	1.75	5.03	微注入层
长6_2^1	1732.00	1735.00	50.15	27.13	1.07	9.91	1.65	4.74	微注入层

目前八参数注入剖面测井适用于空气泡沫驱混相笼统注入管柱，利用密度、持水率、持气率可以较好地反映空气和泡沫液注入剖面情况，包括流型、相态及注入量，但要实现精细评价仍需进一步提高流量测试精度。

二、气体示踪剂监测

示踪剂监测方法于1964年由布里格姆（Brigham）提出，并在以后的矿场应用中和理论上不断完善、发展形成了数值法、解析法、半解析法。数值法由于方法本身的处理方式和示踪剂分析相矛盾而基本不再使用，解析方法也由于不能处理多井干扰等复杂问题而较少使用，而半解析方法目前是一种很新的较为可靠的解释方法，同时可解释的参数范围不断扩大，解释的精度不断提高，逐渐为矿场实践所认可。

通过气体示踪剂监测了解注入井组空气泡沫驱开发过程中的储层非均质性，油层连通关系，注入流体推进方向、推进速度、注采受效关系等，为下一步合理调整及工艺措施实施提供理论准备，以达到提高开发效果的目的。

1. 井间示踪监测原理

气体示踪剂井间监测技术是在注入井中注入一种气体示踪剂，在周围监测井中取气样，分析所取气样中示踪剂的浓度，并绘出示踪剂产出曲线，应用示踪剂解释软件对示踪剂产出曲线进行分析，就可以确定油藏非均质情况。

示踪剂从注入井注入后，首先随着注入气沿优渗层或大孔道突入生产井，示踪剂的产出曲线会逐渐出现峰值，同时由于储层参数的展布和注采动态的不同，曲线的形状也会有所不同。

在注入气没有外泄的情况下，油层越均质，注气利用率越高，则见示踪剂时间越晚。反之，短时间内见到示踪剂，说明注入气发生窜流，储层非均质性强，开发效果差。

气体示踪剂必须符合井间示踪剂监测施工要求，气体示踪剂的筛选应满足下列条件：（1）地层中背景浓度低；（2）在地层表面吸附量少，弥散系数很小；（3）与地层矿物不反应，与地层流体具有较好的相溶性，流动特性与被跟踪流体相似；（4）化学稳定性和生物稳定性好，与地层流体配伍；（5）易检出，灵敏度高，操作简便；（6）无毒、安全，对测井无影响。

符合井间示踪剂监测要求的气体示踪剂包括一氟系列、二氟系列、三氟系列、四氟系列、五氟系列、六氟系列、七氟系列、八氟系列等几个系列的气体示踪剂。该系列的气体示踪剂为无毒、无色、无味、无腐蚀性的不燃气体，在标准状况下为气体，在高温高压下为气态物质，且化学稳定性好。且气体示踪剂在500℃下化学性质仍稳定，不溶于水，可少量分配于油相中，在油藏岩石表面吸附量极低，检测精度可达10^{-9}～10^{-12}，在地层条件下不与二氧化碳、氮气、天然气、地层水、储层岩石、其他气体等发生物理化学反应，配伍性好，为人工合成的示踪剂，在地层中无背景浓度，在常温常压与高温高压下化学稳定性与热稳定性均较好，能够满足注气井示踪剂监测的要求。

2. 解释方法

总的来说，在地层参数解释方面，示踪剂方法因为其直观有效的特性，在许多方面有其他方法所不可比拟的优势。一般步骤为产出曲线与拟合曲线对比、注入气流线分、井间优渗通道参数计算、非均质性评价等。

示踪剂方法可解释的参数为：

（1）计算注入井至见剂井的气驱速度，气驱方向；

（2）计算井间优渗层厚度、渗透率、喉道半径、波及体积；

（3）评价地层非均质性；

（4）井间对应受效情况分析；

（5）验证断层以及隔层封闭性；

（6）措施效果评价等。

同时也可以根据不同的需要制订相应的监测方案。

3. 应用实例

注气井L2井组于2021年8月8日通过专用注气设备注入20.0kg六氟化硫示踪剂，随后连续3个月在对应的8口监测井中使用专用取样袋取样，期间监测井套管气停止放空。截至2021年11月5日，累计取样451次，共3口井（W1、W2和W3井）见到示踪剂。通过监测分析，得到L2井组产出示踪剂的突破时间及推进速度（表7-7），由表7-7可以发现，L2井组中，见剂的W1、W2和W3井与L2注剂井存在优渗通道，未见剂的5口井连通性可能较差，也可能受注采压力、气窜等影响未有效波及；见剂井的推进速度为10.92～21.10m/d，推进速度差异较大，其中向W2井方向推进速度最快，优势突进方向呈现西北、东偏南。根据优渗通道渗透率、厚度参数、优渗等效厚度及渗透率等参数，可以计算出波及体积。3 口井对应优渗通道波及面积与体积差异不大。利用示踪剂解释软件，通过地质建模，对见剂组进行分析，并与示踪剂产出曲线进行拟合，可以发现实测曲线与拟合曲线基本吻合（图 7–29 至图 7–31），说明监测结果经解释软件处理，提供的参数能够反映地层的实际情况。拟合同时得出了优渗层参数，优渗层整体渗透率远高于原始地层水平，且厚度、波及体积偏小，见剂井与对应注气井之间的优渗通道主要以微裂缝的形式存在。根据示踪测试结果，通过计算渗透率级差，井组优渗通道渗透率级差为 2.20，说明井间优渗通道渗透率非均质性为较均匀型。从见剂情况来看，见剂井占监测井总数的 37.5%，占比较小，说明气窜方向性较强，也表明油层平面非均质性较强。因此，根据本次监测的结果，建议适当调整注采强度，以保证注入气均匀推进，避免气驱速度过快而导致气窜，从而改善井间非均质情况，提高气驱动用程度。

表 7–7　L2 井组气体示踪剂产出时间及井间主流通道波及参数

油井	层号	井距 m	突破时间 d	峰值时间 d	推进速度 m/d	波及体积 m^3	优势渗透厚度比例系数 %
W1	长 6_2^1	296	16	22	18.5	2329.78	0.65
W2	长 6_2^1	422	20	25	21.1	1834.25	1.39
W3	长 6_2^1	393	36	42	10.92	2093.61	1.38

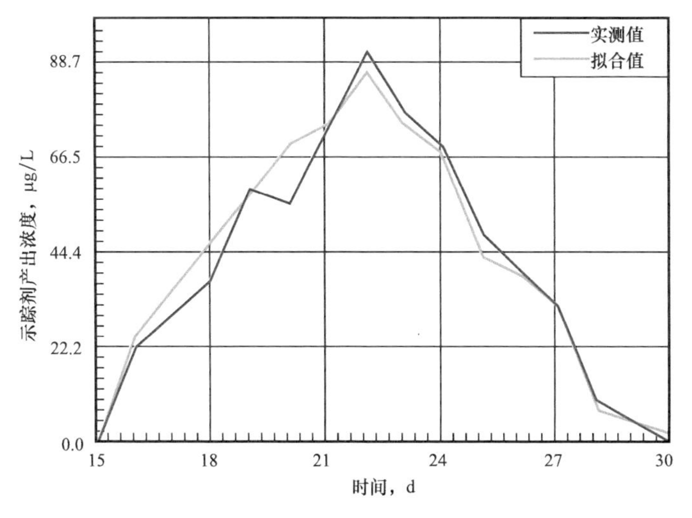

图 7–29　W1 井产出曲线与拟合曲线对比图

气相示踪剂在空气泡沫驱中具有良好的适应性，能够揭示优势突进方向、波及面积和体积，得到优渗通道渗透率级差，对于非均质性评价有较好的效果，但在评价受效性时还是倾向定性分析，解释方法有待进一步优化，同时建议后续将气相与液相示踪剂相结合。

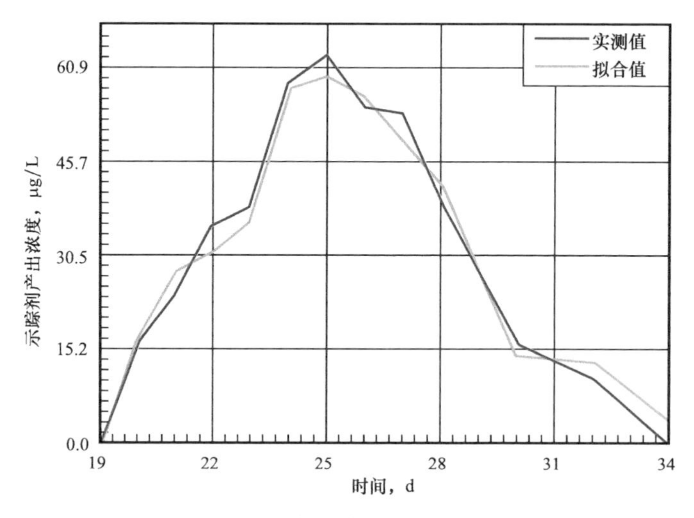

图 7-30　W2 井产出曲线与拟合曲线对比图

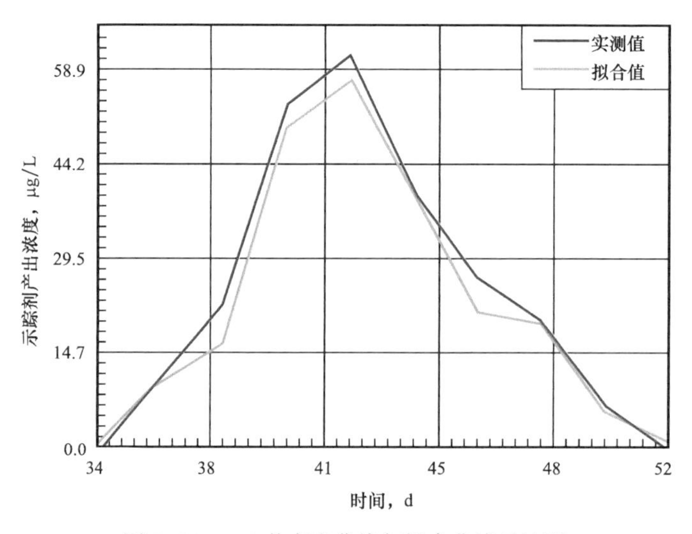

图 7-31　W3 井产出曲线与拟合曲线对比图

三、微地震气驱前缘监测

1. 微地震原理

由于注气作业时会引起地下应力场变化及孔隙压力增高，使得地层沿原生裂缝或断面产生裂缝，并且诱发微地震。可通过地面微地震监测对气驱前缘的展布形态和注入波及范围进行描述，地面微地震监测是以摩尔—库仑定律、断裂力学理论及地震学为依据的监测技术。摩尔—库仑定律表明，当注入剂进入地层，储层孔隙压力升高，对周围岩石作用力增加，破坏原有平衡，作用在裂缝面上的剪切应力会大于剪切强度，从而诱发微地震。断裂力学理论也认为在注入气体进入储层时，当地层岩石受到应力强度大于断裂韧性时，会产生沿原生裂缝扩展或产生新的裂缝。监测时，在地面布设多个检波器台站，采集注入气体在储层导致的裂缝破裂与延伸形成的微地震事件信号，通过震源定位方法来描述注气引起的裂缝扩展规律和裂缝应力应变过程，明确气驱前缘的大小、主流方向波及范围。该技术具有施工简单、连续测量、参数丰富等特点。

2. 解释方法

资料解释主要包括资料滤波、信号叠加拾取、反演定位、气驱解释等步骤。对近地表放置的检波器进行观测，受地层高频滤波、信号衰减作用及强背景噪声等因素影响，微地震波信号的信噪比较低，处理时需进行干扰波滤除，叠加拾取有效信号，拾取事件点的振幅与时间信息。反演定位时，首先，根据声波测井资料建立网格化速度模型；其次，根据速度、监测事件时间、检波器位置坐标等建立线性函数，通过能量扫描层析成像方法对震源的发震时刻和位置进行反演；最后，根据微地震事件个数及能量大小，确定出井组内地震形变密度，拟合出近井的裂缝网及渗流分布场，划分出注气有效区、优势渗流区、气体流动密集区，计算出气驱波及范围。

3. 应用实例

P198−95 井组位于油田某空气泡沫驱试验区，目的储层为长 7 段，井段为 2257～2282m。该井注入方式为氮气、泡沫气液两相段塞式注入，测试过程分为低注气量和高注气量两个阶段，目的是分析不同注气量下的气驱前缘范围和方向。

2020 年 7 月开始空气与泡沫液两相段塞式注入。2021 年 9 月采用 9 台检波器监测气驱前缘，测试分为低注入量（空气：5m^3/d，泡沫液：8m^3/d）监测 24h 和高注入量（空气：20m^3/d，泡沫液：12m^3/d）监测 48h。

图 7−32 是气驱前缘监测拟合成果图，不同颜色区域代表微地震事件的震级形变密度，从红色至紫色逐渐变强。图 7−32 中各颜色区域表示注气有效区（压力见效区，红色

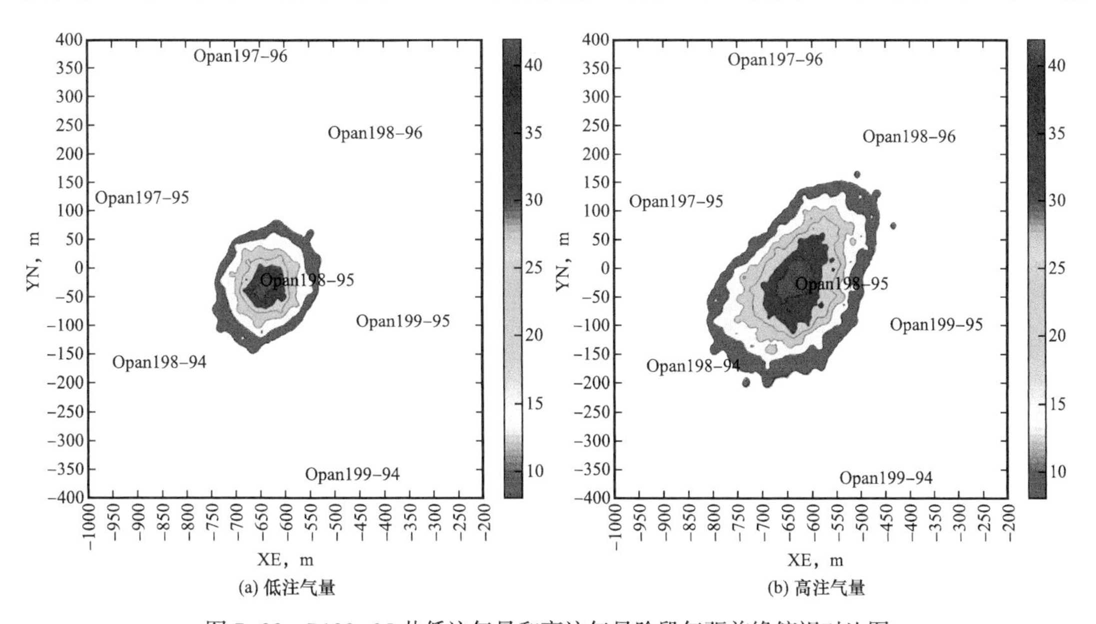

(a) 低注气量　　(b) 高注气量

图 7−32　P198−95 井低注气量和高注气量阶段气驱前缘俯视对比图

与黄色区)、优势渗流区(绿色、青色区)、气体流动密集区(蓝色和紫色区)的范围与方向。对比低注入量和高注入量气驱前缘拟合形态可以看出，对比低注气量和高注气量的气驱前缘拟合图形态来看，北东和西南方向推进趋势明显，向其方向的油井推进相对较弱，P1 井在气驱波及区的边缘，气驱受益程度较好。P198−95 井微地震气驱前缘监测结果见表 7−8。

表 7−8　P198−95 井微地震气驱前缘监测结果表

名称	低注气量阶段	高注气量阶段
测试时间	48h	48h
注入量	$5m^3$、$8m^3$ 液	$64.2m^3$ 气、$20m^3$ 液
有效事件个数	53 个	123 个
注气层测深	2257～2282m	
气体流动密集区(蓝色、紫色区域)面积、长宽高参数	面积 $0.6\times10^4m^2$	面积 $1.8\times10^4m^2$
	长度 105m、宽度 62m、高度 12m	长度 178m、宽度 105m、高度 16m
优势渗流区(绿色、青色、蓝色、紫色区域)面积、长宽高参数	面积 $2.8\times10^4m^2$	面积 $7.9\times10^4m^2$
	长度 170m、宽度 100m、高度 19m	长度 267m、宽度 157m、高度 24m
压力见效域(红、黄、绿、青、蓝、紫色区域)面积、长宽高参数	面积 $8.7\times10^4m^2$	面积 $21.7\times10^4m^2$
	长度 309m、宽度 181m、高度 34m	长度 445m、宽度 263m、高度 40m
注气驱替方位角	北东 47°	北东 45°

对比两阶段的气驱前缘展布形态，高注气量阶段北东向的前缘突进速度快，水平方向上东侧气驱效果明显优于西侧气驱效果。高注气量后气驱长度由 309m 上升到 445m，宽度由 181m 上升到 263m，高度由 34m 上升到 40m，注气有效区面积由 $8.7\times10^4m^2$ 上升到 $21.7\times10^4m^2$。

四、时移微重力监测

1. 时移微重力原理

油气藏时移微重力监测方法是通过测量不同时期测点的重力值变化，来研究油气藏开发中气(油)水界面变化、剩余气(油)分布的监测方法。时移微重力监测以密度变化为基础。油(气)藏随着逐年开采，油或气逐渐被水所替代，密度差异明显，重力值变化显著。当利用重力仪监测到这种变化之后，则可以利用场值的变化反推地下密度的变化，从而达到监测目的。重力监测方法具有适应于复杂地表地形条件、施工快捷方便、成本低、无损且不影响生产等诸多优点，可用于油(气)田开发中的油气水动态监测、地下注水注气监测、采空区监测、地下水监测等多个方面。

2. 解释方法

在实际监测中，含油气地层有明显的重力低值，与地下呈“镜像”关系，从信号频率角度看，油气聚集区表现微高频，边水和底水表现为相对低频。因此需要将目标体产生的重力异常从总异常中分离出来。

布格重力异常是多个异常叠加的结果，包含了从浅到深各个深度上剩余密度分布对观测点的重力作用，可以分解为三部分：

（1）远源场部分。离目标层观测区距离较远，其产生的场在观测区一般变化平缓、成线性变化，通常称这部分异常为区域异常。

（2）近源场部分。紧邻目标层的物质密度产生的重力场，由于离目标层较近，其变化会与目标层产生缠绕。时移微重力方法可以将时不变的近源场影响有效剔除。

（3）目标层部分。异常分离需要留下的部分，反映目标层内密度变化分布。

以相邻数据节点间隔为尺度，用多项式拟合局部曲面，并提取出局部区域值，将所有点的区域值组合得到这个尺度下的区域场，利用深度递推异常分离技术，实现重力层析，可以得到目的层剩余重力异常。

3. 应用实例

为了验证本次监测成果准确性，选取注气井 L4 受效方向采油井进行累计产油、累计产液分析，从监测区注采井生产情况可知，微重力监测受效方向 5 个，气体示踪剂井间监测受效方向 3 个（图 7-33）。

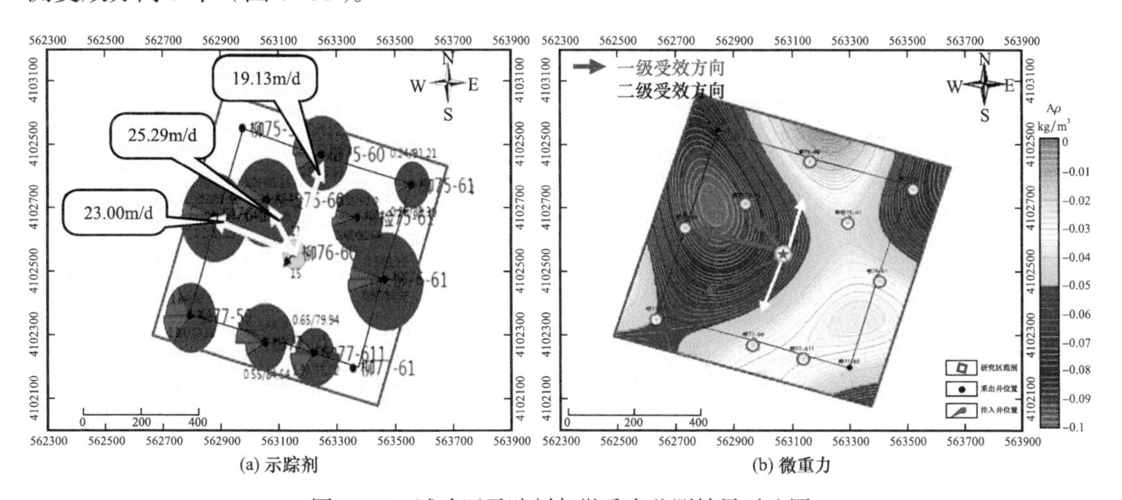

图 7-33 试验区示踪剂与微重力监测结果对比图

（1）位于目前优势通道采油井含水率偏高；

（2）位于相对高值区域采油井含水率偏低。

层密度反演蓝紫色区域为一级受效方向，质量亏空大，产水量高。从监测区注采井生产情况可知：位于密度差越大区域采油井含水率越高，微重力监测结果与采油井生产情况一致。

一级受效方向，如 LJ75-60、L76-59 和 L77-59 井，相对渗透率高，剩余油饱和度低，氮气扩散快，泡沫封堵效果差，后期逐步封堵，提产效果滞后。二级受效方向，如 L75-60 和 L77-60 井，相对渗透率低，剩余油饱和度高，氮气扩散慢，泡沫封堵效果明显的部位，提产效果明显。

附录 1　低渗透—致密油藏空气泡沫驱效果评价方法（长庆油田公司 2021 年规范）

1　范围

本文件规定了低渗透—致密油藏空气泡沫驱效果的评价方法。

本文件适用于空气泡沫驱提高采收率效果的评价。

2　规范性引用文件

下列文件中的内容通过文中的规范性引用而构成本文件必不可少的条款。其中，注日期的引用文件，仅该日期对应的版本适用于本文件；不注日期的引用文件，其最新版本（包括所有的修改单）适用于本文件。

GB/T 19492　石油天然气资源 / 储量分类

DZ/T 0217　石油天然气储量计算规范

SY/T 6366　油田开发主要生产技术指标及计算方法

SY/T 5740　聚合物驱油开发方案设计与效果评价技术要求

Q/SY 16003—2017　致密油碎屑岩储层评价方法

SY/T 5289—2016　油井压裂效果评价方法

SY/T 5588—2012　注水井调剖工艺及效果评价

Q/SYCQ 3567—2015　低渗透油田精细油藏描述技术规范

3　术语和定义

下列术语和定义适用于本文件。

3.1　低渗透—致密油藏

指低渗透油藏（气测渗透率 10～50mD）、特低渗透油藏（气测渗透率 1～10mD）、超低渗透油藏（气测渗透率 0.3～1mD）和致密油藏（气测渗透率＜0.3mD）。

3.2　见效率

空气泡沫驱注入井在试验阶段对应采油井拥有有效期的井数占总对应采油井数的百分比。

3.3　侧向井

在相邻井网单元中，与所有注入井不在同一条生产动态缝（注水或注气生产）上采油井称为侧向井。如附图 1 所示。

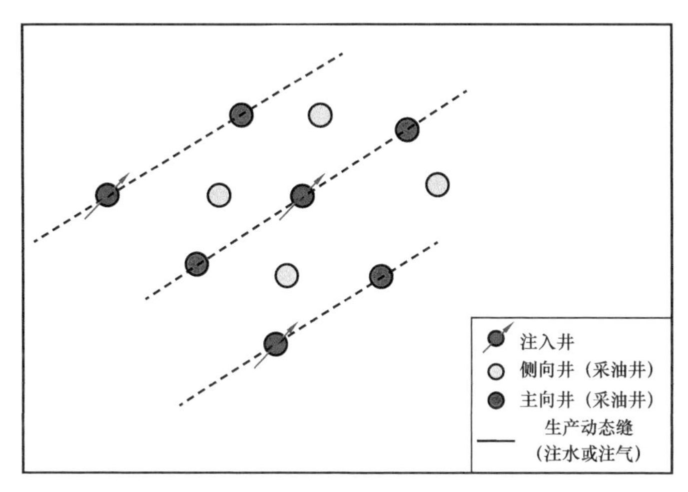

附图 1　主侧向井示意图

3.4　主向井

在相邻井网单元中，有注入井与其处于同一条注水动态缝（注水或注气）上的采油井称为主向井。如附图 1 所示。

3.5　水驱见效期

水驱见效后产量高于或等于见效前产量的生产时间段。

3.6　水驱递减期

水驱见效期结束后，产量持续低于见效前产量的时间段。

3.7　空气泡沫驱降含水期

转空气泡沫驱后，含水从下降到上升的过程。

3.8　空气泡沫驱生产平稳期

经历空气泡沫驱降含水期后，产油量和含水趋于平稳期。

4　低渗透—致密油藏空气泡沫驱效果评价内容和要求

4.1　注入性

4.1.1　注入压力

（1）空气注入压力；

（2）泡沫液注入压力。

4.1.2 吸水/气指示曲线

（1）空气吸气指示曲线；

（2）泡沫液吸水指示曲线。

4.1.3 霍尔曲线

（1）霍尔曲线；

（2）霍尔导数曲线；

（3）视阻力系数。

4.2 驱替状况

4.2.1 注入/产出剖面

（1）吸水剖面：为保证数据的可对比性，尽可能采用同一种测试技术。目前有同位素测试、氧活化测试等技术。

（2）吸气剖面。

（3）产液剖面。

（4）产气剖面。

（5）剩余油剖面：目前有宽能域测试等技术。

4.2.2 平面动用情况

（1）示踪剂测试。

（2）气驱前缘测试。

（3）水驱前缘测试（微地震）。

4.2.3 分析检测

（1）注入井注入前氧气含量。

（2）生产井采出液矿化度。

（3）生产井采出液原油组分。

（4）生产井产出物中气体组分。

（5）生产井含氧量。

4.3 地层压力状况

4.3.1 地层压力

（1）目的油藏地层压力。

（2）目的油藏主向井地层压力。

（3）目的油藏侧向井地层压力。

4.3.2 地层压力保持水平

地层压力保持水平的计算方法：

地层压力保持水平（%）= 目前地层压力/原始地层压力

4.4　生产指标

4.4.1　空气泡沫驱前日均产油量

空气泡沫驱前对应油井无其他增产措施及工作制度变化，连续稳定水驱生产 3 个月的日产油量平均值，单位为吨 / 天（t/d）。

4.4.2　空气泡沫驱前平均含水率

空气泡沫驱前对应油井无其他增产措施及工作制度变化，连续稳定水驱生产 3 个月的累产水和累产液的比值，以质量百分数表示（%）。

4.4.3　含水上升率

试验期间，对应油井无其他增产措施及工作制度变化，空气泡沫驱含水上升率和预测水驱含水上升率。

4.4.4　自然递减

试验期间，对应油井无其他增产措施及工作制度变化，空气泡沫驱自然递减和预测水驱自然递减。

4.4.5　采油速度

试验期间，对应油井无其他增产措施及工作制度变化，空气泡沫驱采油速度和预测水驱采油速度。

4.4.6　采出程度

试验期间，对应油井无其他增产措施及工作制度变化，空气泡沫驱采出程度和预测水驱采出程度。

4.4.7　采收率

试验期间，对应油井无其他增产措施及工作制度变化，预测空气泡沫驱经济极限含油（含油等于 5%）的最终采收率和预测水驱经济极限含水（含水等于 95%）的最终采收率。其余相关生产指标根据 SY/T 6366 进行计算。

4.5　经济指标

4.5.1　增量财务净现值

计算提高采收率项目与原井网继续水驱项目增量现金流形成的增量财务净现值。

4.5.2　增量财务内部收益率

计算提高采收率项目与原井网继续水驱项目增量现金流形成的增量财务内部收益率。

4.5.3　投资回收期

计算提高采收率项目与原井网继续水驱项目增量现金流形成的动态投资回收期。

4.5.4　敏感性分析图

根据三次采油油气田开发建设项目的特点，通常选择油气销售价格、采收率提高幅度、增加成本和增加投资等对项目效益影响较大且重要的不确定性因素绘制敏感性图，对项目的风险性进行分析。

4.5.5 敏感度系数

根据三次采油油气田开发建设项目的特点，通常对项目油气销售价格、采收率提高幅度、增加成本和增加投资的明暗度系数进行计算。

4.5.6 技术经济界限值

根据三次采油油气田开发建设项目的特点，通常选择油气销售价格、提高采收率幅度、增加成本以及增加投资对项目进行技术经济界限值分析。

5 低渗透—致密油藏空气泡沫驱效果评价技术和方法

5.1 空气泡沫驱效果的判定

凡符合以下任一条且有效期在一个月以上的视为有效，见效的时间区间称为有效期。空气泡沫驱过程中拥有有效期的井称为见效井，当前处于有效期的井称为目前见效井。

（1）与试验前水驱相比，其日产液量、油量上升，含水下降的井。

（2）与试验前水驱相比，其日产液量、油量上升，含水稳定的井。

（3）与试验前水驱相比，其日产液量、油量上升，含水上升的井。

（4）与试验前水驱相比，其日产油量平稳，含水下降的井。

（5）与试验前水驱相比，其日产油量下降，但日产油量仍高于按水驱预测的日产油量的井。

5.2 注入井评价

（1）注入压力评价。

不同试验阶段井底注气压力和空气泡沫驱前井底注水压力进行对比评价。

（2）吸气 / 吸液指数评价。

不同试验阶段吸气 + 吸液指数和空气泡沫驱前吸水指数进行对比评价。

（3）注入剖面评价。

不同试验阶段空气泡沫驱吸水（吸气）剖面与空气泡沫驱前吸水（吸气）剖面进行对比评价。

霍尔曲线评价：计算方法及说明见附录 A.1。

结合注入剖面，不同试验阶段空气泡沫驱霍尔曲线与空气泡沫驱前霍尔曲线进行对比评价；不同试验阶段空气泡沫驱霍尔导数与空气泡沫驱前霍尔导数进行对比评价；对应注入井无其他措施等影响，视阻力系数如果大于 1，表明油层渗流阻力增大，空气泡沫驱封堵调剖效果趋好，反之变差。

5.3 采油井评价

（1）压力评价。

a）低渗透和特低渗透油藏（非裂缝性油藏）：对不同试验阶段空气泡沫驱与空气泡沫驱前水驱平均地层压力进行对比评价，重点对不同试验阶段空气泡沫驱与空气泡沫驱前水驱主侧向地层压力差进行对比评价。

b）裂缝性特低渗透、超低渗透和致密油藏：对不同试验阶段空气泡沫驱与空气泡沫驱前水驱平均地层压力进行对比评价，重点对不同试验阶段空气泡沫驱与空气泡沫驱前水驱侧向地层压力进行对比评价。

（2）剖面评价。

a）产液剖面评价：低渗透和特低渗透油藏（非裂缝性油藏）不同试验阶段重点对空气泡沫驱产液剖面与空气泡沫驱前产液剖面进行整体对比评价；裂缝性特低渗透、超低渗透和致密油藏不同试验阶段重点对侧向井空气泡沫驱产液剖面与空气泡沫驱前产液剖面进行对比评价。

b）剩余油剖面评价：低渗透和特低渗透油藏（非裂缝性油藏）不同试验阶段空气泡沫驱剩余油剖面与空气泡沫驱前剩余油剖面进行整体对比评价；裂缝性特低渗透、超低渗透和致密油藏不同试验阶段重点对侧向井空气泡沫驱剩余油剖面与空气泡沫驱前剩余油剖面进行对比评价。

5.4　井间评价

（1）水驱前缘评价：不同试验阶段空气泡沫驱水驱前缘面积、空气泡沫驱前水驱前缘面积进行对比评价。

（2）气驱前缘评价：不同试验阶段间空气泡沫驱气驱前缘面积进行对比评价。

（3）平面剩余油评价：不同试验阶段空气泡沫驱剩余油分布、空气泡沫驱前剩余油分布进行对比评价。

5.5　生产指标评价

（1）含水上升率评价：

a）低渗透和特低渗透油藏（非裂缝性油藏）：空气泡沫驱开始后不同试验阶段实际含水上升率与按水驱预测含水上升率进行对比评价，重点对空气泡沫驱开始后不同试验阶段主向井实际含水上升率与按水驱预测含水上升率进行对比评价。

b）裂缝性特低渗透、超低渗透和致密油藏：空气泡沫驱开始后不同试验阶段实际含水上升率与按水驱预测含水上升率进行对比评价，重点对空气泡沫驱开始后不同试验阶段侧向井实际含水上升率与按水驱预测含水上升率进行对比评价。

（2）自然递减率评价：

a）低渗透和特低渗透油藏（非裂缝性油藏）：空气泡沫驱开始后不同试验阶段实际自然递减率与按水驱预测自然递减率进行对比评价。

b）裂缝性特低渗透、超低渗透和致密油藏：空气泡沫驱开始后不同试验阶段实际自然递减率与按水驱预测自然递减率进行对比评价，重点对空气泡沫驱开始后不同试验阶段侧向井实际自然递减率与按水驱预测自然递减率进行对比评价。

（3）采油速度评价：

a）低渗透和特低渗透油藏（非裂缝性油藏）：空气泡沫驱开始后不同试验阶段实际采油速度与按水驱预测采油速度进行对比评价。

b）裂缝性特低渗透、超低渗透和致密油藏：空气泡沫驱开始后不同试验阶段实际采油速度与按水驱预测采油速度进行对比评价，重点对空气泡沫驱开始后不同试验阶段侧向井实际采油速度与按水驱预测采油速度进行对比评价。

（4）产油量对比评价：计算方法及说明见附录 A.2。

a）低渗透和特低渗透油藏（非裂缝性油藏）：空气泡沫驱开始不同试验阶段后实际产油量与按水驱预测产油量进行对比评价，进而计算空气泡沫驱增油量。

b）裂缝性特低渗透、超低渗透和致密油藏：空气泡沫驱开始不同试验阶段后实际产油量与按水驱预测产油量进行对比评价，进而计算空气泡沫驱增油量；空气泡沫驱开始不同试验阶段后侧向井实际产油量与按水驱预测产油量进行对比评价，进而计算空气泡沫驱侧向井增油量。

（5）见效井单井产量评价：空气泡沫驱开始前与不同试验阶段后见效井实际单井产油对比评价，进而计算空气泡沫驱单井累计增油量。计算方法及说明见附录 A.2。

（6）产水量对比评价：空气泡沫驱开始后水驱预测累计产水量与实际累计产水量对比，进而计算累计降水量。计算方法及说明见附录 A.3。

（7）采出程度评价：空气泡沫驱开始后不同试验阶段实际采出程度与按水驱预测采出程度进行对比评价。

（8）最终采收率评价：通过油藏工程方法或数值模拟方法分别计算空气泡沫驱和水驱预测最终采收率，进行对比评价，进而计算空气泡沫驱相对水驱采收率提高幅度。油藏工程计算方法及说明见附录 A.4、附录 A.5、附录 A.6，数值模拟方法按照 Q/SYCQ 3567—2015。

5.6 经济效益评价

5.6.1 增量财务净现值

增量财务净现值是按行业的基准收益率或设定的折现率，将项目计算期内各年提高采收率项目与继续水驱项目的现金流进行相减得到净现金流量，再将净现金流量折现到建设期初的现值之和。在财务评价中，当项目的财务净现值大于等于零时，项目经济上可行；否则项目不可行。并且，财务净现值越大越好。

5.6.2 增量财务内部收益率

增量财务内部收益率是指项目在整个计算期内各年提高采收率项目与继续水驱项目的现金流进行相减得到净现金流量，再按一定的收益率将净现金流量折现到建设期初，当折现的现值刚好为 0 时所对应的内部收益率。项目的财务内部收益率与基准收益率对比进行分析，当项目的财务内部收益率大于等于基准收益率时，项目在经济上可行；否则项目不可行。

5.6.3 投资回收期

投资回收期是指在项目运营期在考虑资金时间价值的情况下，提高采收率项目与继续水驱项目的净收益收回全部增量投资所需要的时间，项目回收期小于项目的寿命期，项目是可行的，并且，动态投资回收期越短越好。

5.6.4　单因素敏感性分析

单因素敏感性分析是指项目对某种因素的敏感程度，可以表示为该因素按一定的比例变化时（通常变化幅度为 ±20%）引起评价指标变动的幅度。

5.6.5　敏感度系数

敏感度系数是指评价指标变化的百分率与不确定因素变化的百分率的比值。敏感度系数越高，表示项目效益对该不确定因素的敏感程度越高。

6　低渗透—致密油藏空气泡沫驱效果评价成果

6.1　成果图件

（1）压力分布图；
（2）生产动态缝（注水或注气）分布图；
（3）产量分布图；
（4）含水分布图；
（5）含气（或气油比）分布图；
（6）剩余油饱和图分布图。

6.2　成果图版

（1）空气泡沫驱开始后水驱生产预测图版；
（2）空气泡沫驱生产指标综合评价图版；
（3）空气泡沫驱经济指标综合评价图版；
（4）空气泡沫驱后采收率预测图版。

6.3　成果表格

（1）试验区精细小层数据统计表；
（2）试验区空气泡沫驱生产数据表；
（3）试验区水驱指标预测表；
（4）试验区空气泡沫驱生产指标预测表；
（5）试验区空气泡沫驱经济指标评价表和预测表。

6.4　成果报告

（1）产出液组分分析化验报告；
（2）产出气组分分析化验报告；
（3）注入井 / 采出井含氧量监测报告。

附录 A（资料性）

A.1　霍尔曲线

a）霍尔曲线：进行空气泡沫驱后，如果霍尔曲线斜率增加，表明油层渗流阻力增加，空气泡沫驱改善流度比及封堵高渗通道效果明显。按公式（A–1）计算。

$$\int_0^t \left(p_{\mathrm{wf}} - p_{\mathrm{e}}\right)\mathrm{d}t \tag{A–1}$$

式中　p_{wf}——注入井井底流压，MPa；

p_{e}——油层压力，MPa。

b）霍尔导数：进行空气泡沫驱后，如果霍尔导数增大，表明油层渗流阻力增大，空气泡沫驱封堵调剖效果趋好。按公式（A–2）计算。

$$m_{\mathrm{h}} = \frac{\mathrm{d}\left(\int_0^t \left(p_{\mathrm{wf}} - p_{\mathrm{e}}\right)\mathrm{d}t\right)}{\mathrm{d}W_{\mathrm{i}}} \tag{A–2}$$

式中　m_{h}——霍尔导数；

W_{i}——某一时间对应的累计注入量。

c）视阻力系数：进行空气泡沫驱后，如果视阻力系数大于 1，表明油层渗流阻力增大，空气泡沫驱封堵调剖效果趋好。按公式（A–3）计算。

$$R_{\mathrm{f}} = \frac{m_{\mathrm{h2}}}{m_{\mathrm{h1}}} \tag{A–3}$$

式中　m_{h1}——水驱阶段霍尔导数；

m_{h2}——空气泡沫驱阶段霍尔导数。

A.2　空气泡沫驱增油量

$$\Delta Q_i = Q_{i\,\text{实际}} - Q_{i\,\text{预测}} \tag{A–4}$$

式中　ΔQ_i——空气泡沫驱开始后第 i 个时间的增油量，t/d；

$Q_{i\,\text{实际}}$——空气泡沫驱开始后第 i 个时间的实际产油量，t/d；

$Q_{i\,\text{预测}}$——空气泡沫驱开始后第 i 个时间的按水驱预测产油量，t/d。

水驱预测产油量按以下步骤计算：

a）在水驱递减期（或见效期末），选取空气泡沫驱前不少于 6 个月的产油量进行递减规律拟合；

b）确定拟合段的初始产油量；

c）按以下方法预测不同类型油藏的产油量。

Ⅰ. 侏罗系、长 1 至长 3 高水饱油藏的预测产油量按指数递减公式（A–5）计算：

$$Q_{\text{预测}} = q_i \cdot e^{-a_i t} \tag{A–5}$$

Ⅱ.长1至长3非高水饱油藏、特低渗（递减指数小于1）、超低渗及致密油藏（递减指数大于1）的预测产油量按双曲线递减公式（A−6）计算：

$$Q_{预测} = q_i / (1 + a_i nt)^{1/n} \tag{A−6}$$

式中　q_i——空气泡沫驱前递减阶段（或见效期末）的初始产量，t/d；

a_i——空气泡沫驱前递减阶段的初始递减率，1/d；

n——递减指数（长1−长3非高水饱油藏和特低渗油藏递减指数较小，超低渗透和致密油递减指数较大，表明初期递减大，后期迅速减缓）。

累计增油量按公式（A−7）计算：

$$Q_{总} = \sum_{i=1}^{T}(\Delta Q_i) \tag{A−7}$$

式中　$Q_{总}$——在T时间内的空气泡沫驱累计增油量，t；

T——空气泡沫驱有效期。

A.3　空气泡沫驱降水量

降水量是指空气泡沫驱开始后水驱预测累计产水量与实际累计产水量之差。按公式（A−8）计算。

$$W_{总} = W_{预测} - W_{实际} \tag{A−8}$$

式中　$W_{总}$——空气泡沫驱开始后的降水量，m^3；

$W_{预测}$——空气泡沫驱开始后水驱预测累计产水量，m^3；

$W_{实际}$——空气泡沫驱开始后的实际累计产水量，m^3。

预测累计产水量按以下步骤计算：

a）选取空气泡沫驱前递减阶段的累计产水量及对应的累计产油量，拟合为公式（A−9）所示的甲型水驱特征曲线方程；

$$\lg W = a + bN \tag{A−9}$$

式中　W——空气泡沫驱前累计产水量，m^3；

N——空气泡沫驱前累计产油量，t；

a，b——常数。

b）将空气泡沫驱后的实际累计产油量代入公式（A−10）计算预测累计产水量；

$$W_{预测} = 10^{a + b \cdot N_{实际}} \tag{A−10}$$

式中　$W_{预测}$——空气泡沫驱开始后的水驱预测累计产水量，m^3；

$N_{实际}$——空气泡沫驱开始后的实际累计产油量，t。

A.4　采收率提高值

空气泡沫驱最终采收率与水驱采收率之差。按公式（A−11）计算：

$$\Delta\eta=\eta_t-\eta_w \tag{A-11}$$

式中 $\Delta\eta$——采收率提高值，%；

η_t——最终采收率，%；

η_w——水驱采收率，%。

A.5 空气泡沫驱指标预测

空气泡沫驱指标预测分为降含水期和生产平稳期：见图A.1。

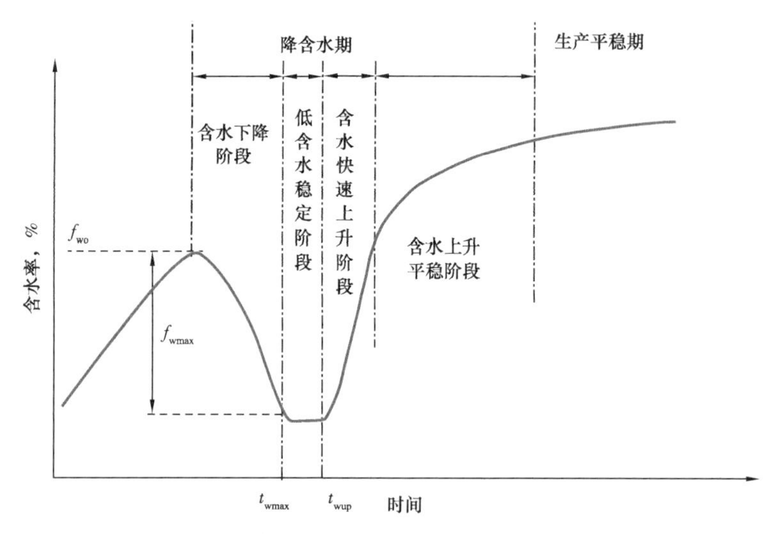

图A.1 空气泡沫驱试验不同期含水变化示意图

a）降含水期：采用特征点法进行指标预测，共分为四个阶段，液量设定为定液量生产：

第一阶段：含水下降阶段，含水率按公式（A-12）计算：

$$f_w=f_{w0}-\Delta f_{w\max}\left[\frac{1}{2}\left(\frac{\pi t}{2t_{w\max}}\right)^2-\frac{1}{24}\left(\frac{\pi t}{2t_{w\max}}\right)^4\right] \tag{A-12}$$

第二阶段：低含水稳定阶段，含水率按公式（A-13）计算：

$$f_w=f_{w0}-\Delta f_{w\max}+5\left(t-t_{w\max}\right)\left[t_{wup}-\left(t_{w\max}+0.9\right)\right] \tag{A-13}$$

第三阶段：含水快速上升阶段，含水率按公式（A-14）计算：

$$f_w=\left(f_{w0}-\Delta f_{w\max}\right)\left[\frac{100-\left(95-f_{w0}-\Delta f_{w\max}\right)e^{-D_i}}{f_{wi}}\right]^{\frac{t-t_{wup}}{100\cdot v}} \tag{A-14}$$

第四阶段：含水上升平缓阶段，含水率按公式（A-15）计算：

$$f_w=\left(f_{w0}-\Delta f_{w\max}+2\right)\left[\frac{100-\left(95-f_{w0}-\Delta f_{w\max}\right)e^{-D_i}}{f_{wi}}\right]^{\frac{3\cdot\left(t-t_{wup}\right)}{100\cdot v+1.5\cdot\left(t+t_{wup}\right)}} \tag{A-15}$$

式中　$t_{w\max}$——含水降低最大幅度对应的时间，month；

t_{wup}——含水开始上升时对应的时间，month；

f_{w0}——初始含水，%；

$f_{w\max}$——含水下降最大幅度，%；

v——月注入速度，$10^4 m^3$/month；

D_i——含水上升阶段产量递减率，%。

b）生产平稳期：在空气泡沫驱含水平稳上升阶段采用水驱曲线修正法进行预测：

$$N=A+B\ln(W+G+C) \tag{A-16}$$

式中　N——累计产油量，m^3；

G——累计产气量，m^3；

W——累计产水量，m^3；

A，B，C——常数。

A.6　含油率

含油率是空气泡沫驱中油井产出物油气水三相中油所占的体积百分比，按公式（A−17）计算：

$$f_o=\frac{q_o}{q_o+q_w+q_g}\times 100\% \tag{A-17}$$

式中　f_o——含油率，%；

q_o——日产油，m^3；

q_w——日产水，m^3；

q_g——日产气（地下体积），m^3。

A.7　增量财务净现值

增量财务净现值是按行业的基准收益率或设定的折现率。增量财务净现值具体计算公式为：

$$NPV=\sum_{t=0}^{n}(CI-CO)_t(1+i_c)^{-t} \tag{A-18}$$

式中　NPV——财务净现值，万元；

CI——现金流入，万元 / 年；

CO——现金流出，万元 / 年；

i_c——财务基准收益率，%；

t——发生现金流量的年份；

n——项目计算期，年。

A.8　增量内部收益率

增量财务内部收益率是指项目在整个计算期内各年净现金流量现值累计等于零时的折

现率。增量内部收益率具体计算公式为：

$$\sum_{i=0}^{n}(CI-CO)_t(1+IRR)^{-t}=0 \tag{A-19}$$

式中 CI——现金流入，万元/年；
CO——现金流出，万元/年；
IRR——财务内部收益率，%；
t——发生现金流量的年份；
n——项目计算期，年。

A.9 投资回收期

投资回收期是指在项目运营期在考虑资金时间价值的情况下以项目的净收益收回全部投资所需要的时间。投资回收期具体计算公式为：

$$P_t=\text{累计净现金流量现值开始出现正值的年份}-1+\frac{|\text{上一年累计净现金量现值}|}{\text{本年净现金流量现值}} \tag{A-20}$$

式中 P_t——投资回收期，年。

A.10 敏感度系数

是指评价指标变化的百分率与不确定因素变化的百分率的比值。其敏感度系数计算公式：

$$S_{AF}=\frac{\Delta A/A}{\Delta F/F} \tag{A-21}$$

式中 S_{AF}——评价指标 A 对于不确定性因素 F 的敏感系数；
$\Delta F/F$——不确定性因素 F 的变化率；
$\Delta A/A$——不确定性因素 F 发生 ΔF 变化率时，评价指标 A 的相应变化率。

附录 2　油田驱油用稳泡剂技术规范
（长庆油田公司 2022 年规范）

1　范围

本文件规定了长庆油田驱油用稳泡剂的技术要求、检验方法、检验规则、标志、包装和储存。

本文件适用于长庆油田驱油用稳泡剂的使用性能评价。

2　规范性引用文件

下列文件对于本文件的应用是必不可少的。凡是注日期的引用文件，仅注日期的版本适用于本文件。凡是不注日期的引用文件，其最新版本（包括所有的修改单）适用于本文件。

GB/T 510　石油产品凝点测定法

GB/T 3723　工业用化学产品采样安全通则

GB/T 6678　化工产品采样总则

GB/T 6679　固体化工产品采样通则

GB/T 6680　液体化工产品采样通则

GB/T 6682—2008　分析实验室用水规格和试验方法

GB/T 11275—2007　表面活性剂含水量的测定

SY/T 5862—2020　驱油用聚合物技术要求

SY/T 5523—2016　油气田水分析方法

SY/T 6787　水溶性油田化学剂环境保护技术要求术语和定义

SY/T 7494—2020　油气田用起泡剂实验评价方法

Q/SY 17816—2021　泡沫驱用起泡剂技术规范

3　术语和定义

下列术语和定义适用于本文件。

3.1　配伍性 Solution compatibility

稳泡剂与地层水或起泡剂溶液按一定比例混合后，具有较好的相容性和溶解性，不产生明显沉淀及不溶物。

3.2 发泡体积保留率 Retention rate of foaming volume

在一定条件下，加入稳泡剂的起泡剂发泡体积与不加稳泡剂的起泡剂溶液发泡体积之比，单位为%。

3.3 稳泡率 Steady rate of bubble

在一定条件下，加入稳泡剂的起泡剂溶液析液半衰期与原单一起泡剂溶液（空白）析液半衰期之比，单位为%。

3.4 泡沫稳定指数 Bubble composite stability index

稳泡剂与起泡剂按一定比例浓度混合后，在油藏温度下放置7天后，在溶液无明显沉淀的条件下，泡沫起泡体积 V（mL）和析液半衰期 t（s）乘积 F 与放置前的比值，为无因次单位。

4 技术要求

油田驱油用稳泡剂的技术要求见附表2.1。

附表2.1 稳泡剂性能技术要求

<table>
<tr><th colspan="3">项目</th><th>聚合物类</th><th>表面活性剂类</th></tr>
<tr><td rowspan="6">基本性能</td><td colspan="2">外观</td><td>白色粉末</td><td>液体或膏状</td></tr>
<tr><td colspan="2">固含量，%</td><td>≥88.0</td><td>—</td></tr>
<tr><td colspan="2">水分含量，%</td><td>—</td><td>≤30</td></tr>
<tr><td colspan="2">溶解时间，h</td><td>＜2</td><td>—</td></tr>
<tr><td colspan="2">分子量，10^4</td><td>＜1500</td><td>—</td></tr>
<tr><td colspan="2">凝固点，℃</td><td>—</td><td>＜−15</td></tr>
<tr><td rowspan="5">应用性能</td><td rowspan="2">配伍性</td><td>与地层水</td><td colspan="2" rowspan="2">无明显沉淀及不溶物</td></tr>
<tr><td>与起泡剂溶液</td></tr>
<tr><td rowspan="2">复配性</td><td>发泡体积保留率 η_1，%</td><td colspan="2">＞92</td></tr>
<tr><td>稳泡率 σ_1，%</td><td colspan="2">＞130</td></tr>
<tr><td>稳定性（7天）</td><td>泡沫稳定指数，无因次</td><td colspan="2">＞0.90</td></tr>
</table>

5 仪器和材料

5.1 仪器设备

检验用仪器设备如下：

a）烧杯：容量100mL、250mL、500mL；

b）具塞磨口锥形瓶：容量 100mL、500mL；

c）称量瓶：40mm；

d）量筒：1000mL，2000mL，精度 10.0mL；

e）具塞比色管：50mL；

f）干燥器：装有干燥剂；

g）烘箱：控温范围室温至 250℃，精度 0.1℃；

h）立式搅拌器：不锈钢浆式搅拌器，转速（0～2000）r/min；

i）磁力搅拌器：带磁力搅拌子；

j）秒表：精度 0.01s；

k）电子天平：感量 0.01g；

l）分析天平：感量 0.0001g；

m）吴茵（WARING）搅拌器：转速（0～20000）r/min；

n）恒温振荡水浴：振荡频率（0～200）次 /min；

o）恒温水浴：控温范围 5～100℃，控温精度 0.1℃；

p）乌氏毛细管黏度计：稀释型或非稀释型，毛细规格为 4～0.55mm 或者 4～0.57mm；

q）卡尔费休水分析仪：测量范围 0.01%～100%，极化电极分辨率 0.1mV。

5.2　试剂材料

检验用试剂材料如下：

a）起泡剂：目标区块起泡剂，满足 Q/SY 17816—2021 泡沫驱用起泡剂技术规范；

b）去离子水：满足 GB/T 6682 三级水的要求；

c）无水氯化钙：分析纯；

d）六水氯化镁：分析纯；

e）无水硫酸钠：分析纯；

f）氯化钠：分析纯；

g）卡氏试剂：色谱纯；

h）无水甲醇：色谱纯。

5.3　检验用溶液

（1）盐水

应根据委托方要求选择目标区块的注入水、采出水或者根据目标区块注入水、采出水的矿化度以及主要离子浓度等，配制与其相近盐水。也可直接提供 1000mL 水样，在这种情况下应进行水样分析测试，按 SY/T 5523—2016，配制模拟注入水和模拟采出水。

（2）起泡剂母液

取一个洁净的 250mL 烧杯，称取起泡剂 m_q（按活性物含量 c（活性含量 c 为除去水分外的其他成分含量）计算，$m_q=100\times4\%/c$），加入 5.3.1 中规定的盐水 m_1（$m_1=100-m_q$）。

放入一个磁力搅拌子，置于磁力搅拌器上搅拌15min，混合均匀。然后将混合均匀的溶液置于100mL具塞磨口锥形瓶中，加盖后放入目标地层温度烘箱中备用，即为4.0%起泡剂母液，保质期为7天。

（3）稳泡剂母液

① 聚合物类

按照SY/T 5862—2020中6.5.2中方法，最终得到浓度为0.50%稳泡剂母液。

② 表面活性剂类

按照5.3（2）方法最终取得0.50%稳泡剂母液，保质期为7天。

（4）单一起泡剂溶液

在500mL烧杯中，称取5.3（2）中的起泡剂母液40.0g（精确至0.01g），然后加入5.3（1）中规定的盐水360.0g（精确至0.01g），放入一个磁力搅拌子，置于磁力搅拌器上搅拌30min，即配制成起泡剂浓度为0.4%的溶液400.0g。

（5）复配后泡沫溶液

在500mL烧杯中，分别称取5.3（2）中配制起泡剂母液和5.3（3）中配制的稳泡剂母液各40.0g，然后加入5.3（1）中规定的盐水320.0g，放入一个磁力搅拌子，置于磁力搅拌器上搅拌30min，即配制成含0.05%稳泡剂的待测溶液400.0g。

6 评价方法

6.1 外观

在自然光线下，目测盛于比色管（无色透明玻璃）中样品所呈现的颜色、状态。

6.2 固含量

聚合物类稳泡剂的固含量按SY/T 5862—2020中6.2的方法执行。

6.3 分子量

聚合物类稳泡剂分子量按SY/T 5862—2020中6.5.3的规定检测。

6.4 水分含量

液体或膏状类水分含量按GB/T 11275—2007中7.1的规定检测。

6.5 凝固点

液体类凝固点按GB/T 510石油产品凝点测定法进行。

6.6 聚合物溶解时间

准确称取聚合物类稳泡剂1.0g样品（精确至0.01g），并称取5.3（1）配制的盐水199.0g（精确至0.01g）于500mL玻璃烧杯中，室温条件下，调整立式搅拌器的速度至（400 ± 20）r/min，使水形成漩涡，在1min内缓慢而均匀地将称量好的样品撒入漩涡壁中，继续搅拌 2h，得到质量浓度为 0.5% 的聚合物类稳泡剂溶液。在自然光线下观察溶液是否均匀，有无未溶解好的颗粒，若溶液中无未溶解好的颗粒，则判定溶解时间≤2h，若有未溶解颗粒，则判定溶解时间＞2h。

6.7　配伍性

（1）与地层水的配伍性

在自然光线下观察用目标区块地层水配制的 5.3（3）稳泡剂母液，有无明显沉淀及不溶物。

（2）与起泡剂的配伍性

在自然光线下观察 5.3（5）中配制的含稳泡剂的待测溶液有无明显沉淀及不溶物。

6.8　复配性

（1）发泡体积和析液半衰期

称取 5.3（4）中配制的 0.4% 起泡剂待测溶液 200.0g（精确至 0.01g），密闭放入目标地层温度的烘箱中恒温 30min，采用吴茵（WARING）搅拌器（转速约 7000r/min）搅拌 1min，立即倒入 1000mL 的量筒中，保鲜膜封口，开始计时，记录停止搅拌时泡沫的体积 V 以及从泡沫中分离出 100mL 液体所需要的时间 t。

（2）发泡体积保留率

按上述步骤测定 5.3（5）中配制的含稳泡剂溶液的发泡体积 V_1，用公式（附 2.1）计算发泡体积保留率 η_1。

$$\eta_1=V_1/V_0\times 100 \tag{附 2.1}$$

式中　η_1——发泡体积保留率，%；

V_1——复配后溶液的起泡体积，mL；

V_0——单一起泡剂起泡体积，mL。

同时测定含稳泡剂溶液的半衰期 t_1，用公式（附 2.2）计算稳泡率 σ_1。

$$\sigma_1=t_1/t_0\times 100 \tag{附 2.2}$$

式中　σ_1——稳泡率，100%；

t_1——复配后溶液析液半衰期，s；

t_0——单一起泡剂析液半衰期，s。

6.9　泡沫稳定指数

将 5.3（5）配制的含稳泡剂待测溶液 200mL 置于具塞磨口锥形瓶中，在目标油藏温度的恒温烘箱中养护 7 天，在自然光线下目测溶液无明显沉淀或絮状物条件下，按照 6.8 的检测方法，测试养护前后的溶液的发泡体积 V 和半衰期 t，起泡体积和析液半衰期乘积，计作 F_p，并用公式（附 2.3）计算体系性能前后变化值 I_w。

$$I_w=F_{p后}/F_{p前} \tag{附 2.3}$$

式中 I_w——泡沫稳定指数；

$F_{p后}$——7日后泡沫综合指数；

$F_{p前}$——放置前泡沫综合指数。

7 检验规则

7.1 取样方法

按GB/T 6678确定采样单元数，液体产品采样按GB/T 6680执行，固体产品采样按GB/T 6679执行，采样安全操作按GB/T 3723执行。取样总量不得少于1.5kg（1500g），并充分混匀后分别装在三个洁净、干燥的玻璃瓶中，每瓶样品不少于500mL（或500g），黏贴标签，标签中注明产品名称、型号、批号、取样日期、取样人等。三份样品中一份作检验用，一份留待复检，另一份保存六个月，备仲裁用。

7.2 检验分类

（1）产品验收检验

油田驱油用聚合物稳泡剂的产品检验项目为：外观、固含量、溶解时间、配伍性、复配性，共5项。

油田驱油用表面活性剂类稳泡剂的产品检验项目为：外观、水分含量、凝固点、配伍性、复配性，共5项。

（2）产品适用性检验

驱油用稳泡剂的油田适用性检验项目为表1中全部指标。凡有下列情况之一者，应进行驱油用起泡剂的油田适用性检验：

a）新产品研制定型时；

b）在新的矿场区块应用时；

c）注入水质有较大变化时；

d）油田质量监督部门要求时；

e）产品检验指标与上次检验指标有较大差异时。

（3）判定

检验结果全部符合表1的规定，为合格品。

检验结果如有一项指标不符合表1的规定，应加倍取样进行复检。复检结果如仍有一项指标不合格，即判定该批产品为不合格品。

8 标志、包装及储存

8.1 标志

包装上应印有醒目产品名称、代号、净重、批号、执行标准号、生产日期、生产厂名、保质期、防晒和防火及防倒置标记等字样。

8.2　包装

产品用 25kg、50kg、200kg 塑料桶或 25kg 双层编织袋包装，以达到防水和不易破损的要求，每个包装应有质量检验单和合格证。

8.3　储存

本产品应储存于通风阴凉干燥处，避免长久日晒、防火，并防止受压过量、包装破损。

9　HSE

油田驱油用稳泡剂的 HSE 管理参照集团公司 HSE 体系规定执行，并按 SY/T 6787 的要求执行。

参考文献

[1]寇建益．温度变化对原油低温氧化过程影响研究[D]．北京：中国科学院研究生院理化技术研究所，2008.

[2]张红．低渗稀油油藏注空气驱替机理及加速氧化技术[D]．青岛：中国石油大学（华东），2016.

[3]王史文，刘艳波，孙明磊，等．草南95-2井组火烧油层矿场试验[J]．西安石油大学学报（自然科学版），2004，19（6）：31-34.

[4]杨怀军，徐国安，张杰，蒋有伟，等．空气及空气泡沫驱油机理[M]．北京：石油工业出版社，2018.

[5]李博文．轻质油藏减氧空气低温氧化机理研究[D]．西安：西安石油大学，2017.

[6]刘召．稀油油藏注空气驱油适用性机理研究[D]．西安：西安石油大学，2018.

[7]张立明，孙德四，朱友益．新型高温发泡剂烷基苯烷基磺酸钠性能研究[J]．西安石油大学学报（自然科学版），2008（3）：57-60，120-121.

[8]孙建峰，郭东红，辛浩川，等．JP系列高温泡沫剂的合成及性能评价[J]．石油钻采工艺，2011，33（2）：117-119.

[9]史胜龙，王业飞，周代余，等．耐温耐盐抗剪切黄原胶强化泡沫体系性能[J]．石油与天然气化工，2016，45（5）：56-61.

[10]胡钶，王其伟，郭平，等．耐高温泡沫剂的综合评价与新产品开发[J]．青岛科技大学学报（自然科学版），2010，31（3）：274-278.

[11]方珏，冯磊，严以楼．耐高温型泡沫剂的制备及应用研究[J]．化工时刊，2020，34（6）：15-17.

[12]芦艳，卢大山，张广州，等．脂肪醇聚氧乙烯醚磺酸盐的合成及表面、乳化和泡沫性能研究[J]．化学与生物工程，2012（11）：43-46.

[13]何金钢．泡沫物理性能表征和泡沫驱油效果研究[D]．大庆：东北石油大学，2015.

[14]廖坤梦．空气泡沫驱替中的渗流场变化特征[D]．西安：西安石油大学，2016.

[15]曹琳．空气泡沫驱提高采收率数值模拟研究[D]．青岛：中国石油大学（华东），2009.

[16]李兆敏．泡沫流体在油气开采中的应用[M]．北京：石油工业出版社，2010.

[17]吴信荣，林伟民，姜春河，等．空气泡沫驱提高采收率技术[[J]．石油工业出版社，2010.

[18]陈凡云．国内三采采油技术[M]．北京：石油工业出版社，2016.

[19]赵金省．超低渗透油藏空气泡沫驱油效率研究[J]．石油与天然气化工，2017，46（1）：63-66.

[20]王正茂，廖广志，蒲万芬，等．注空气开发中地层原油氧化反应特征[J]．石油学报，2018，39（3）：314-319.

[21]李德祥，魏东东，张亮，等．胜利油田注空气二次采油技术评价研究[J]．科学技术与工程，2014，14（27）：49-52.

[22]段文标，康兴妹，熊维亮，等．特低渗透油藏空气泡沫驱实践与认识[J]．低渗透油气田，2012，31（1）：107-109.

[23]陈启贵，陈恭洋．低渗透砂岩油藏精细描述与开发评价技术[M]．北京：石油工业出版社，2010.

[24]王杰祥，王腾飞，韩蕾，等．特低渗油藏空气泡沫驱提高采收率实验研究[J]．西南石油大学学报（自然科学版），2013，35（5）：130-134.

[25]赵江玉、蒲万芬，李一波，等．耐高温高盐泡沫体系筛选与性能评价[J]．油田化学，2014，32（4）：65-69.

[26]高春宁，李文宏，徐飞艳，等．长庆油田低渗透高矿化度油藏驱油用起泡剂评价[J]．油田化学，2014，31（4）：531-533.

[27]王蒙蒙，郭东红．泡沫剂的发泡性能及其影响因素[J]．精细石油化工进展，2007，8（12）：40-44.

[28] 唐金库 . 泡沫稳定性影响因素及性能评价技术综述 [J] . 舰船防化，2008（4）：1-8.

[29] 刁素，任山，林波，等 . 高温高盐油藏泡沫驱稳泡剂抗盐性评价 [J]. 石油地质与工程,2007,21(2): 90-91.

[30] 杨红斌，蒲春生，吴飞鹏，等 . 空气泡沫调驱技术在浅层特低渗透低温油藏的适应性研究 [J] . 油气地质与采收率，2012，19（6）：69-72.

[31] 刘伟，徐波，聂领，等 . 注水开发油藏水驱效果评价体系研究：以南堡油田为例 [J] . 中国矿业，2016，25（增刊 1）：416-424.

[32] 庞岁社，李花花，段文标，等 . 靖安低渗透裂缝性油藏泡沫辅助空气驱油试验效果分析 [J] . 复杂油气藏，2012，5（3）：60-63.

[33] 吴忠正，李华斌，郭程飞，等 . 渗透率级差对空气泡沫驱油效果的影响 [J] . 2015，32（1）：83-87.

[34] 田树宝，何永宏，冯沙沙，等 . 低渗透油藏气水交替驱不同注入参数优化 [J] . 断块油气田，2012，19（5）：612-614.

[35] 杜建芬，刘伟，郭平，等 . 低渗透油藏气水交替注入能力变化规律研究 [J]. 西南石油大学学报（自然科学版），2011，33（5）：114-117.

[36] 田树宝，何永宏，冯沙沙，等 . 低渗透油藏气水交替驱不同注入参数优化 [J] . 断块油气田，2012，19（5）：612-614.

[37] 杜建芬，刘伟，郭平，等 . 低渗透油藏气水交替注入能力变化规律研究 [J]. 西南石油大学学报（自然科学版），2011，33（5）：114-117.

[38] 王璐，杨胜来，孟展，等 . 高凝油油藏气水交替驱提高采收率参数优化 [J] . 复杂油气藏，2016，9（3）：55-60.

[39] 张茂林，彭裕林，梅海燕，等 . 马 36 长岩心气水交替驱替试验数值模拟研究 [J] . 断块油气田，2002，9（4）：38-41.

[40] 张荣军 . 特低渗透油藏注氮气提高采收率技术（以志丹油田旦八区为例）[M] . 北京：石油工业出版社，2017.

[41] 段文标，张永强，曾山，等 . 长庆油田空气泡沫驱实践与认识 [C] . 2017 油气田勘探与开发国际会议，成都，2017.

[42] 于洪敏，任韶然，杨宝泉，等 . 低渗油藏注空气低温氧化数值模拟研究 [J]. 西南石油大学学报（自然科学版），2008，30（6）：117-120.

[43] 刘平，刘春斌，李栋，等 . 低渗透油田空气泡沫动态监测技术应用 [J] . 测井技术，2022，46（2），216-222.

[44] 曹雅萍，龙华，王运萍，等 . 井间气体示踪监测技术在齐 40 块蒸汽驱中的应用 [J] . 石油钻采工艺，2004，26（S1）：12-14.

[45] 李凡 . 气体示踪剂监测技术的研究与应用 [D] . 青岛：中国石油大学（华东），2013.

[46] 李补鱼，褚万泉，龚山华，等 . 气体示踪剂在中原油田油气藏监测中的应用 [C] . 2012 油气藏监测与管理国际会议暨展会，北京，2012.

[47] 张翼飞，唐武艺 . 气体示踪技术在油田中的应用和研究现状 [J] . 中国石油和化工标准与质量，2011，31（5）：188-189，84.

[48] 邬传威，邹雁楠，何亮 . 混相驱中的气体示踪剂监测技术：CN110644976A [P] . 2020-01-03.

[49] 张雅玲 . 混相驱气体示踪剂产出曲线解释方法研究 [D] . 成都：西南石油大学，2004.

[50] 娄兆彬 . 烃气混相驱气体示踪剂解释理论与应用技术 [D] . 北京：中国地质大学（北京），2006.

[51] 伍藏原，李汝勇，张明益，等 . 微地震监测气驱前缘技术在牙哈凝析气田的应用 [J] . 天然气地球科学，2005，16（3）：390-393.

[52] 王庆文，王佳音，董彬，等 . 微破裂向量扫描注水前缘监测技术在冀东油田开发中的应用 [J] . 中

国石油和化工标准与质量，2012，32（4）：182–183.
[53]赵文举，刘云祥，胡文涛，等．时移微重力监测技术在气藏开发中的应用［C］．中国地球科学联合学术年会，北京，2017.
[54]DUAN Wenbiao，ZHAO JiYong，XIONG WeiLiang，et al. Air foam flooding practice and understanding in Changqing Oilfield［C］. IPTTC，2018：1995.
[55]GREAVES M，REN S R. Air Injection technique（LTO Process）for IOR from light oil reservoirs：Oxidation［J］. SPE40062，1998：479–492.
[56]GERMAIN P，TOTAL，GEYELIN JL. Air injection into a light oil reservoir：The Hose Creak Project［C］. SPE 37782，1997.
[57]FASSIHI M R，YANNIMARAS D V，KUMAR V K. Estimation of recovery factor in light–oil air–injection projects［C］. SPE 28733–PA，1997.
[58]BIRD R B，STEWARD W E，LIGHTFOOT E N. Transport Phenomena［M］. Wiley，New York，USA，2009.
[59]BRIGGS D，GRANT J T. Surface analysis by Auger and X–Ray photoelectron spectroscopy［M］. Chichester，U. K，IM Publications：2003.
[60]CAO R，YANG H，SUN W，et al. A new laboratory study on alternate injection of high strength foam and ultra–low interfacial tension foam to enhance oil recovery［J］. Journal of Petroleum Science and Engineering，2015，125：75–89.
[61]ZHAO R B，WEI Y G，WANG Z M，et al. Kinetics of low–temperature oxidation of light crude oil［J］. Energy & Fuels，2016，30（4）：2647–2654.
[62]MOORE R G，URSENBACH M G. Air injection for oil recovery［J］. Journal of Canadian Petroleum Technology，2002，41（8）：16–19.
[63]TURTA A T，SINGHAL A K. Reservoir Engineering Aspects of Light–Oil Recovery by Air Injection［R］. SPE 72503，2001，4（4）：336–344.
[64]GUTIERREZ D，MOORE R G，MEHTA S A，et al. The challenge of predicting field performance of air injection projects based on laboratory and numerical modeling［J］. Journal of Canadian Petroleum Technology，2009，48（4）：23–34.
[65]REN S R，GREAVES M，RATHBONE R R . Air injection LTO process：A feasible IOR technique for light oil reservoirs［J］. Society of Petroleum Engineers Journal ，2002，7（1）：90–98.
[66]GREAVES M，REN S R，RATHBONE R R，et al. Improved residual light oil recovery by air injection（LTO process）［J］. Journal of Canadian Petroleum Technology，2000，39（1）：57–6.
[67]WU W，HAO W K，LIU Z Y，et al. Corrosion behavior of E690 high–strength steel in alternating wet–dry marine environment with different pH values［J］. Journal of Materials Engineering and Performance，2015，24（12）：4636–4646.
[68]CHEN M Y，WANG H，LIU Y C，et al. Corrosion behavior study of oil casing steel on alternate injection air and foam liquid in air–foam flooding for enhance oil recovery［J］. Journal of Petroleum Science and Engineering，2018（165）：970–977.
[69]CHEN Hao，TANG He，ZHANG Xiansong，LI Bowen. Decreasing in pressure interval of near–miscible flooding by adding intermediate hydrocarbon components［J］. Geosystem Engineering 2017（EI）：1–7.
[70]CHEN Hao，ZHANG Xiansong，YUAN Chen，et al. Study on pressure interval of near–miscible flooding by production gas Re–injection in QHD offshore oilfield［J］. JPSE.
[71]FASSIHI M R. Analysis of fuel oxidation in in–situ combustion oil recovery［D］. Palo Alto：Stanford University，1981.